国家“十二五”重点图书
健康养殖致富技术丛书

鹅健康养殖技术

马明星　郭秀清　主编

中国农业大学出版社
·北京·

内 容 提 要

全书共分为6章，全面系统地介绍了目前养鹅生产中的关键环节、主要生产技术、投资效益分析及具体生产中的成功经验。分别就鹅健康养殖投资效益分析、鹅的品种和引种、鹅的饲养管理、鹅的营养需要与饲料配制、鹅肥肝生产技术、鹅病的预防与诊治等方面进行了较为详尽的介绍。

图书在版编目(CIP)数据

鹅健康养殖技术/马明星，郭秀清主编. —北京：中国农业大学出版社，2013.2

ISBN 978-7-5655-0649-9

Ⅰ.①鹅…　Ⅱ.①马…　②郭…　Ⅲ.①鹅-饲料管理　Ⅳ.①S835.4

中国版本图书馆CIP数据核字(2012)第311097号

书　　名　鹅健康养殖技术

作　　者　马明星　郭秀清　主编

策划编辑　赵　中　　**责任编辑**　王艳欣

封面设计　郑　川　　**责任校对**　陈　莹　王晓凤

出版发行　中国农业大学出版社

社　　址　北京市海淀区圆明园西路2号　　**邮政编码**　100193

电　　话　发行部 010-62818525，8625　　读者服务部 010-62732336

编辑部 010-62732617，2618　　出　版　部 010-62733440

网　　址　http://www.cau.edu.cn/caup　　**e-mail** cbsszs@cau.edu.cn

经　　销　新华书店

印　　刷　北京时代华都印刷有限公司

版　　次　2013年2月第1版　　2013年2月第1次印刷

规　　格　880×1 230　　32开本　　9.625印张　　267千字

印　　数　1～5 500

定　　价　18.00元

《健康养殖致富技术丛书》
编 委 会

主　编　马明星　郭秀清

副主编　张立庆　刘建民

参　编　王艳波　牟瑞营　马　伟　宋建华
　　　　牟泳海　宋会臻　董志博

发展健康养殖　造福城乡居民

近年来，我国养殖业得到了长足发展，同时也极大地丰富了人们的膳食结构。但从业者对养殖业可持续发展的意识不足，在发展的同时，也面临诸多问题，例如养殖生态环境恶化，病害、污染事故频繁发生，产品质量下降引发消费者健康问题等。这些问题已成为养殖业健康持续发展的巨大障碍，同时也给一切违背自然规律的生产活动敲响了警钟。那么，如何改变这一现状？健康养殖是养殖业的发展方向，发展健康养殖势在必行。作为新时代的养殖从业者，必须提高对健康养殖的认识，在养殖生产过程中选择优质种畜禽和优良鱼种，规范管理，不要滥用药物，保证产品质量，共同维护养殖业的健康发展！

健康养殖的概念最早是在 20 世纪 90 年代中后期我国海水养殖界提出的，以后陆续向淡水养殖、生猪养殖和家禽养殖领域渗透并完善。健康养殖概念的提出，目的是使养殖行为更加符合客观规律，使人与自然和谐发展。专家认为：健康养殖是根据养殖对象的生物学特性，运用生态学、营养学原理来指导生产，为养殖对象营造一个良好的、有利于快速生长的生态环境，提供充足的全价营养饲料，使其在生长发育期间，最大限度地减少疾病发生，使生产的食用商品无污染，个体健康，产品营养丰富、与天然鲜品相当；并对养殖环境无污染，实现养殖生态体系平衡，人与自然和谐发展。

健康养殖业是以安全、优质、高效、无公害为主要内涵的可持续发展的养殖业，是在以主要追求数量增长为主的传统养殖业的基础上实现数量、质量和生态效益并重发展的现代养殖业。推进动物健康养殖，实现养殖业安全、优质、高效、无公害健康生产，保障畜产品安全，是养殖业发展的必由之路。

健康养殖跟传统养殖有很大的区别，健康养殖业提出了生产的规模化、产业化、良种化和标准化。健康养殖要靠规模化转变养殖方式，靠产业化转变经营方式，靠良种化提高生产水平，靠标准化提高畜产品和水产品的质量安全。养殖方式要从散养户发展到养殖小区和养殖场；在生产过程中，要有档案记录和标识，抓好监督和监控，达到生态生产、清洁生产，实现资源再利用；产品要达到无公害标准等。

近年来，我国对健康养殖非常重视，陆续出台了一系列重要方针政策，健康养殖得到快速发展。例如，2004年提出“积极发展农区畜牧业”，2005年提出“加快发展畜牧业，增强农业综合生产能力必须培育发达的畜牧业”，2006年提出“大力发展畜牧业”，2007年又提出了“做大做强畜牧产业，发展健康养殖业”。同时，我国把发展养殖业作为农村经济结构调整的重要举措和建设现代农业的重要任务，采取了一系列促进养殖业发展的措施，实施健康养殖业推进行动，加快养殖业增长方式转变，优化产品区域布局，实施良种工程，加强饲料质量监管，提高畜牧业产业化水平，努力做好重大动物疫病防控工作，等等。

但是，我国健康养殖研究的广度与深度还十分有限，加上对健康养殖概念理解和认识上存在一定的片面性与分歧，许多具体的“健康养殖模式”尚处于尝试探索阶段。

这套丛书的专家们对健康养殖技术进行系统的分析与总结，从养殖场的选址、投资建设、环境控制以及饲养管理、疫病防控等环节，对健康养殖进行了详细的剖析，为我国健康养殖的快速发展提供理论参考和技术支持，以促进我国健康养殖快速、有序、健康的发展。

有感于专家们对畜禽水产养殖技术的精心设计与打造，是为序。

山东省畜牧协会会长 张洪本

2012年10月20日于泉城

前　言

鹅生产具有耗粮少、投入低、周转快、用途广、效益高等优点，是适应当前我国畜牧业结构调整要求的一项优势产业，更是农民生产致富的好项目。针对当前我国各地鹅业生产蓬勃发展，特别是国际上对畜产品质量提出了更高要求的新形势，我们综合近年来从事养鹅生产的实践经验，参阅国内外养鹅最新技术资料，编写了《鹅健康养殖技术》一书，以飨读者。

全书共分为6章，全面系统地介绍了目前养鹅生产中的关键环节、主要生产技术、投资效益分析及具体生产中的成功经验。分别就鹅健康养殖投资效益分析、鹅的品种和引种、鹅的饲养管理、鹅的营养需要与饲料配制、鹅肥肝生产技术、鹅病的预防与诊治等方面进行了较为详尽的介绍。全书以"贴近实际生产"为主线贯穿始终，内容翔实，可操作性强，技术贴近实用，适合从事肉鹅生产的技术人员、管理人员、养殖户等参考，对打算从事鹅业生产的养殖户及企业也具有一定的参考价值。

因水平所限，加之时间仓促，书中难免有不妥和错误之处，敬请专家及读者批评指正。

在本书的编写过程中得到了众多同仁的支持，在此谨致以诚挚的谢意。

编　者

2012年12月

目　录

第一章

鹅健康养殖投资效益分析

导　　读　本章从经营管理、生产管理的概念和主要内容出发,简要介绍了经营方向和管理模式的决策,重点介绍了影响经营管理的因素和经济效益的分析方法。

第一节　鹅场经营管理概述

一、经营管理的概念

经营与管理是两个既有区别又有联系的概念。经营是指企业从事商品生产与交换的全部经济活动,是以市场为出发点和归宿,进行市场调查和预测,选定产品发展方向,制定长期发展规划,进行产品开发,组织安排生产,开展销售与技术服务,达到预定的经营目标的一个循环过程。它注重经济效益,重点解决企业生产方向和企业目标等根本性问题。管理是用科学的方法去研究和解决日常的、具体的战术性和执行性的问题。它讲求效率，其任务是正确处理好企业内外、人与人、人与物、物与物之间的关系，保证企业目标的实现。两者统一于企业的整个生产经营活动。只有搞好经营管理，才能以最少的资源取得最大的经济效益，从而提高企业的生存和竞争能力。

二、管理体系

管理体系是在企业的经营决策确定后建立起来的，负责落实经营方针、生产计划，从而确保生产正常进行的一个体系。管理体系中应包括下列管理部门：

(1)生产部　负责全场的一切生产工作。

(2)技术部　负责全场技术管理和对外技术服务。

(3)销售部　负责推销企业产品，并开展售后服务。

(4)后勤部　负责基建维修、车辆运输管理、物资采购等。

(5)行政部　负责接待与行政管理，包括党政、办公、保卫等。

(6)财务部　负责财务管理与核算。

要搞好鹅场的经营管理，须首先加强对企业管理部门和管理人员的管理，实行满负荷工作量。

三、劳动管理

劳动管理的目的是提高劳动效率。鹅场的劳动管理主要包括以下三方面内容。

(一)劳动组织

劳动组织与生产规模有密切关系，规模愈大，分组管理愈显得重要，因而多数鹅场都成立作业组，如育雏组、育成组、蛋鹅饲养组、种鹅饲养组、孵化组等。各组都有固定的技术人员、管理人员和工人。

(二)劳动力的合理使用

为充分调动饲养人员、技术人员和管理人员的积极性和创造性，必须根据各场生产情况及有关人员特点，合理安排和使用劳动力。

(三)劳动定额

劳动定额通常指一个青年劳动力在正常生产条件下，一个工作日所能完成的工作量。鹅场应测定饲养员每天各项工作的操作时间，合理制定劳动定额。

影响劳动定额的因素有以下几个方面：

(1)集约化程度　集约化程度影响劳动效率。

(2)机械化程度　机械化减轻了饲养员的劳动强度，因此可以提高劳动定额。

(3)管理因素　管理严格效率高。

(4)所有制因素　私有制、三资企业注重劳动效率。

(5)地区因素　发达地区效率高。

四、成本管理

(一)商品生产必须重视成本

生产成本是衡量生产活动最重要的经济尺度。它反映了生产设备的利用程度、劳动组织的合理性、饲养管理技术的好坏、鹅种生产性能潜力的发挥程度，说明了鹅场的经营管理水平。商品生产就要千方百计降低生产成本，以低廉的价格参与市场竞争。

(二)生产成本的分类

1.固定成本

鹅场必须有固定资产，如鹅舍、饲养设备、运输工具及生活设施等。

固定资产的特点是：使用年限长，以完整的实物形态参加多次生产过程，并可以保持其固有的物质形态，只是随着它们本身的损耗，其价值逐渐转移到鹅产品中，以折旧费方式支付，这部分费用和土地租金、基建贷款的利息、管理费用等，组成固定成本。

2.可变成本

也称为流动资金，是指生产单位在生产和流通过程中使用的资金，其特性是参加一次生产过程就被消耗掉，例如，饲料、兽药、燃料、垫料、雏鹅等成本。之所以叫可变成本就是因为它随生产规模、产品的产量而变。

3.常见的成本项目

(1)工资　指直接从事养鹅生产人员的工资、奖金及福利等费用。

(2)饲料费　指饲养过程中耗用饲料的费用，运输费也列入饲料费中。

(3)医药费　用于鹅病防治的疫苗、药品及化验等费用。

(4)燃料及动力费　用于养鹅生产的燃料费、动力费，水电费和水资源费也包括其中。

(5)折旧费　指鹅舍等固定资产基本折旧费。建筑物使用年限较长，15～20年折清；专用机械设备使用年限较短，7～10年折清。

(6)雏鹅购买费或种鹅摊销费　雏鹅购买费很好理解，而种鹅摊销费指生产每千克蛋或每千克体重需摊销的种鹅费用，其计算公式为：

$$\begin{matrix}\text{种鹅摊销费}\\\text{(元/千克蛋)}\end{matrix}=\frac{\text{种鹅购入费用}-\text{种鹅淘汰后出售收益}}{\text{每只鹅产蛋重量}}$$

或

$$\begin{matrix}\text{种鹅摊销费}\\\text{(元/千克体重)}\end{matrix}=\frac{\text{种鹅购入费用}-\text{种鹅淘汰后出售收益}}{\text{每只种鹅后代总出售重量}}$$

(7)低值易耗品费　指价值低的工具、器材、劳保用品、垫料等易耗品的费用。

(8)共同生产费　也称其他直接费，指除上述七项以外而能直接判明成本对象的各费用，如固定资产维修费、土地租金等。

(9)企业管理费　指场一级所消耗的一切间接生产费，销售部属场部机构，所以也把销售费用列入企业管理费。

(10)利息　指以贷款建场每年应交纳的利息。

虽然新会计制度不把企业管理费、销售费和财务费列入成本，而鹅场为了便于核算每群鹅的成本，都把各种费用列入产品成本。

五、利润

任何一个企业，只有获得利润才能生存和发展，利润是反映鹅场生产经营好坏的一个重要指标。利润考核指标如下：

(一)产值利润及产值利润率

产值利润＝产品产值－可变成本－固定成本

$$产值利润率=\frac{产值利润}{产品产值}\times100\%$$

(二)销售利润及销售利润率

销售利润＝销售收入－生产成本－销售费用－税金

$$销售利润率=\frac{产品销售利润}{产品销售收入}\times100\%$$

(三)营业利润及营业利润率

营业利润＝销售利润－推销费用－推销管理费

推销费用包括接待费、推销人员工资、差旅费和广告宣传费等。营业利润反映了生产与流通合计所得的利润。

$$营业利润率=\frac{营业利润}{产品销售收入}\times100\%$$

(四)经常利润及经常利润率

经常利润＝营业利润±营业外损益

营业外损益指与企业的生产活动没有直接联系的各种收入或支出，例如，罚金、由于汇率变化影响到的收入或支出、企业内事故损失、积压物资削价损失等。

$$经常利润率=\frac{经常利润}{产品销售收入}\times 100\%$$

(五)资金周转率和资金利润率

衡量一个企业的盈利标准，只根据上述四个指标是不够的，因为利润中没有反映投资状况。养鹅生产是以流动资金购入饲料、雏鹅、医药、燃料等，在人的劳动作用下转化成鹅及鹅产品，通过销售又回收了资金，这个过程叫资金周转一次。利润就是资金周转一次的结果。既然资金在周转中获得利润，周转越快、次数越多，企业获利就越多。资金周转的衡量指标是一定时期内流动资金周转率。

$$资金周转率(年)=\frac{年销售总额}{年流动资金总额}\times 100\%$$

企业盈利的最终指标应以资金利润率作为主要指标。

$$资金利润率=资金周转率\times 销售利润率=\frac{总利润额}{占用资金总额}\times 100\%$$

六、生产计划

(一)鹅群周转计划

此计划是各项计划的基础，是根据鹅场生产方向、鹅群的构成和生产任务编制的。只有制定出该计划，才能据此制定出引种、孵化、产品

销售、饲料需要、财务收支等一系列计划。

鹅群周转环节可分为：孵化、雏鹅、中雏鹅（肉用仔鹅）、青年鹅、种鹅（蛋用种鹅、肉用种鹅）、成鹅淘汰等。

（二）产品生产计划

种鹅可根据月平均饲养产蛋母鹅数和历年生产水平，按月制定产蛋率和产蛋数。肉用仔鹅则根据饲养数量和平均活重编制，应注意将副产品，如淘汰鹅也纳入计划范围。

（三）饲料需要计划

根据鹅群周转计划，算出各月各组别鹅的饲料需要量。编制该计划的目的是合理安排资金及采购计划。

（四）雏鹅孵化（或引种）计划

雏鹅孵化（或引种）计划是根据补充后备公母鹅、肥育鹅和出售雏鹅的需要编制的。

（五）成本计划

目的是控制费用支出，节约各种成本。

（六）其他计划

包括财务收支计划、设备维修（保养）计划等。

（七）鹅场生产计划编制实例

现拟建立一个自繁自养，年生产 10 万只肉鹅的综合性鹅场，生产计划编制如下。

1. 计算种鹅数

一只入舍母鹅年产蛋 80 个，种蛋受精率 85%，受精蛋出雏率 85%；雏鹅成活率 93%，生长鹅成活率 96%，育肥肉鹅成活率 96%。

公母比为 1∶4。

(1)全年需养种母鹅数

①鹅苗至出售时成活率

93%×96%×96%≈86%

②年出售 10 万只肉鹅需鹅苗数量

100 000÷86%≈116 279(只/年)

③种蛋出雏率

85%×85%=72.25%

④每只种鹅全年产鹅苗数量

80×72.25%≈58(只/年)

⑤全年需饲养种母鹅数量

116 279÷58≈2 004(只)

(2)全年需要配套种公鹅数

种母鹅×公母比=2 004×1/4≈501(只)

2. 孵化计划

每 10 天孵一批,则一年可孵:

365÷10=36.5(批)

因为 2 004 只种母鹅年产蛋量为:

2 004×80=160 320(个)

所以每批需孵种蛋量为:

160 320÷36.5≈4 392(个)

因此,应按照每批次孵化能力不低于 5 000 个种蛋购置孵化设备。

3.鹅舍周转使用计划

(1)种鹅舍　采用一条龙生产,种鹅饲养密度为3只/米^2,则种鹅舍(含45米^{2}操作间)所需面积为:

(2 004+501)÷3≈835(米^2)

(2)肉鹅舍　肉鹅全进全出,一条龙生产,80天出售,10天清洗消毒,饲养密度为6只/米^2,则每批鹅数为:

100 000÷36.5≈2 740(只)

每批鹅需饲养面积:

2 740÷6≈457(米^2)

因为每幢鹅舍每年需养鹅:

365÷(80+10)≈4(批)

所以共需鹅舍

36.5÷4≈9.1(幢)

即约需面积为500米^{2}的肉鹅舍10幢。

4.饲料计划

(1)种鹅耗料　每只鹅从育雏育成到产蛋需消耗饲料30千克左右,则育成期耗料:

(2 004+501)÷0.85×30≈90 000(千克)(85%留种率)

产蛋种鹅除喂青饲料外每只每天补饲250克左右,则全年耗料:

(2 004+501)×0.25×365≈230 000(千克)

(2)肉鹅耗料

①舍饲　80日龄出售,每只肉鹅体重为5.59千克,料肉比3.96∶1,累计耗料21.611千克,全期100 000只肉鹅估计耗料216万千克,基本为均衡需要。

②放养加补饲　80 日龄出售，每只肉鹅体重为 4.5 千克，补饲饲料累计为 15.5 千克，消耗青饲料 30 千克，则 100 000 只肉鹅需精料 155 万千克，青饲料 300 万千克。按每亩(1 公顷＝15 亩)地全年套种鹅菜等牧草可产青饲料 10 000 千克计算，饲养 100 000 只肉鹅除需 155 万千克饲料外，至少还需种植 300 亩牧草。

七、其他经营管理措施

(1)实行经济责任制，提高职工收益　养鹅生产是风险产业，养鹅工作需要很强的责任心，工作环境艰苦。搞好一个鹅场必须有一支强有力的队伍，包括精干的领导和优秀的饲养人员。优秀的、稳定的饲养人员队伍就要求管理者实行经济责任制，提高职工收益。

(2)实行一体化经营　现代化养鹅生产分为如下几个环节：种鹅和孵化，饲料生产，肉鹅，屠宰加工和深加工，产品销售。大而全是现代化养鹅生产一体化经营发展的必然趋势。

(3)树立企业形象，促进销售工作　销售是鹅场的主要工作。种鹅场的盈亏主要取决于种蛋(雏)销售率；商品鹅场主要取决于销售价格。市场经济是买方市场，企业形象非常重要。企业形象的基础是产品质量，其次是宣传广告，必须下大力气提高质量，培育市场，树立良好的企业形象。

(4)提高生产水平　我国集约化养鹅起步晚，发展速度较快，总产量增长迅速。由于技术水平和健康等综合因素，每只鹅单产、饲料消耗、死淘率等主要生产指标与国际水平差距较大，因而提高潜力很大。

(5)贯彻预防为主的方针　我国养禽业每年因疾病造成的损失是巨大的，鹅场往往重视突发性传染病，而对慢性传染病重视不够。预防鹅病仅靠兽医人员的工作是远远不够的，从建场开始，就必须贯彻预防为主的方针。

(6)节约饲料成本　养鹅生产中，饲料费占总成本的 60%～70%，因此节约饲料成本，可显著提高经济效益。在生产中应把好饲

料原料质量关，加强饲料保管，优化饲料配方，提高饲料经济效益；严格控制饲料加工过程，加强饲养管理，减少饲料浪费，改变饲料形态，提高饲料消化率。

第二节　鹅场经营的基本要求和生产管理

鹅场要想获得最佳经济效益，必须从人员、产品、市场及生产组织等各方面、各环节加强经营管理，努力增收节支，尽可能多生产成本低、质量好的鹅产品。

一、鹅场经营的基本要求

（一）对场址、设备、人员的要求

建场方面的因素如场址宜选择位置适当，交通方便，水电供应稳定可靠的地方。场内房舍建造经济适用，各项建筑物配置合理、比例适当。所建鹅舍在投资限度内、于当地气候条件下，能为尽可能密集饲养的肉鹅创设良好的环境。购置的设备价值适宜、规格适当、性能优良。能稳定地购进价格不高、品质优良、品种齐全、可充分满足饲养鹅种营养需要的各种饲料和添加剂。能严格有效地贯彻综合防疫措施。产品销路可靠，价格有利。技术人员技术熟练、经验丰富、工作主动，措施及时。管理人员与饲养人员责任心强、工作认真，技能好、效率高。

（二）对产品质量的要求

鹅场的产品为活鹅或者鹅产品，必须采取措施，保证产品质量，达到较高等级。质量优良的肉鹅产品，其品质新鲜、营养丰富、无不良气味与味道，卫生符合要求，有益于人体健康。为此，在生产与销售鹅产品时，须采取以下一些措施,以保持鹅产品的质量:尽快运到销售单位(活鹅停食待运时间愈长,减重愈多,体质愈弱,愈易患病,会增加售前病死鹅的数量);防止鹅产品受到破坏或损坏;在抓鹅、装鹅时要防止鹅的挣扎、骨折或撞伤;在运送活鹅时要防止受热、受闷或冻伤;防止鹅产品外观不良;饲养肉鹅,要使垫料干燥松软,饮喂器具光滑、无棱角,尽量减少胸囊肿与挫伤的发生;防止鹅产品受到污染(防止饲料、肉鹅被农药或消毒药物污染)。只有保证产品的质量,才能保证鹅场长盛不衰。

(三)对场长的要求

场长等主要负责人是鹅场经营是否正常的关键因素。场长是鹅场的组织者和领导者,或兼任技术工作。场长工作的成效对全场生产水平的高低、经济盈亏的程度有着直接的影响。因此,选用称职的场长是搞好鹅场的关键。其基本职责有:完成或超额完成生产计划,达到应有的生产水平;完成或超额完成财务计划,获得良好的经济效益;抓好技术革新,尽可能采用新技术、新工艺,进一步提高生产水平与劳动效率;抓好增产增效,充分发掘场内生产潜力,尽量降低各种物资的消耗和饲料的浪费;注意安全生产,防止发生重大责任事故或人身事故;遵守国家与本场有关的法令、制度及价格政策。作为一名合格的场长,除具备执行职务所必需的文化知识外,还应具备以下各项条件:办事公道、为人正直、诚实可靠、有觉悟、讲信用;工作积极主动、热情,富进取精神与创造性;思想敏锐,能及时发现、思考与解决问题;熟悉业务,掌握生产规律和技术要领,富有实践经验;计划性强,工作有条不紊,注意掌握工作进度;敢于承担责任,勇于创新,有一套完整科学的用人机制,能发挥场内人员的专长、技巧和积极性;能重视并认真听取领导和职工的意见,待人和蔼,关心职工生活。

二、鹅场的生产管理

鹅场生产管理的主要任务是建立必要的生产组织,确定合理的饲

养定额，制订明确的生产责任制，在尽量减少非生产人员的原则下，有效地组织与全面调动本场干部职工的积极性并坚持不懈地搞好鹅场生产。

（一）组织安排

一个大型鹅场的各种人员通常分属行政系统和生产系统两大部门。

行政系统的组织安排：包括统计、财会、物资保管与供应、饲料、电气水暖、维修、运输、产品保管与销售、安全保卫、生活服务等人员或组织。各场视规模确定编制，大场可能一个部门有数人，小场可能一人兼任数职。要求做到有岗位就有人负责，凡事有人管，每人有适当的工作量，杜绝岗位虚设、人浮于事的现象。

生产系统的组织安排：视鹅场性质而定，如为综合性鹅场，场内养有各类不同日龄的鹅，就需设置较多的相对独立的组织，如种禽组、孵化组、育雏组、育成组、育肥组、疫病防治组等。作为专业性肉仔鹅场，场内只养同日龄的同类肉鹅，可能就只设一个组（育雏组、育成组或育肥组）进行饲养管理。综合性鹅场难以严格防疫防病，容易导致场内传染病的循环传播，有条件的，以建立专业性鹅场为宜。

不管是行政或生产系统，单位与人员都以精干、够用、不余位为好，防止机构臃肿、人浮于事的现象出现，对减少机构、提高办事效率，降低成本，提高全员劳动生产率都有好处。

（二）人员安排

人员安排与设备条件、鹅的种类、人员状况、鹅舍面积、工作量有关。

（1）设备条件　包括管理方式、设备性能与机械化程度，这些是影响饲养定额最主要的因素。对工作面小又全部机械化作业的笼养鹅，饲养员的工作只是观察鹅群，检查供料、供水、清粪系统和光照、通风设施的运转情况和做一些卫生清扫工作。如设备条件差,平面饲养,未实行机械作业的,限于体力,饲养定额不能太高。

(2)鹅的种类　幼鹅在供温期间,需昼夜照看,一般要额外增加人员;体重大的肉鹅由于占的饲养面积大,采食量多,或者需要放牧的,一般饲养定额均较低。

(3)人员状况　包括饲养人员的技能、体力、熟练程度和效率,其中后两者影响较大。一般鹅场生产中重体力劳动的工作不多,干活勤快、工作敏捷的人,可承担较高的饲养定额。

(4)鹅舍面积　为便于防疫,特别是实行岗位责任制,最好在鹅场设计时,就考虑到每舍安排一或两位饲养员。鹅舍面积、舍内布置和饲养数量应能符合一或两个人的饲养定额,并便于工作。

(5)工作量　主要是对手工操作的各项劳动按项计量统计。统计工作是记录每一班工作时间内,从开始到结束的各项操作,包括重复操作在内各用多少时间,然后累加,可算出每天供水、供料、拣蛋、清粪、调节舍内通风与温度、进行光照、观察鹅群、做生产记录、清理环境等总共用多少时间,即可算出上班期间实际工作时间是多少。应根据工作量确定人员数量。

(三)运行机制

鹅场的生产运行机制一般实行生产责任制也称岗位责任制,对保证或提高生产已经发挥了很大的作用。生产责任制是从上到下制度化、具体化的生产管理。实行这种管理方法,可充分调动每个单位、每个成员的工作积极性,做到责、权、利分明,有助于提高生产水平和劳动生产率,是搞好鹅场经营管理、提高经济效益和形成良好生产秩序的重要保证。全场每个单位规定有工作范围和要求,每个人也各有其岗位责任,用简明的条文确定下来。条文上明确职责、权限,规定具体任务和要求,也写清联产计酬方法,真正做到多劳多得,奖罚分明。建立了生产责任制,还要通过各项记录材料的统计分析,定期核算和检查,用记分方法计算出每一单位、每一成员完成任务及其工作成效等情况,以

此作为成绩考核和进行奖罚的主要依据，尽可能做到奖其应奖、罚其该罚。

(四)制订生产计划

生产计划是鹅场全年生产任务的具体安排。制订生产计划要尽量切合实际，只有切合实际的生产计划，才能更好地指导生产、检查进度、了解成效，并使生产计划超额完成。

1. 制订计划的依据

过去各项生产实际成绩，特别是近一两年来正常情况下场内达到的水平，是制订生产计划的基础。将当前的生产条件和过去的生产条件进行对比，主要在房舍设备、鹅种、饲料和人员等方面比较，看有否改进或倒退，根据过去的经验，拟定新订计划增减的幅度。

2. 生产计划的基本内容

生产计划包括鹅群周转计划、产品生产计划、饲料需要计划、雏鹅孵化(或引种)计划、成本计划、其他计划[包括财务收支计划、设备维修(保养)计划等]。

编制的生产计划应切实可行，兼顾过去、现在和今后的全场整体利益。生产计划中各项指标要适当留有余地，使工作人员努力工作后能超标。依靠职工编制生产计划，编制前后要充分听取广大干部、职工的意见，只有这样制订的各项指标才可能符合实际，才能更好地发挥所有员工的积极性，成为大家共同奋斗的目标。

第三节　鹅场经营管理的主要内容

鹅场和专业户养鹅，都必须注重经营管理。经营管理的目的在于取得高产、优质、低成本和高收益的成果。

鹅场经营管理的主要内容有：市场预测、计划管理、生产管理、质量管理、财务管理、物资管理、营销管理、组织管理。

一、市场预测

市场是商品交换的产物,肉鹅产品必须依赖市场进行交换,才能实现其价值。市场预测亦称销售预测,是预测在未来一段时间内,市场上需求的产品品种、规格、数量、质量、生命周期等,用以作为鹅场营销计划和营销决策的重要依据。市场预测一般分长期(3～5 年)、中期(1～3 年)、短期(1 年以内)预测 3 种类型。而从事市场预测工作,必须以及时掌握市场信息和搞好市场调查为基础。常用的市场调查方法有普查法、抽样调查法、重点调查法、询问法、观察法、实验法等。

二、计划管理

根据市场需求,鹅场在年度生产过程中,一般应制定和执行以下计划:鹅群周转计划、产品生产计划、饲料供应计划、雏鹅孵化(或引种)计划、成本计划、其他计划[包括财务收支计划、设备维修(保养)计划等]。

三、生产管理

为将生产、销售任务分解落实到部门、鹅舍、班组和个人,必须建立岗位责任制(或实行定额承包),实行培训后上岗的制度,制定生产技术操作规程,建立生产、销售记录统计日、月报制度,并定期分析,督促检查,以保证经营目标的顺利完成。

四、质量管理

通过提高工作质量来保证产品质量和服务质量,即事先采取各种

措施，把设计、设备、工艺流程以及人为可能造成质量事故的因素，尽可能控制起来，不断提高部门、班组、人员的工作质量，防止质量事故的发生。与此同时，对产品质量和服务质量按标准要求进行检查，也是必不可少的。

五、财务管理

在市场经济体制下，鹅场财务管理的目标是，采取最优的财务政策，以达到尽可能高的经济效益。在筹集资金上，既要考虑满足生产经营需要，又要考虑不同的筹资方式带来的资金成本的高低、财务风险的大小，以便选择最佳的筹资方式。在投资活动中，力求提高投资报酬，降低投资风险。在日常经营中，注重合理使用资金，加速资金周转，提高资金利用效果。在利润分配活动管理上，要采取各种措施，提高利润水平，合理分配利润。财务工作者要认真参与产品成本分析核算，制定增产节约措施，抓紧资金回笼，做好财务收支报表，提出年度经济效益分析报告，当好场领导的参谋。

六、物资管理

鹅场的物资管理，是指对鹅场所需的各种物资进行有计划的组织、采购、验收、保管、供应、节约、使用和综合利用等一系列管理工作的总称。为此，要充分掌握饲料、疫苗、药品、燃料、设备及部件等物资的需求情况，按品种、时间、质量、数量，经济而合理地保证供给，合理使用和节约物资，降低消耗。同时，经济而合理地确定物资贮备量，建立健全物资管理的各项制度和手续。

七、营销管理

销售是鹅场的“生命”，营销管理在当今市场竞争激烈、利润空间缩小的情况下，具有十分重要的意义。首先要选择目标市场给产品作具体的定位，以开拓市场，占领市场。其次要根据不同的市场情况和生产成本，确定合理的价格。三是要选择销售费用少、销售量大、流通时间短、经济效益好的销售渠道。四是要把人员促销、广告、营业推广和公共关系等促销因素有机地结合起来，形成整体的促销策略。五是要建立完整的销售网络，加强宣传，引导消费，并注意新产品的研制和开发。

八、组织管理

鹅场由于规模不同，其机构设置、人员编制也不同。一般鹅场的领导班子，由场长、生产副场长、销售副场长、行政副场长、财务副场长组成，下设机构为生产部门、营销部门、行政后勤部门及财务部门。人员编制视鹅场规模而定，除部门、班组骨干采用固定职工外，应多用合同制的临时工，临时工一般1～3年可予更换，既为农村培养了饲养加工能手，又使用工制度保持活力。

第四节　鹅场经营方向和管理模式的决策

一、鹅场经营方向的决策

肉鹅养殖场的经营方向，是指办什么类型的鹅场，即是办专业化鹅场，饲养种鹅或饲养商品鹅，还是办综合性鹅场。这要根据市场需求，兼顾市场价格、生产成本而定，同时还要考虑生产上的可行性。鹅场的经营方向，实质上就是鹅场的经营类型。

(一)专业化鹅场

1. 种鹅场

种鹅场生产的目的是培育、繁殖优良鹅种,向社会提供种苗或种蛋,其品种优劣、饲养好坏,直接关系到千家万户的养鹅效益,且投资多、技术要求高,故一般由国家或集体单位经营。这类鹅场一般仅饲养一个品种鹅,否则会因为品种多,易造成品种混杂退化,具体操作上的困难也较多。

2. 商品鹅场

商品鹅场的目的是为社会提供质优、量大、安全的肉鹅产品。这类鹅场可大可小,国家、集体、个体均可经营。

(二)综合性鹅场

综合性鹅场,一般经营范围广、规模大,形成制种、孵化、商品生产、饲料加工、禽产品加工、销售一条龙的生产体系,有的还兼营其他有关行业。随着市场经济的发展,这类鹅场的走向趋势,是规模化、集约化、产业化,强调高层次管理和质量高标准,重视信息作用,树立企业形象,跨地区和跨国经营,技术进步日益加快。这类鹅场,目前多数采取"公司+农户"的办法,形成产供销一体化经营。

二、鹅场管理模式的决策

鹅场应根据鹅场的规模、技术和管理力量,确定科学的管理模式。

(一)"监工"式管理

"监工"式管理就是以"监工"为核心,通过"监工"现场指导,督促完成生产任务的一种管理模式,适用于小型鹅场和专业户养鹅。其优点是,这种管理办法一竿子插到底,既减少了机构,节省了人员,能够达到调整、高效的目的,又弥补了小型鹅场人才缺乏、职工素质较低的缺陷。

其缺点在于，“监工”集技术与管理于一身，负担太重，而工人处于被动服从地位，很难发挥主观能动性。

（二）专业化管理

专业化管理，主要适用于中等规模的专业鹅场。这种鹅场虽工作性质不复杂，但因具有相当规模，产供销及后勤、思想工作都要有专人或部门去抓，不仅需要各部门建立稳定协调的关系，还要有一套严格的全面的规章制度和考核办法。这种管理模式，可克服“监工”式管理的弊端，但对管理人员的素质要求高，对工人需做过细的思想工作。

（三）系统化管理

系统化管理，适用于集良种繁育、饲料生产、商品鹅饲养、产品加工于一体的综合性鹅场或公司。总场或总公司对下属场或分公司，仅从经营方针、计划、效益等方面加强领导，不参与下属单位的具体事务管理；而下属单位，在总场或总公司的领导下，实行专业化管理。

三、鹅场生产经营的策略选择

（一）避免盲从性

肉鹅的市场趋势已是有目共睹，但市场是动态的，有起就可能有落，有高峰就可能有低谷，要正确地掌握市场的信息，尤其是未来的、长远的信息，而不是眼前的或过时的信息。对农户自身而言，一方面要掌握准确的信息，另一方面还要考虑自身的条件。对一些地方政府或行业管理部门而言，引导中也同样需要掌握准确的信息，并力争在市场方面做得稳妥一些，比如签订单合同，切忌一哄而上，而后一哄而下。

（二）树立风险意识

市场经济总会有风险，不论是政府部门还是农户自身，都要树立风

险意识，提高抗风险能力，对市场一定要进行科学的预测，并采取科学的饲养管理方法，将风险降到最低程度。在这方面，冒着风险硬上的做法是不可取的，但“一朝被蛇咬，十年怕井绳”的做法也是不可取的。看准了快上，跌倒了爬起来，发展才会有希望。

（三）注重培育配套体系

对政府或行业管理部门而言，应该考虑扶持培养以下几个体系：一是市场销售体系，可以是“公司＋农户”的形式，也可以是订单的形式，以保证有产、有销、有效；二是种商生产体系，即种鹅饲养与生产、种蛋和雏鹅的生产供应、商品鹅的生产；三是技术保障体系，包括饲养管理技术、饲料生产技术、疫病防治技术等；四是利益共存体系，即企业、农户、技术服务人员、营销人员要利益共存，建立一种利益驱动和责任约束机制，以保证发展的有序性和持续性。

（四）切忌顾此失彼

由于养鹅户的分散性，就某一饲养户而言，产、供、销往往集于一身，如果只顾跑销路而忽略了饲养管理或相反情况，或只顾放牧和饲养而不重视防疫，等等，一旦造成损失，可能后悔莫及。要尽最大努力，做到每个环节都到位，事前知道该怎么做，事后知道效果如何。各个环节是密切相关的，每个环节的失误或不到位，都会给总体效果和效益造成影响。所以，必须充分准备，考虑周全，细心操作。

（五）选择投资重点

对政府或行业管理部门来说，应充分考虑整个产业的基础条件，目前屠宰加工企业已具相当规模，应以完善其运作为主，不要热衷于新上加工企业；鹅用饲料的供应，也可以借助有技术实力的饲料企业，不必由政府部门去扶持投资新建饲料厂；投资的重点应是种鹅饲养基地建设，以便为大规模商品鹅生产提供足够的雏鹅。

对具体农户而言，投资重点的选择应根据自身的经济负担能力和养鹅所需的基础条件而定。一般养商品鹅，春进秋出，见效较快，往往需要资金的集中投入，大规模饲养时更是如此。养种鹅一般需要4～5个月的产蛋休闲期，尤其是冬季，许多农民认为养种鹅不合算，“三只鹅顶一头猪”，意思是说鹅的采食量大，饲养成本高。其实按现有的鹅蛋价格计算，如果平均每只鹅产50个种蛋，每个0.80元，则蛋的收入为40元，足够一只鹅冬季的饲料消耗，况且产蛋高峰期已经是放牧生产季节，成本相对减少许多。蛋料收支相抵后，如果出售成年鹅，其市场价格往往高于秋鹅，相当于净剩一只活鹅钱。但大规模饲养场，也存在资金大量集中使用的问题。较好的办法是适度规模地饲养商品鹅，秋鹅出售时留少部分优秀的个体做第二年春季产蛋用，产蛋结束后再将鹅卖出，这样，雏鹅是一次性投入，可以分期获得秋鹅、蛋、成年鹅三次收入，其效益就会逐步增加。

（六）注重与其他项目的结合

发展养鹅业首先要考虑依托资源环境优势，如能较好地与其他项目结合，则可提高产出综合效益。以下3种综合生产模式可供选择采用。

1.鹅鱼综合生产模式

鹅鱼模式为利用鱼池（场）水面养鹅，鹅喂食鱼饵料和放牧青草，鹅粪喂鱼。一般每公顷水面可养鹅300～500只，水边及库池周围有充足的青草供鹅采食，可以少投或不投鱼用饵料。具体视鱼苗放养量而定，尤其是养草鱼等食草的淡水鱼类，效果更好，因鹅吃青草后，粪便呈绿色，与草色相似，鱼吃鹅粪后，可减少直接投放的饵料量。有的人担心鹅会吃鱼苗，其实是不必要的，俗话说：“燕子不吃落地的，鹅子不吃喘气儿的。”鹅与鸭不同，鸭是吃鱼的，所以鱼池放养家禽时要注意到这点。鹅在吃到为鱼投放的饵料后，起到了补饲的作用，由于营养采食充足，其生长发育明显快于普通放牧鹅群。另外，这种模式还充分考虑到了鹅的食草之外的另一生物学特性，即喜水性。鹅不但生长发育中需要饮用大量的水，还常常需要在水中游戏、梳毛、交配。研究表明，水源

充足，可以提高鹅的受精率和生长发育速度。

2.鹅果(林)综合生产模式

这种模式是利用果园或林下草地养鹅。鹅的放牧对果、林不会造成危害，即使是幼林，也不必担心，因为鹅吃草而不像牛、羊那样吃树叶。这种模式正好可以充分利用果、林下的草地资源，能够在不影响主业生产的前提下，获得一笔额外的收入。但实践中必须注意药物中毒问题，在果树施药期间，应避开放牧，待药的毒性失效后再放牧。如果所施杀虫剂都是长效而剧毒的，就不适于养鹅了，否则容易造成鹅药物中毒而死。

3.种养结合生产模式

也就是说把种植业和养鹅结合起来。有条件的可以利用空闲地种植一些优质饲料作物如苜蓿、籽粒苋等，实践证明，即使利用耕地种植也是可行的，如头茬作物种植小麦等早熟作物，后茬可考虑种植大麦等优质饲料作物，用于青割或调制青贮饲料养鹅。另外，可考虑在秋季玉米生长的后期，进行玉米地放鹅，让鹅吃玉米穗位以下的一些叶片，此法对玉米产量基本不会造成影响。

这种模式在放牧条件有限的农区显得更为适用，尤其在种植业结构调整时期，种植优质饲料作物，发展肉鹅生产，不失为当前农业增效、农民增收致富的一条好门路。

(七)选择最佳出栏期

出栏时期的确定，一般应考虑饲料利用效率和市场价格两个方面。按饲料利用效率，肉鹅应在60～70日龄出栏，最迟在90日龄出栏，尤其是舍饲的鹅，10周龄之后的饲料利用率下降，增重速度减慢；按市场价格，一般我国北方市场秋鹅售价低于春夏，其原因主要是秋鹅出栏时间过于集中，而且一般体重偏小，屠宰后产肉量也低。

(八)树立企业形象，促进销售工作

销售是鹅场的主要工作。种鹅场的盈亏主要取决于种蛋(雏)销售

率。商品鹅场则主要取决于销售价格。市场经济是买方市场,良好的企业形象非常重要。而企业形象的基础是产品质量,其次是宣传广告,必须花大力气提高产品质量,培育市场,树立良好的企业形象和知名度。

第五节　鹅场的经济效益分析

近年来在鹅场的生产管理中开始使用微机,专用的软件有鹅群生产分析预测、房舍设备利用计划等,对提高鹅场计划、管理水平与经济效益有明显效用。随着计算机的普及,不难预料,今后国内一些大、中型鹅场在生产与管理中使用微机、利用专门软件的也将日益增多。在尚未设置微机的鹅场,为使鹅场经营更有预见性,能及早估计重大决策的损益,应适时地对生产成本、采用措施与投资等项进行经济效益的估测。

一、生产成本的分析与估测

生产成本是盈亏的分界线,知道生产成本即知盈亏。生产成本一般按单位主产品计值,估测生产成本则不需详细核算,只要知道饲料费用占生产成本比率,以及一些现成的数字即可很快算出结果。当然,饲料费用占生产成本比率也是通过以前核算生产成本时得来的。在费用价格都比较稳定的情况下,一个生产经营比较成功的鹅场,这个比率基本稳定,是鹅场生产经营优劣的一项标志。比率愈低,经营愈佳,其范围一般在60％～70％。

二、管理效益的分析与估测

为提高生产效率,通常在营养、环境、管理和疾病防治等方面采取

一些新的管理技术，衡量采取新管理措施的效果，要看其对生产效率增减的幅度。鹅场生产效率分析的主要指标是料蛋比与料肉比，或通称饲料转化率，要看其对饲料产品比率影响的大小和由此而形成价值的多少，再和管理措施的费用相比较，以确定其经济上的可行性。某项新管理措施的毛值与净值可用下列公式估测：

$$V_p = C_1(FC_1 \div FC_2 - 1) \qquad N_p = V_p - C_p \tag{1-1}$$

式中：V_p 为按单位饲料计新的管理措施的毛值，元；C_1 为采取新管理措施前单位饲料费用，元；FC_1 为采取新管理措施前饲料转化率；FC_2 为采取新管理措施后饲料转化率；C_p 为按单位饲料计新管理措施的费用，元；N_p 为按单位饲料计新管理措施的净值，元。

例如，某肉鹅场年养 10 万只肉鹅，饲养全程每只耗料 4 千克，料肉比为 2.30，每吨饲料 1 000 元，现欲采用一项新的管理措施，即由喂粉料改喂颗粒饲料。试喂颗粒饲料，料肉比可降至 2.19。每吨饲料加工成颗粒费用为 20 元。如全场改喂颗粒饲料后，此项新的管理措施净值为多少？

$$V_p = 1\,000(2.30 \div 2.19 - 1) \approx 50(\text{元}) \qquad N_p = 50 - 20 = 30(\text{元})$$

全场 10 万只肉鹅耗料 400 吨，每吨饲料因采用新管理措施而增净值 30 元，共增净值 12 000 元。

式(1-1)只是对生产效率改进程度进行的估测，通过分析估测，可很快了解新管理措施的可行性及大致有利程度。实际上，一项新的管理措施的影响是多方面的，如对交售肉鹅等级的影响等，因此，除了估测，还需计算产品质量方面等改善带来的利益，方能全面评价新的管理措施的经济效果。

三、投资效益的分析与估测

鹅场为扩大生产、更换鹅种或增添设备等，需进行新的投资。投资的资金靠贷款，而贷款一般都要付息，因此，有必要了解贷款所投入的资金对经济效益的影响。为此，须进行投资效益的估测。此项估测是根据贷款投资后增加销售额的低限为准，此低限是投资损益的分界线，其计算公式如下：

$$AS = BF \times IR \div GI \tag{1-2}$$

式中：AS 为投资后须增加的销售额，元；BF 为贷款数，元；IR 为贷款年利率，%；GI 为年销售总额利润率，%。

例如，某种鹅场为扩大种蛋生产，需新建一栋鹅舍，包括设备和种鹅共需投资 10 万元，因此，向银行贷款 10 万元，年利率为 9%，该场年销售总额利润率为 20%，新建种鹅舍投资后，需增加多少销售额方能偿付利息？

$$AS = 100\ 000 \times 9\% \div 20\% = 45\ 000(\text{元})$$

即需增加 45 000 元销售额正好偿付利息。

贷款增加债务，贷款的利息又必须用额外增加销售额的利润来偿付。因此，在贷款前必须认真考虑，是否非贷不可，贷款后是否有把握增加销售额，需增加销售额的数量。采取何种措施增加销售额，使投资的效益得到较大的保证，同时也不会损及贷款前场内所得的利润，是必须要考虑的内容。

第六节　提高鹅场经济效益的措施

一、改善经营管理

（一）进行正确的经营决策

在广泛的市场调查（包括鹅的市场需求量、收购价格、饲料价格等）

并测算可获取的经济效益的基础上，结合分析内部条件如资金、场地、技术、劳力等，进行经营方向、生产规模、饲养方式、生产安排、管理模式等方面的经营决策。正确的经营决策可收到较高的经济效益，错误的经营决策则易导致重大的经济损失甚至破产。

(二)制定正确的经营方针

按照市场需要和本场的可能，充分发挥内部潜力，合理使用资金和劳力，实现合理经营，保证生产发展，提高劳动生产率，最终提高经济效益。

(1)正确处理鹅场与国家的关系，遵守国家的政策法令。

(2)正确处理与收购站、屠宰场、消费者的关系，在质量、价格、交货日期等方面，不损害用户的利益，要诚实经营，以质量占领市场，以信誉求得发展。

(3)正确处理与竞争对手的关系，要运用正当的手段，开展文明竞争。在竞争中合作，在合作中竞争。

(4)正确处理与鹅场职工的关系，关心职工的切身利益，尽可能提高职工的技术、文化和物质生活水平，解决职工的实际问题，以人为本，调动职工的生产积极性和创造性。

确定经营方针的原则是：既考虑需要，又考虑单项效果；既考虑眼前效果，又考虑长远利益。总之，正确的经营方针要能够以最低的消耗取得最多的优质产品。

(三)实行目标管理和岗位经济责任制

实行目标管理和岗位经济责任制，是提高效益的重要途径之一，也是鹅场经营管理的一个重要环节。进行双向考核，即主要经济技术指标的目标奖罚责任制和全面管理的百分制考核，对鹅场的目标管理具有良好的效果。在具体工作中，要注意四点：一是要推行全面成本核算承包工资制，就是把每个劳动者的劳动成果和劳动报酬紧密挂钩，从根本上解决多劳多得的问题。二是要利用价值规律提高产品质量，促进营销，调动生产者钻研技术的积极性，激励营销人员的工作热情。三是要把后勤服务人员的奖金与生产销售承包人员的收入结合起来。为提高后勤服务人员的服务质量，可在产销成本中预算出后勤服务人员的奖金，产销承包人员在合同兑现后，按超过本人级别工资制以上的承包工资，按比例提取服务人员的奖励基金，然后按服务人员岗位责任工作制考勤考核实绩予以评定。四是将执行规章制度与奖罚“分离制”改为“挂钩制”。

（四）开展适度规模生产与合作经营

随着肉鹅生产的发展，市场竞争日益加剧，必然导致生产每只肉鹅盈利水平的下降，这就需要通过规模饲养、薄利多销的办法来提高整体效益。在美国这样的肉禽生产大国，饲养1只肉鸡只能盈利3～5美分，但饲养者靠规模饲养，仍可获得较高的收入。

实行“公司＋农户”式的合作经营符合我国肉鹅生产的发展要求。鹅业公司具有经济上、技术上的实力，而农户具有饲养成本低、饲养管理精心的优势，二者签订生产合同，进行合作经营，由公司提供鹅苗、饲料、药品、疫苗和技术服务，农户出房舍、设备和劳力，所生产的商品肉鹅按合同规定规格、价格与时间，由公司收购，统一上市。这种方式，可根据市场需要和屠宰加工能力等有计划地组织生产，节省开支，降低成本，公司和农户都能得到发展。农户不需要很多的资金，产品销售有保证，能专心从事商品鹅生产，并按合同获得一定利润。公司为农户提供各项服务，统一进行产品的收购、屠宰加工，并投放国内外市场，可取得竞争上的优势并不断壮大。

二、努力降低生产成本

肉鹅的生产成本，主要由饲料、工资、兽药、固定资产折旧、燃料动力、其他直接费用、企业管理费等7项费用组成。饲养每批肉鹅，均应核算成本，并通过成本分析，找出管理上的薄弱环节，采取有效措施，不

断改善经营管理。也只有在准确核算生产成本的基础上，才能准确计算出生产利润。降低生产成本，不仅可直接提高经济效益，还能增强产品的市场竞争力。

(一)降低饲料成本

饲料费用占生产成本的70%左右，降低饲料成本是降低生产成本的关键。降低饲料成本的具体措施有：①合理设计饲料配方，在保证鹅营养需要的前提下，尽力降低价格；②控制原料成本，最好采用当地盛产的廉价原料，少用高价原料；③严防饲料霉变；④减少饲料浪费；⑤周密制订饲料计划，减少积压浪费；⑥加强综合管理，提高饲料转化率。

(二)减少燃料动力费开支

燃料动力费占生产成本的第三位(饲料成本、人工成本分居生产成本的第一、二位)，减少此项开支的措施有：①采用分段饲养工艺，可节省1/3的供温能源；②鹅舍供温采用廉价能源；③电热保温伞加装调温器，防止过热浪费电能并影响鹅的生长；④鹅舍照明灯加灯罩，可将照明灯功率降低40%，仍能保持规定照度；⑤夜间应将鹅舍中的灯，间隔关闭1/3，既节电，又可使多数鹅安睡；⑥按规定照度和时间给予光照，加强全场灯光管理，消灭"长明灯"。

(三)节省兽药使用支出

对鹅群投药，宜采用以下原则：可投可不投者，不投；剂量可大可小者，投小剂量；用国产或进口药均可的，用国产药；用高价、低价药均可的，用低价药；对无饲养价值的鹅，及时淘汰，不再用药治疗。

(四)充分利用鹅场的副产品

例如，出售鹅粪和羽毛，出售弱雏、小公雏、毛蛋给养狐场和养犬场等。通过增加主产品以外的营业收入来降低养鹅的生产成本。

三、采用现代科学饲养技术，实现优质高产

现代商品市场的竞争，说到底是技术的竞争，只有高质量、低成本的产品，才具有真正的竞争力，而这要靠现代科学饲养技术来实现。在肉鹅生产的各个环节上，要不断引进新技术，应用新技术。这些技术主要包括：现代繁育技术、高效饲料配合技术、标准化饲养管理技术、饲养环境控制技术、疫病防治技术、产品精深加工技术等。

四、加强记录

每批肉鹅上市后都应根据记录计算投入产出比例，计算出每只鹅的成本，每只鹅的利润大小。在搞清成本结构的基础上分清主要成本、次要成本，并提出降低成本、提高效益的相应措施。

思考题

1. 影响鹅场经营的主要因素有哪些？
2. 如何提高鹅场的经济效益？
3. 鹅场经营管理有哪些主要内容？

第二章

鹅的品种和引种

导　读　本章从鹅的起源入手，详细介绍了国内外鹅的品种和分类，并就鹅的健康养殖引种要求和注意事项作了详细阐述。

第一节　鹅的起源和品种分类

鹅的品种是指来源相同、形态相似、结构完整、遗传性能稳定、具有一定数量和较高经济价值的鹅群。鹅的品种是养鹅业的基本生产资料，它直接影响着鹅的生产性能和养鹅的经济效益。中国鹅品种资源丰富多样，有产蛋量高的豁眼鹅、太湖鹅、四川白鹅，有产肉、产绒性能较好的皖西白鹅，也有产肝性能较好的溆浦鹅、浙东白鹅、狮头鹅等优良地方品种，这些地方品种不仅自然生态适应性广、抗逆性强、耐粗饲、觅食力强、产蛋多、肉质好，而且蕴含着较大的遗传变异和选择潜力。国外也有许多生产性能非常优异的鹅品种，如肉用性能和肥肝性能都很好的埃姆登鹅、图卢兹鹅、朗德鹅等。为了有目的、有计划地利用现有鹅品种资源，发展生产，培育新种，开展鹅杂交优势利用，提高养鹅经济效益，必须了解和掌握鹅品种的知识。

一、鹅的起源

家鹅的起源，在世界上并不限于一时一地，也不是由同一种雁驯化而来。中国鹅的起源与欧洲鹅不同，中国鹅(除伊犁鹅)都起源于鸿雁，而欧洲鹅则由灰雁驯化而成。鸿雁在动物学分类上属鸟纲雁形目鸭科雁属。鸿雁公母外形相似，公的体形较大，母的较小。喙黑色、较头部长；头上肉瘤，公的突出，母的不显著。公母的体羽均为棕灰色，下体接近白色，由头顶达颈后有一红棕色长纹，腹部有黑色条状横纹。栖息在河川或沼泽地带，偶见于树林中，主食植物，分布于原苏联西伯利亚察加，于我国境内的东北北部和内蒙古东部一带繁殖，在长江下游及以南地区越冬，迁徙时经华北和东北中部大平原。能繁殖，能育雏，可驯养。经驯化后变为鹅，其外形仍与鸿雁相似，但失去飞翔能力。

中国鹅与鸿雁有许多相似之处，如在头部有一个突出的肉瘤，头颈细长，颈羽平滑而不卷曲，常昂首挺胸，颈较长，略呈弓形，颌下偶有咽袋，体形斜长且较小，腹部较大；成熟早而产蛋多。而欧洲鹅的头部无鹅瘤，头颈粗短，颈羽卷曲，背宽胸深，体形大而矮胖，成熟迟而产蛋较少，同时也不像中国鹅那样善鸣和鸣声高亢。

二、鹅品种分类

鹅在漫长的品种形成和普及过程中，由于各地的自然条件和人们进行选择的目标不同，逐渐形成许多优良的品种或品变种。为了有目的、有计划地利用现有的鹅品种资源，充分发挥遗传潜力，培育新的品种或杂交配套品系，提高养鹅的经济效益，在养鹅生产实践中，人们从不同角度，对现有鹅品种进行了分类。

(一)按体形大小分类

国内外一般都以成年体重的大小作为划分体形大、中、小的标准。

1. 小型品种鹅

公鹅成年体重为3.5～5.0千克,母鹅为3.0～4.0千克。属于小型鹅种的有乌鬃鹅、太湖鹅、五龙鹅、豁眼鹅和籽鹅等。

2. 中型品种鹅

公鹅成年体重为5.1～8.5千克,母鹅为4.1～7.5千克。国内有溆浦鹅、雁鹅、浙东白鹅、皖西白鹅、四川白鹅等,国外有莱茵鹅、巴墨鹅、比尔格里姆鹅、奥拉斯鹅、乌拉尔鹅等。

3. 大型品种鹅

公鹅成年体重为8.6～14.0千克,母鹅为7.6～10.0千克。国内有狮头鹅,国外有埃姆登鹅、图卢兹鹅等。

(二)按羽色分类

鹅按羽色可分为白鹅、灰鹅和极少量的浅黄羽色品种。在白鹅中往往带有程度不等的灰褐毛,在灰鹅中亦带有白毛和有羽毛深浅的差异。近几年来由于白色羽绒热销和售价较高,一些原来习惯养灰鹅的地区,纷纷淘汰灰鹅而改养白鹅。我国常见的白羽鹅有四川白鹅、浙东白鹅、皖西白鹅、鄗县白鹅、闽北白鹅、太湖鹅、豁眼鹅、籽鹅等,灰鹅有雁鹅、乌鬃鹅、阳江鹅、永康灰鹅、长乐灰鹅等。

(三)按经济用途分类

随着人们对鹅产品的需要不同,在养鹅生产中出现了一些优秀的专用品种。如用于肥肝生产的专用品种,国内有广东的狮头鹅、湖南的溆浦鹅;国外有法国的图卢兹鹅、朗德鹅、玛瑟布鹅,匈牙利的玛加尔鹅等。用于肉用仔鹅的品种,国内如广东著名的肉用小型鹅种清远乌鬃鹅,国外如意大利的奥拉斯鹅,德国的莱茵鹅等。产蛋性能较好的品种有豁眼鹅、籽鹅、太湖鹅等。

三、鹅的主要品种

(一)中国鹅的品种

我国养鹅历史悠久,饲养量大,分布广,而且品种资源丰富。现代我国的鹅品种分为两个品种类型;绝大多数的是中国鹅(分为许多品变种)和产于新疆的伊犁鹅。中国鹅是世界上最著名的鹅种之一,也是欧亚大陆的主要鹅种,曾被引至许多国家饲养,并用于改良当地品种,国外不少著名鹅种均含有中国鹅的血统。中国鹅以其对各种自然条件的广泛适应性和对各种低劣饲料的耐粗性,更以其高产蛋率而著称于世。现在我国饲养的鹅种绝大多数属于中国鹅。中国鹅在漫长的品种形成和普及过程中,由于各地的自然条件和人们进行选择的目标不同,逐渐形成许多优良的品变种或品种群,逐步形成若干优秀地方良种,丰富了我国鹅的品种资源。经调查现有地方良种 20 余个,被正式列入《中国家禽品种志》的就有 12 个之多,这些地育品种既有中国鹅的典型特征,又有各自独特的优良性状。

在生产中通常中国鹅按体形可分为大、中、小三种类型,按羽色可分为白鹅和灰鹅两种。现将一些具有代表性的中国鹅地育品种介绍如下。

1.大型鹅的品种

狮头鹅是我国最大型的鹅种,也是我国唯一大型优质鹅种,是生产肥肝的优良品种。因其额部肉瘤发达,几乎覆盖于喙上,加上两颊又有肉瘤 1～2 对,酷似狮头,故名。原产于广东省饶平县溪楼村,主要产区在澄海县和汕头市郊。狮头鹅体形大,生长快,肥肝生产性能好,饲料利用率高,为世界上少数大型鹅种之一,经常用于进行品系间杂交配套利用。

体形外貌:狮头鹅体躯呈方形,头大,颈粗,前躯略高。公鹅昂首健步,姿态雄伟。头部前额肉瘤发达,向前突出,覆盖于喙上。两颊有左

右对称的肉瘤1～2对,肉瘤黑色。公鹅和2岁以上母鹅的头部肉瘤特征更为显著。喙短,质坚实,呈黑色,与口腔交界处有角质锯齿。脸部皮肤松软。眼凸出且多呈黄色,外观眼球似下陷,虹彩褐色。颌下咽袋发达,一直延伸至颈部。胫粗,蹼宽,胫、蹼都为橙红色,有黑斑。皮肤米黄色或乳白色。体内侧有似袋状的皮肤皱褶。狮头鹅的全身背面羽毛、前胸羽毛及翼羽均为棕褐色,由头顶至颈部的背面形成如鬃状的深褐色羽毛带。全身腹面的羽毛白色或灰白色。褐色羽毛的边缘色较浅,呈镶边羽。成年公鹅体重可达10千克以上,个别达15千克,平均为8 850克。母鹅体重可达9千克以上,个别达13千克,平均为7 860克。成年公、母鹅的体斜长分别约为42.7厘米和36.9厘米,胸深分别约为15.6厘米和14.9厘米,龙骨长分别约为24.7厘米和21.7厘米,骨盆宽分别约为11.6厘米和10.3厘米,胫长分别约为13.1厘米和11.5厘米。

生长速度与产肉性能:在放牧为主的饲养条件下,其生长速度因生产季节不同而有差异,每年以9～11月份出壳的雏鹅生长最快,饲料利用率也高。公鹅出壳体重约为134克,母鹅出壳体重约为133克。雏鹅21日龄体重约为出壳体重的10倍,2月龄体重约为出壳体重的20倍,同龄公雏鹅比母雏鹅重5%～25%。

以放牧为主的传统饲养中,70～90日龄上市未经肥育仔鹅的平均体重为5.84千克(公鹅约为6.18千克,母鹅约为5.51千克);半净膛时,屠宰率约为82.9%(公鹅约为81.9%,母鹅约为84.2%);全净膛屠宰率约为72.3%(公鹅约为71.9%,母鹅约为72.4%)。

产蛋性能:产蛋季节在每年9月至翌年4月,母鹅在此期内有3～4个产蛋期,每期可产蛋6～10个。第一个产蛋年度平均产蛋量为24个,平均蛋重为176.3克,蛋壳乳白色,蛋形指数约为1.48。2岁以上母鹅,平均年产蛋量为28个,平均蛋重为217.2克,蛋形指数约为1.53。在改善饲料条件及不让母鹅孵蛋的情况下,个体平均产蛋量可达35～40个。母鹅可使用5～6年,盛产期在2～4岁。

繁殖性能:在良好的饲养条件下,母鹅开产日龄为160～180日龄;

但产区群众习惯在130日龄以后，用粗饲的方法，把开产期延至200日龄以上，一般控制在220～250日龄。种公鹅配种都在200日龄以上。公母配种比例为1∶(5～6)。放牧鹅群在水中自然交配。1岁母鹅产蛋的受精率约为69%，受精蛋孵化率约为87%。2岁以上母鹅产蛋的受精率约为79.2%，受精蛋孵化率约为90%。母鹅就巢性强，每产完一期蛋，就巢一次；约5%的母鹅无就巢性或就巢性很弱。

肥肝性能：狮头鹅生产肥肝的能力是我国鹅种中最强的，是重要的肥肝型品种。经填饲育肥后，平均肝重可达960克，最高可达1 400克，肝料比约1∶40。以狮头鹅为父本，与产蛋较多的太湖鹅、四川白鹅、豁眼鹅杂交，其杂交后代的肥肝性能比母本品种高出许多。

2. 中型鹅的品种

(1)溆浦鹅　溆浦鹅是我国著名的中型鹅品种，被公认为具有生产特级肥肝潜力的优良肝用中型鹅种，也是优良的肉用品种。原产于湖南省沅水支流的溆水两岸，中心产区在溆浦县近郊，分布扩及怀化地区。由于该鹅历来采用自繁自养，注意选种选配，促进了本品种的形成与提高。近年来，鉴于其体形大，前期生长快，耗料少，觅食力强，适应性强，加之肥肝生产性能仅次于狮头鹅而位列第二，各地常引种用以杂交，以期提高配套杂交商品鹅的肥肝生产力。溆浦鹅的产羽绒性能也很好，但产蛋量较少。

体形外貌：成年鹅体形高大，体躯稍长、呈圆柱形。公鹅头颈高昂，直立雄壮，叫声清脆洪亮，护群性强；母鹅体形稍小，性情温驯，觅食力强，产蛋期间后躯丰满且呈蛋圆形。腹部下垂，有腹褶。有20%左右的个体头上有顶心毛。羽毛颜色主要有白、灰两种，以白色居多。灰鹅背、尾、颈部为灰褐色，腹部呈白色。皮肤浅黄色。眼睛明亮有神，眼睑黄色，虹彩灰蓝色。胫、蹼都呈橘红色。喙黑色。肉瘤突起，表面光滑，呈灰黑色。白鹅全身羽毛白色，喙、肉瘤、胫、蹼都呈橘黄色。皮肤浅黄色。眼睑黄色，虹彩灰蓝色。

成年公母鹅体重分别为6～6.5千克和5～6千克，体斜长分别约为39.4厘米和37.3厘米，胸宽分别约为13.3厘米和12.0厘米，龙骨

长分别约为 19.6 厘米和 17.2 厘米，胸深分别约为 10.7 厘米和 9.4 厘米，骨盆宽分别约为 9.2 厘米和 8.6 厘米，胫长分别约为 12.5 厘米和 11.2 厘米，颈长分别约为 40.5 厘米和 35.9 厘米。

生长速度与产肉性能：雏鹅出壳重平均为 122 克，33 日龄重约为 1 539克，60 日龄重约为 3 152 克，90 日龄重约为 4 421 克。3 月龄前的溆浦鹅生长速度较快，在放牧饲养的条件下，3 个月左右即陆续上市。

公鹅的半净膛屠宰率和全净膛屠宰率分别约为 88.6%和 80.7%，母鹅分别约为 87.3%和 79.9%。在以放牧为主，适当补料的情况下，溆浦鹅的饲料利用率较高，每千克增重仅耗精料 0.5～0.6 千克。

产蛋性能：年产蛋 30 个左右，产蛋季节集中在秋末和初春两期，即当年 9、10 月份和次年 2、3 月份。每期可产蛋 8～12 个，一般年产 2～3 期，高产者有 4 期。平均蛋重为 212.5 克(秋蛋较小，冬春蛋大)。蛋壳多数呈白色，少数淡青色。蛋壳厚度约为 0.62 毫米，蛋形指数约为 1.88。蛋白约占 53.2%，蛋黄约占 35.1%，蛋壳约占 11.7%，蛋煮熟后失水率约为 2.3%。

繁殖性能：母鹅 7 个多月开产，公鹅达 6 月龄就有配种能力。种公鹅利用年限为 3～5 年，母鹅为 5～7 年，公母配种比例为 1∶(3～5)。溆浦鹅有较强的就巢性，一般每年发生 2～8 次，多数为 5 次，均发生在每个产蛋期末，如不让孵化，15 天左右醒巢。种蛋受精率为 97.4%。农家采用母鹅孵化，一窝可孵蛋 10～13 个，受精蛋孵化率为 93.5%。雏鹅 30 日龄的成活率为 85%。

肥肝性能：具有良好的产肥肝性能，肥肝品质好，经填肥后平均肝重 488.7 克，最大重量达 929 克。

(2)雁鹅　雁鹅是中国鹅灰色品种中，中型鹅种的代表类型，属粗放型饲养的肉用鹅种。外貌整齐，适应性强，耐粗饲，抗病力强，生长较快，肉用性能较好，四季均可产蛋就巢，但产蛋量较少。原产于安徽省六安地区的霍邱、寿县、六安、舒城及河南省的固始等县。

体形外貌：体形较大，体质结实，全身羽毛紧贴。头部圆形略方，大小适中，头上有黑色肉瘤，质地柔软，呈桃形或半球形向上方突出。眼球黑色，大而灵活，虹彩灰蓝色。喙扁阔，黑色。个别鹅颌下有小咽袋。颈细长，胸深广，背宽平，腹下有皱褶。腿粗短，胫、蹼多数呈橘黄色，个别有一黑斑。爪黑色。皮肤多数黄白色。

公鹅体形较母鹅高大、粗壮，行走时昂首挺胸，叫声洪亮，头部肉瘤大而突出。母鹅性情温驯，叫声较低而清亮。

成年鹅羽毛呈灰褐色和深褐色。颈的背侧有一条明显的灰褐色羽带。体躯的羽毛，从上往下颜色由深渐浅，至腹部成为灰白色或白色。除腹部白色羽毛外，背、翼、肩及腿羽皆为镶边羽，即灰褐色羽镶白边，排列整齐。肉瘤的边缘和喙的基部大部分有半圈白羽。

雏鹅全身羽绒呈墨绿色或棕褐色，喙、胫、蹼均呈灰黑色。

成年公母鹅体重分别约为 6.0 千克和 4.8 千克，胸宽分别约为 14.0 厘米和 12.3 厘米，胸深分别约为 11.5 厘米和 10.3 厘米，龙骨长分别约为 19.5 厘米和 16.7 厘米，骨盆宽分别约为 9.2 厘米和 8.4 厘米，胫长分别约为 11.3 厘米和 10.3 厘米，颈长分别约为 36.7 厘米和 32.6 厘米。

生长速度与产肉性能：在放牧条件下，饲养 5～6 个月，体重可达 5 千克以上；在较好饲养条件下，2 月龄的雁鹅可长到 5 千克。一般公鹅出壳体重约为 109.3 克，母鹅约为 106.2 克；30 日龄公鹅体重约为 791.5 克，母鹅约为 809.9 克；60 日龄公鹅体重约为 2 437 克，母鹅约为 2 170 克；90 日龄公鹅体重约为 3 947 克，母鹅约为 3 462 克；120 日龄公鹅体重约为 4 513 克，母鹅约为 3 955 克。

成年公鹅的半净膛屠宰率和全净膛屠宰率分别约为 86.1％和 72.6％，母鹅则分别约为 83.8％和 65.3％。

产蛋性能：一般母鹅年产蛋量为 25～35 个。雁鹅在产蛋期间，每产一定数量蛋后，即停产就巢，以后再产第二、第三期蛋，一般每年可间歇产蛋 3 期，也有少数可产蛋 4 期，故产区群众称之为“四季鹅”。其中第一个产蛋期的产蛋量为 12～15 个，第二、第三个产蛋期的产蛋量为 8～10 个，第四个产蛋期产蛋较少。雁鹅蛋大，据测定，1 294 个蛋的平

均蛋重为150克。蛋壳白色。卵黄膜厚而结实。蛋白浓、黏度大。蛋壳平均厚度为0.60毫米，蛋形指数平均为1.51(蛋的横径平均为5.66厘米，纵径平均为8.55厘米)。煮熟后的蛋，蛋白占52.9%，蛋黄占33.6%，蛋壳占13.5%。

繁殖性能：母鹅一般在8～9月龄开产，而在较好的饲养管理条件下，则在7月龄开产。母鹅开产后至3岁内产蛋量逐年递增10%左右，2岁以上母鹅的蛋个大、壳厚、蛋形好。母鹅就巢性较强，一般每年就巢2～3次，就巢率达83%。4～5月龄的公鹅即有配种能力，公鹅性成熟后的1～2年内性欲最旺盛。公母鹅配种比例一般为1∶5。种蛋受精率为86%以上，受精蛋孵化率为70%～80%。

(3)浙东白鹅　浙东白鹅是我国著名中型鹅良种，属优良肉用鹅品种。主要产于浙江东部的奉化、象山、定海等县，分布于鄞县、绍兴、余姚、上虞、临县、新昌等县。除具有生长快、肉质好、耐粗饲的特点外，还有较好的产羽绒、产肥肝性能。

体形外貌：成年鹅体形中等大小，体躯长方形。全身羽毛洁白，约有15%的个体在头部和背侧夹杂少量斑点状灰褐色羽毛。额上方肉瘤高突，呈半球形，随年龄增长突起明显。颌下无咽袋。颈细长。喙、胫、蹼幼年时橘黄色，成年后变橘红色，爪玉白色，肉瘤颜色较喙色略浅，眼睑金黄色，虹彩灰蓝色。

成年公鹅高大雄伟，肉瘤高突、耸立头顶，昂首挺胸，鸣声洪亮，好斗，喜啄人。成年母鹅肉瘤较低，性情温驯，鸣声低沉，腹部宽大下垂。

成年公母鹅的体重分别约为5.04千克和3.99千克，体斜长分别约为30.5厘米和28.2厘米，胸宽分别约为8.7厘米和8.2厘米，胸深分别约为9.4厘米和8.5厘米，龙骨长分别约为18.1厘米和15.7厘米，骨盆宽分别约为7.8厘米和7.3厘米，胫长分别约为9.1厘米和8.3厘米。

生长速度与产肉性能：在以放牧为主的条件下，雏鹅出壳体重约为105克，30日龄重约为1 315克，60日龄重约为3 509克，70日龄重约为3 704克。上市日龄一般为70日龄，体重为3.2～4.0千克。为改善肉质,上市前10天应用精料催肥,此时半净膛屠宰率和全净膛屠宰率分别约为81.1%和72.0%。

产蛋性能:母鹅开产日龄一般在150天,一般每年有4个产蛋期,每期产蛋量为8～13个,一年可产蛋40个左右。据奉化县1980年调查,年产四期的母鹅,每只平均年产蛋量为37.8个,平均蛋重为149克。也有少数母鹅,一年有5个产蛋期。蛋壳白色。新母鹅开产后,头两期产蛋能力不强,蛋重也轻,不宜留种。经产母鹅产蛋时,开始隔一天生一个,生三四个蛋后,间隔时间逐渐缩短,变成每天生一个,一直持续到产蛋期末。经产母鹅的一个产蛋期约为70天,其中产蛋时间约为20天,孵化时间约为30天,休产恢复时间约为20天。

繁殖性能:公鹅4月龄开始性成熟,初配控制在160日龄以后。公母配种比例一般为1∶10。浙东一带都采用人工辅助交配,当母鹅生下蛋后,6小时内放公鹅交配。有的地方公母配种比例达1∶15。

公鹅可利用3～5年,以第二、第三年为最佳时期。母鹅可利用10年左右,最佳利用年限为3～5年。产区有公母鹅不同年龄交叉配种的习惯,即老公鹅配新母鹅,新公鹅配老母鹅。种蛋受精率为90%左右。产区群众历来用母鹅作天然孵化,每窝孵蛋10～13个,孵化率达90%左右。

浙东白鹅一般都有就巢性,每年3～4次,通常在产完一期蛋后即开始就巢。

肥肝性能:经填肥后,肥肝平均重392克,最大肥肝600克,肝料比约为1∶44。

产绒性能:肉用仔鹅烫褪毛平均213克,最少125克,最多400克。

(4)皖西白鹅　皖西白鹅是我国优良鹅种之一,属优良肉用鹅品种,具有早期生长快、耗料少、肉质好、羽绒品质优良等特点,但产蛋量较少。皖西白鹅产于安徽省西部丘陵山区和河南省固始一带,主要分布在皖西霍邱、寿县、六安、肥西、舒城、长丰等县以及河南的固始等县。该品种形成历史较早,在明代嘉靖年间即有文字记载,距今已有400余年历史。皖西白鹅的羽绒洁白质量好,尤其以绒毛的绒朵大而著称,是

安徽省重要出口物资之一。腌制加工的“腊鹅”是产区人民传统的肉食品。

体形外貌：体态高昂，细致紧凑，全身羽毛白色，颈长呈弓形。肉瘤橘黄色，圆而光滑无皱褶。喙呈橘黄色，喙端色较浅。虹彩灰蓝色。胫、蹼呈橘红色。少数鹅的颌下有咽袋。公鹅肉瘤大而突出，颈粗长有力；母鹅颈较细短，腹部轻微下垂。少数个体头顶后部生有顶心毛。

成年公母鹅体重分别约为 6.12 千克和 5.56 千克，体斜长分别约为 31.37 厘米和 30.38 厘米，胸宽分别约为 10.62 厘米和 10.05 厘米，胸深分别约为 11.34 厘米和 10.76 厘米，龙骨长分别约为 20.02 厘米和 20.06 厘米，骨盆宽分别约为 11.47 厘米和 11.80 厘米，胫长分别约为 7.92 厘米和 7.65 厘米，颈长分别约为 39.78 厘米和 38.18 厘米。

生长速度与产肉性能：前期生长较快，在农村较粗放的饲养条件下，出壳体重 90 克左右，30 日龄仔鹅体重可达 1.5 千克以上，60 日龄达 3～3.5 千克，90 日龄达 4.5 千克左右。8 月龄放牧饲养和不催肥的鹅，其半净膛和全净膛屠宰率分别约为 79.0％和 72.8％。

产蛋性能：母鹅开产日龄一般为 6 月龄，但当地习惯早春孵化，人为将开产期控制到 9～10 月龄，产蛋多集中在 1 月及 4 月。据统计，1 月份开产第一期蛋的母鹅约占 61％；4 月份开产第二期蛋的母鹅约占 65％。

在农村较粗放的饲养条件下，一般母鹅年产两期蛋，孵两窝雏鹅，年产蛋量为 25 个左右。产三期蛋、孵三窝鹅的较少。有 3％～4％的鹅可连产蛋 30～50 个，群众称为“常蛋鹅”，但不符合当地自然孵化的繁殖习惯，多被淘汰。皖西白鹅的蛋，蛋壳白色，平均蛋重为 142 克，蛋形指数约为 1.47。

繁殖性能：公鹅 4 月龄性成熟，但配种多在 8～10 月龄以后；母鹅 6 月龄也可开产，为有利于仔鹅的生长，当地常将开产期控制到 9～10 月龄。皖西白鹅繁殖季节性强，时间集中，3 月、5 月分别为一、二期鹅的出雏高峰。雏鹅育成率高，平均 30 日龄仔鹅成活率高达 96.8％。

公母配种比例一般为 1：(4～5)，组成一个小的配种群，常年饲养在一起，任其自然交配，群众称之为“一架鹅”。有些地区也有每户留养一只母鹅，十几户或一个自然村合养一只公鹅，繁殖季节将母鹅送到公鹅处进行人工辅助交配，种蛋受精率平均达88.7%。由于采用自然孵化，一般孵化率较高，受精蛋孵化率达91.1%，健雏率约为97.0%。种鹅利用年限，公鹅为3～4年或更长，母鹅为4～5年，优良者可利用7～8年。一般采取逐年更新，也有采取一次性更新的。

由于长期采用自然孵化，母鹅就巢性很强。有就巢性的母鹅约占98.9%，其中一年就巢两次的约占92.1%。一般每年产一期蛋，就巢一次。

为充分利用皖西白鹅耐粗饲、抗逆性强及绒羽上乘的遗传潜力，有的地区常将其引入与中型白鹅和太湖鹅等杂交。

产绒性能：皖西白鹅的产绒性能极好，羽绒洁白。平均每只产羽绒349克，其中纯绒40～50克，产区出口绒约占全国出口量的10%，为全国第一位。

(5)四川白鹅　四川白鹅属产蛋较多的优质肉用鹅种，无就巢性，产蛋量较高，肉仔鹅生长速度快，适应性强，耐粗饲，在恶劣的自然环境条件下也能较好地生存下去，且肉质较好，有较好的产羽绒性能。产于四川省温江、乐山、宜宾、永川和达县等地，广泛分布于平坝和丘陵水稻产区。该鹅放牧饲养90天左右即可提供肥嫩的仔鹅上市，并可获得优质白色羽绒出口，在平原和丘陵地区很有发展前途。

体形外貌：四川白鹅全身羽毛洁白、紧密，喙、胫、蹼等均为橘红色，虹彩蓝灰色。公鹅体躯稍大，颈粗，体躯稍长，额部有一半圆形肉瘤。母鹅体较小，头部清秀，颈细长，肉瘤不明显。

成年公母鹅的平均体重分别为5.00千克和4.9千克，体斜长分别约为30.5厘米和29.0厘米，胸宽分别约为10.8厘米和9.8厘米，胸深分别约为9.8厘米和9.2厘米，龙骨长分别约为19.2厘米和17.6厘米，骨盆宽分别约为10.2厘米和9.5厘米，半潜水长分别约为62.9厘米和51.6厘米。

生长速度与产肉性能：四川白鹅出壳体重约为71.1克。放牧条件

下，60 日龄重约为 2 476.6 克，平均日增重为 40.1 克；90 日龄重约为 3 518.9 克，平均日增重为 34.8 克。上市仔鹅一般为 90 日龄。6 月龄时的半净膛屠宰率和全净膛屠宰率公鹅分别约为 86.28%和 79.27%；母鹅分别约为 80.69%和 73.10%。胸肌与腿肌分别约为 829.5 克和 644.6 克，约占全净膛重的 29.71%和 20.40%。

产蛋性能：母鹅的开产日龄一般为 200～240 日龄，年产蛋量可达 60～80 个，蛋壳白色，蛋重平均为 146.28 克。

繁殖性能：公鹅性成熟期为 180 日龄左右，母鹅于 200～240 日龄开产。每年 1～6 月为孵化季节。公母配比为 1∶(3～4)，种蛋受精率为 85%以上，受精蛋孵化率在 84%左右。母鹅无就巢性。种鹅利用年限为 3～4 年。

四川白鹅被不少单位引种作为二元与三元杂交亲本，如南京农业大学以朗德鹅、四川白鹅与太湖鹅为亲本的商品代——朗川太杂交仔鹅，就具有较高经济效益。

肥肝性能：经填肥，肥肝平均重 344 克，最大 520 克，肝料比约为 1∶42。

(6)固始白鹅　产于河南省固始县境内，与之毗邻的潢川、商城、光山、淮滨以及新县、息县、罗山、信阳等地也都有相当数量的分布。

体形外貌：外观体色雪白，但少数鹅的副翼羽有几根灰羽，多数鹅为纯白色，全身羽毛紧贴，体质结实而紧凑。全身各部比例匀称，步态稳健，体姿雄伟。头近方圆形，大小适中而高昂，前端有圆而光滑的肉瘤。眼大有神，眼睑淡黄色，虹彩为灰色。喙扁阔。颈细长向前似弓形，胸深广而突出，背宽而较平。体躯呈长方形，腿短粗、强壮有力。喙、肉瘤、胫、蹼均为橘黄色，喙端颜色较淡，爪呈白色。少数鹅的头颈交界处有一撮突出的绒球状颈毛，俗称"凤头鹅"。还有少数额下有一带状肉垂，俗称"牛鹅"。

公鹅体形较母鹅高大雄壮，行走时昂首挺胸，步态稳健，叫声洪亮，头部肉瘤比母鹅大而突出，喙较宽而长。母鹅性情温顺，叫声低而粗。在产蛋期间腹部有一条明显的皱褶，高产鹅的皱褶大而接近地面。

生长速度与产肉性能：固始白鹅的生长速度很快，初生雏鹅 180 克，在粗放饲养的条件下，30 日龄体重可达 1 200～1 600 克，60 日龄可达 3 000～3 500 克，90 日龄可达 4 500 克，约 120 天即可达成年体重。185 日龄半净膛率约为 79.51%，全净膛率约为 68.55%。

产蛋性能：在一般粗放饲养管理条件下，年产蛋 24～26 个，个别高产鹅可达 70 个。一年产两窝蛋，头窝在 2～3 月份，产 14～16 个，第二窝在 5～6 月份，产 8～10 个。平均蛋重 145.4 克，蛋形指数约为 1.5。

繁殖性能：母鹅 160～170 日龄开产。公鹅约 150 日龄性成熟。公母配种比例为 1∶3。种公鹅利用 2～3 年，母鹅利用 3～5 年。种蛋受精率约为 90%，受精蛋孵化率约为 80%。固始白鹅的就巢性较强，几乎达 100%。

产绒性能：固始白鹅毛片大，毛绒丰厚，含绒率高达 20%～25%。

(7)钢鹅　产于四川西南部凉山彝族自治州安宁河流域的河谷区，分布于该州的西昌、德昌、冕宁、米易和会理等地市。该鹅是我国灰鹅中的中型品种，当地群众有填鹅取肝的习惯，肥肝性能良好。

体形外貌：体形较大，头呈长方形，喙宽平、灰黑色，公鹅肉瘤突出，黑色。前胸开阔，体躯向前抬起，体态高昂。鹅的头顶部沿颈的背面直到颈下部有一条由大逐渐变小的灰褐色的鬃状羽带，腹面的羽毛灰白色，褐色羽毛的边缘有银白色的镶边。胫粗，蹼宽，呈橘黄色。

生长速度与产肉性能：成年公鹅体重约为 5 100 克，成年母鹅体重约为 4 500 克。70 日龄体重可达 3 000 克以上。全净膛率约为 76.75%，半净膛率约为 88.4%。

产蛋性能：年产蛋量 34～45 个，平均蛋重 173 克，蛋壳白色。

繁殖性能：母鹅开产期 6～7 月龄。

(8)马岗鹅　产于广东省开平市。分布于佛山、肇庆地区各县市。属中型鹅。该鹅是 1925 年自外地引入公鹅与阳江母鹅杂交，经在当地长期选育形成的品种，具有早熟易肥的特点。

体形外貌：具有乌头、乌颈、乌背、乌脚等特征。公鹅体形较大，头大、颈粗、胸宽、背阔；母鹅体躯如瓦筒形，羽毛紧贴，背、翼、颈羽均为黑

色，胸、腹羽淡白。初生雏鹅绒羽呈墨绿色，腹部为黄白色；胫、喙呈黑色。

生长速度与产肉性能：成年公鹅体重为5 000～5 500克，成年母鹅体重为4 500～5 000克，60日龄仔鹅重3 000克。全净膛率73%～76%，半净膛率85%～88%。

产蛋性能：年产蛋35个，平均蛋重160克，蛋壳白色。

繁殖性能：母鹅开产期5月龄左右。公母配比1∶(5～6)。利用年限5～6年。就巢性较强，每年3～4次。

3.小型鹅的品种

(1)闽北白鹅　闽北白鹅是小型优良肉用型品种，具有生长快、产肉率高、耐粗能力强的特点。中心产区位于福建省北部的松溪、政和、浦城、崇安、建阳、建瓯等县市，分布于南平市的邵武市及宁德地区的福安、周宁、古田、屏南等县市。

体形外貌：全身羽毛洁白，喙、胫、蹼均为橘黄色，皮肤为肉色，虹彩灰蓝色。公鹅头顶有明显突起的冠状皮瘤，颈长胸宽，鸣声洪亮。母鹅臀部宽大丰满，性情温驯。雏鹅绒毛为黄色或黄中透绿。

成年公鹅体重4.0千克以上，母鹅3.0～4.0千克。成年公母鹅体斜长分别约为31.3厘米和30.0厘米，胸宽分别约为12.6厘米和12.0厘米，龙骨长分别约为16.2厘米和15.8厘米。

生长速度与产肉性能：在较好的饲养条件下，100日龄仔鹅体重可达4千克左右，肉质好。公鹅全净膛率约为80%，胸、腿肌占全净膛重分别约为16.7%和18.3%；母鹅全净膛率约为77.5%，胸、腿肌占全净膛重分别约为14.5%和16.4%。

产蛋性能：母鹅开产日龄150天左右，1年产蛋3～4期，每期产蛋平均8～12个，年平均产蛋30～40个。平均蛋重150克以上，蛋壳白色，蛋形指数约为1.41。

繁殖性能：公鹅7～8月龄性成熟，开始配种，公母鹅配比约为1∶5，种蛋受精率约为85%以上，受精蛋孵化率约为80%。母鹅有就巢性。

(2)阳江鹅　为性成熟最快的肉用鹅种。中心产区位于广东省湛江地区阳江市,分布于邻近的阳春、电白、恩平、台山等县市,在江门、韶关、海南、湛江乃至广西也有分布。

体形外貌:体形中等、行动敏捷。母鹅头细颈长,躯干略似瓦筒形,性情温顺。公鹅头大,颈粗,多数为白色,少数为浅绿色,躯干略呈船底形,雄性明显。从头部经颈向后延伸至背部,有一条宽1.5～2厘米的深色毛带,故又叫黄鬃鹅。在胸部、背部、翼尾和两小腿外侧为灰色羽毛,羽毛边缘都有宽0.1厘米的白色银边。从两侧到尾椎,有一条葫芦形的灰色毛带。除上述部位外,均为白色羽毛。在鹅群中,灰色羽毛又分黑灰、黄灰、白灰等几种。喙、肉瘤为黑色,胫、蹼为黄色、黄褐色或黑灰色。成年公鹅体重4.2～4.5千克,母鹅3.6～3.9千克。

生长速度与产肉性能:70～80日龄仔鹅体重3.0～3.5千克,在饲养条件好时可达4.0千克。70日龄肉用仔鹅公母半净膛率分别约为83.4%和83.8%。

产蛋性能:产蛋季节在每年7月到次年3月。开产日龄150～160天。1年产蛋4期,平均每年产蛋量26～30个。采用人工驯化后,年产蛋量可达45个。平均蛋重145克。蛋壳白色,少数为浅绿色。

繁殖性能:性早熟,公鹅70～80日龄就会爬跨,配种适龄为160～180天。公母鹅配种比例1:(5～6),种蛋受精率约为84%,受精蛋孵化率约为91%,雏鹅成活率90%以上。公母鹅均可利用5～6年。该品种鹅就巢性强,1年平均就巢4次。

产绒性能:70日龄肉用仔鹅烫褪毛产量:公鹅144克,母鹅103克。

(3)乌鬃鹅　属于肉用品种。乌鬃鹅原产于广东清远县,主要产区在清远县北江两岸的洲心、源潭、附城、江口等地,邻近的花县、佛岗、从化、英德等县均有引种饲养,分布于粤北、粤中及广州市郊。乌鬃鹅饲养历史悠久,最远可追溯至宋朝,其特点是早熟性好,肉质优良,觅食能力强,但母鹅就巢性强,产蛋少。

清远乌鬃鹅是灰色小型鹅种,有一定数量和特色,骨细,肉嫩多汁,

出肉率高，活鹅在港、澳地区销售，有较高的声誉。

体形外貌：乌鬃鹅体形紧凑，头小，颈细，腿矮，被毛紧贴，体躯宽短，背平。公鹅体形比母鹅大，公鹅体形呈榄核形，肉瘤发达，雄性特征明显；母鹅呈楔形，脚矮小，颈细而灵活。乌鬃鹅的羽毛大部分呈乌棕色，从头顶部到最后颈椎，有一条鬃状黑褐色羽毛带，这是该鹅种名称的由来；胸羽灰白色；颈部两侧及腹部为白色和灰白色；翼羽、肩羽和背羽乌棕色；腹尾的羽绒白色；尾羽灰黑色，呈扇形，稍向上翘起。在背部两边，有一条起自肩部直至尾根的2厘米宽的白色羽毛带，在尾翼间未被覆盖部分呈现白色圈带。青年鹅的各部羽毛颜色比成年鹅深。眼大适中，虹彩棕色。喙、肉瘤、胫、蹼均为黑色。

成年公母鹅体重分别约为3.5千克和2.9千克，体斜长分别约为23.8厘米和23.2厘米，胸深分别约为7.6厘米和7.1厘米，龙骨长分别约为15.8厘米和13.6厘米，骨盆宽分别约为6.9厘米和6.4厘米，胫长分别约为7.5厘米和6.8厘米，半潜水长均约为49.0厘米。

生长速度与产肉性能：采用农家传统饲养方法时，出壳体重约为81.4克，雏鹅30日龄约重500克，70日龄重2 500～2 700克，90日龄重2 850～3 250克；放牧为主，补喂配合饲料时，出壳体重约为95克，30日龄重约为695克，70日龄重2 580左右，90日龄重约为3 170克，料肉比约为2.31∶1。半净膛屠宰率和全净膛屠宰率公鹅分别约为87.4%和77.4%，母鹅则分别约为87.5%和78.1%。

产蛋性能：母鹅的开产日龄为140天左右。一年产蛋期4～5个，第一期在7～8月份，第二期在9～10月份，第三期在11～12月份，第四期在次年的2～4月份。一般年产四期，饲料好的可达五期。平均年产蛋量为29.6个，好的鹅场达34.6个。平均蛋重为144.5克。蛋壳浅褐色。蛋形指数约为1.49。

繁殖性能：母鹅的开产日龄一般在140天左右，公鹅的性行为表现较早，配种日龄能控制在300天以上。乌鬃鹅的交配能力强，一只强健公鹅在配种季节一天可交配15次之多。一般公母配种比例为1∶(8～10)。种蛋平均受精率约为87.7%，受精蛋孵化率约为92.5%，雏鹅成活率约为84.9%。产区群众绝大多数采取母鹅天然孵化,受精蛋平均孵化率为99.5%。母鹅的就巢性很强,每产完一期蛋就巢一次,每年就巢达4～5次。

(4)酃县白鹅　属肉用鹅品种,中心产区位于湖南省酃县沔渡和十都两乡,以沔水和河漠水流域饲养较多,与酃县毗邻的资兴、桂东、茶陵和江西省的宁冈等县市均有分布,莲花县的莲花申鹅与酃县白鹅系同种异名。历史上,酃县白鹅曾远销至广东,用以换盐,当地农户养鹅多采取自繁自养,一户农家为一个配种小群形成一个小家系,长期以来,形成了许多近亲繁殖的家系,使酃县白鹅品种性能稳定、体形外貌一致。

体形外貌:酃县白鹅体形小而紧凑,体躯近似短圆柱体。头中等大小,有较小的肉瘤,母鹅的肉瘤扁平,不显著。颈长中等,与体斜长相近似,体躯宽深,胸部饱满,母鹅后躯较发达且呈卵圆形。全身羽毛白色。喙、肉瘤和胫、蹼橘红色,爪白玉色,皮肤黄色。眼睑淡黄色,虹彩蓝灰色。公母鹅均无咽袋。

成年公母鹅平均体重分别为4.3千克和4.1千克。公母鹅体斜长分别约为28.8厘米和28.5厘米,胸宽分别约为11.2厘米和10.27厘米,胸深分别约为10.81厘米和9.84厘米,龙骨长分别约为19.1厘米和17.2厘米,骨盆宽分别约为8.50厘米和8.05厘米。

生长速度与产肉性能:初生重平均为78克,在放牧条件下,60日龄体重2 200～3 300克,90日龄3 200～4 100克。如饲料充足,加喂精饲料,60日龄体重可达3 000～3 700克。对未经肥育的6月龄鹅进行屠宰测定,半净膛与全净膛的屠宰率,公鹅分别约为82.00%和76.35%,母鹅分别约为83.98%和75.69%。据对放牧加补喂精料饲养的肉鹅统计,从初生到屠宰生长期共105天,平均体重3 750克,每只耗精料3 280克,平均每千克增重耗精料880克。

产蛋性能:母鹅开产日龄120～210天,多在10月至次年4月间产蛋,分3～5个产蛋期,每期产蛋8～12个。全繁殖季节平均产蛋46个,第一年产蛋平均重116.6克,第二年约为146.6克。蛋壳白色,壳

厚平均 0.59 毫米，蛋形指数约为 1.49。

繁殖性能：公母鹅配种比例 1：(3～4)，种蛋受精率平均高达 98%，受精蛋的孵化率达 97%～98%。母鹅利用 4～6 年，公鹅利用 2～4 年。雏鹅成活率约为 96%。

产绒性能：羽毛生长快，一般在 70 日龄"长全毛"(翼羽长齐)，平均每只鹅可产羽绒 240 克。

(5)伊犁鹅　伊犁鹅又称塔城飞鹅。主要产于新疆伊犁哈萨克自治州直属县、市，分布于伊犁哈萨克自治州及博尔塔拉蒙古自治州一带。伊犁鹅耐粗饲，宜放牧，能短距离飞翔，适应严寒的气候条件，是我国唯一从灰雁驯化而来的别具特色的鹅种，但生产性能不高。可以认为，伊犁鹅是由野生雁驯化而来的。

体形外貌：体形中等。头上平顶，无肉瘤突起。颌下无咽袋。颈较短。胸宽广而突出，体躯呈扁平椭圆形。体形与灰雁非常相似，腿粗短，颈尾较长。雏鹅上体黄褐色，两侧黄色，腹下淡黄色，眼灰黑色，喙黄褐色，喙豆乳白色，胫、趾、蹼橘红色。成年鹅喙象牙色，胫、趾、蹼肉红色，虹彩蓝灰色。羽毛可分为灰、花、白三种颜色。①灰鹅：头、颈、背、腰等部羽毛灰褐色，胸、腹、尾下灰白色，并杂以深褐色小斑，喙基周围有一条狭窄的白色羽环。在体躯两侧及背部，深浅褐色相衔接，形成状似覆瓦的波状横带。尾羽褐色，羽端白色，最外侧两对尾羽白色。②花鹅：羽毛灰白相间。头、背、翼等部灰褐色，其他部位白色，常见在颈肩部出现白色羽环。③白鹅：全身羽毛白色。

成年公母鹅体重分别约为 4.29 千克和 3.53 千克。公母鹅的体斜长分别约为 28.8 厘米和 28.5 厘米，胸宽分别约为 12.5 厘米和 11.8 厘米，胸深分别约为 12.4 厘米和 11.5 厘米，龙骨长分别约为 19.1 厘米和 17.2 厘米，骨盆宽分别约为 7.8 厘米和 7.1 厘米，胫长分别约为 10.3 厘米和 9.3 厘米，颈长分别约为 26.5 厘米和 24.5 厘米，半潜水长分别约为 60.0 厘米和 60.7 厘米。

生长速度与产肉性能：出壳体重 100 克左右。在放牧饲养条件下，30 日龄体重 1 231～1 375 克，60 日龄体重 2 767～3 034 克，90 日龄体重 2 967～3 412 克，120 日龄体重 3 444～3 687 克，接近体成熟即可上市。有的经 15 天肥育，体重增加 500 克左右。

农家多利用夏秋牧草和茬地放牧，到 10～11 月份已膘肥体壮。8 月龄肉鹅肥育 15 天后屠宰，平均活重为 3.81 千克，半净膛率和全净膛率分别约为 83.6％和 75.5％。

产蛋性能：一般每年只有一个产蛋期，出现在 3～4 月间，也有个别鹅分春秋两季产蛋。全年可产蛋 5～24 个，平均年产蛋量为 10.1 个。

产蛋量因年龄而异，第一产蛋年为 7～8 个，第二产蛋年为 10～12 个，第三产蛋年为 15～16 个，此时已达产蛋高峰。稳定几年后，至第六年产蛋量逐渐下降，至第十年又降到第一年的水平。母鹅一般养六七年，个别好的可养 10～15 年。

平均蛋重为 153.9 克。蛋壳乳白色，壳厚约为 0.60 毫米，蛋形指数约为 1.48。蛋的组成比例为：蛋白约占 57.41％，蛋黄约占 31.36％，蛋壳约占 11.23％。

繁殖性能：伊犁鹅的性成熟期受气候、季节的影响很大，一般当年孵化的鹅，到翌年春季母鹅开始产蛋，公鹅需达 10 月龄左右才有交配行为。公母配种比例为 1∶（2～4）。种蛋平均受精率为 83.1％，受精蛋孵化率约为 81.9％，30 日龄成活率约为 84.7％。

伊犁鹅有就巢性，一般每年一次，发生在春季产蛋结束以后。

产绒性能：鹅绒是当地群众养鹅的主要产品之一，平均每只鹅可产羽绒 240 克，其中纯绒为 192.6 克。只需七八只鹅的羽绒，就可制作一只民族式枕头。

（6）太湖鹅　太湖鹅是世界著名的一个小型高产品种，属蛋肉兼用品种。原产于长江三角洲的太湖地区，遍布于浙江省杭嘉湖地区、上海市郊县以及江苏省大部，且已推广到全国诸如东北、河北、湖南、湖北、江西、安徽、广东、广西等地。太湖鹅品种形成的一个主要因素，是由于该地区历来实行了“种鹅年年清”的饲养方式，即根据当地的自然条件，和农业生产季节的配合，从提高经济效益出发，只选用当年新鹅作种，充分利用春季所产种蛋，采用人工孵化，生产雏鹅。到 6 月中下旬时，

雏鹅滞销，即将种鹅全部淘汰。至秋季，仍利用原有棚舍和劳力，再从当年肉鹅中选留作种。这种只养一个产蛋期的新鹅留种方式，起了人工选择的作用，形成了太湖鹅体形小、宜牧、早熟、产蛋多、就巢性消失等特征。太湖鹅有良好的繁殖性能，是生产肉用仔鹅较为理想的母本。该品种的仔鹅肉质好，加工成苏州的“糟鹅”、南京的“盐水鹅”均深受群众欢迎。太湖鹅的羽绒质量好，因而经济价值较高。由于太湖鹅是小型种，因而肥肝性能较差。

体形外貌：体态高昂，体质细致紧凑，全身羽毛紧贴，无咽袋。公鹅肉瘤圆而光滑，颈长，呈弓形，叫声洪亮，喜昂首展翅行走，善护群，喜逐人；母鹅则性情温顺，叫声低，肉瘤小。全身羽毛洁白，偶在眼梢、头顶、腰背部有少量灰褐色斑点。喙、胫、蹼均橘红色，但喙短色浅。爪白色，肉瘤姜黄色，眼睑淡黄色，虹彩灰蓝色。雏鹅全身乳黄色，喙、胫、蹼为橘黄色。

成年公母鹅体重分别约为 4.33 千克和 3.23 千克，体斜长分别约为 30.4 厘米和 27.41 厘米，胸深分别约为 11.4 厘米和 10.1 厘米，龙骨长分别约为 16.6 厘米和 14.0 厘米，骨盆宽分别约为 7.59 厘米和 6.92 厘米，胫长分别约为 10.10 厘米和 9.47 厘米。

生长速度与产肉性能：雏鹅出壳体重平均为 91.2 克。产区群众结合农时季节，充分利用春季草地、草滩、绿肥田、麦茬田大群放牧，每只鹅只需补饲碎米、秕谷。70 日龄左右即可上市，平均体重可达 2.25～2.5 千克，关棚饲养时则可达 3.08 千克。公母仔鹅半净膛屠宰率分别约为 79.6％和 80.5％，全净膛屠宰率分别约为 68.4％和 69.5％。成年公鹅的半净膛屠宰率和全净膛屠宰率分别约为 84.9％和 75.6％，母鹅则分别约为 79.2％和 69％。

产蛋性能：太湖鹅的产蛋性能较好。母鹅性成熟较早，一般 6 月龄开产，限饲时 50％开产时间为 7～8 月龄，一个产蛋期（当年 9 月至次年 6 月）每只母鹅平均产蛋 60 个，高产群可达 80～90 个，有的甚至达 100 个以上，最高可达 123 个。蛋重约 135 克，蛋壳乳白色且色泽较一致，蛋形指数约为 1.44。如果条件好，采用人工补充光照，产蛋量还可提高。

繁殖性能：性成熟较早，一般3月上、中旬孵出的母鹅，8月中、下旬（即160日龄左右）即可开始产蛋。公母配种比例一般为1：(6～7)。种蛋受精率可达90%以上，受精蛋孵化率达85%以上。生活力强，在大群放牧饲养条件下，70日龄肉用仔鹅平均成活率为92%～98%。就巢性弱，鹅群中约有10%的个体有就巢性，但就巢时间短。

产绒性能：羽绒洁白，轻软，弹性好，保暖性强，经济价值高。每只鹅可产羽绒200～250克。

肥肝性能：太湖鹅经填饲，平均肝重为251～313克，最大达638克。

(7)豁眼鹅　我国北部著名小型鹅品种，产蛋多，肉质佳，繁殖快，但无就巢性，属蛋用鹅品种。原产于山东莱阳地区，广泛分布于东北的辽宁昌图、吉林通化、黑龙江延寿县等地，近年来豁眼鹅也已被引至全国多个省、区。豁眼鹅因两上眼睑有明显豁口而得名，又称为五龙鹅、疤拉眼鹅和豁鹅，为白色中国鹅的小型品变种之一。豁眼鹅的羽绒洁白，但绒絮稍短，肥肝性能略好于太湖鹅。

豁眼鹅的特点是抗寒能力极强，能耐受恶劣的环境和饲料条件，而且产蛋量较高，因此，在建立我国的种鹅繁育体系时，可作为母本品系与生长快的中型鹅组成配套杂交组合。豁眼鹅在以放牧为主，补充少量精料的条件下，具有年产蛋重达12～13千克的优良性能，可与优良蛋用型鸡和鸭媲美，且每千克蛋耗精料量比鸡、鸭都低。因此，可通过系统选育，培育更理想的高产品系，主要利用青粗饲料，专门从事食用鹅蛋生产，开辟养禽业新领域蛋鹅业。

体形外貌：体形轻小紧凑，头中等大，肉瘤光滑，眼呈三角形，上眼睑的豁口为该品种独有的外貌特征。偶有咽袋。颈长呈弓形。背平宽，胸饱满，前躯挺拔高抬。公鹅体形较短，呈椭圆形，有雄相。母鹅体形稍长，呈长方形，腹丰满略下垂，偶有腹褶。脚粗壮，喙、肉瘤、胫、蹼橘红色，虹彩蓝灰色，羽毛白色。山东产区的鹅颈较细长，腹部紧凑，有腹褶者占少数，颌下有咽袋者亦占少数；东北三省的鹅多有咽袋和较深

的腹褶。成年公母鹅的体重、体尺因产地不同而存在地区性差异。公鹅的体重范围为3.72～4.6千克，母鹅则在3.1～3.8千克，体斜长分别约为29.07厘米和30.65厘米，胸宽分别约为11.92厘米和9.10厘米，胸深分别约为10.80厘米和8.71厘米，龙骨长分别约为17.50厘米和15.13厘米，骨盆宽分别约为11.10厘米和10.68厘米，颈长分别约为27.10厘米和26.27厘米，胫长分别约为8.50厘米和7.96厘米。

生长速度与产肉性能：豁眼鹅的出壳体重公母分别为70～77.7克和68.4～78.5克，30日龄重分别为502.0～513.7克和349.7～480克，60日龄重分别为1 387.5～1 479.9克和884.3～1 523.3克，90日龄重分别为1 906.3～2 468.8克和1 787.5～1 883.3克，5月龄重分别为3 250～4 510克和2 860～3 700克。

在半放牧条件下豁眼鹅一般5月龄上市屠宰，此时活重3.25～4.5千克的公鹅半净膛屠宰率和全净膛屠宰率分别为78.3%～81.2%和70.3%～72.6%，活重2 860～3 700克的母鹅则分别为75.6%～81.2%和69.3%～71.2%。

产蛋性能：母鹅240日龄开产，在放牧条件下的年产蛋量可达80个左右，半放牧条件下的产蛋量可达100个，饲料条件好时更可高达120～130个。一般第二、第三年产蛋达到高峰；产蛋旺季为2～6月份，通常两天产一个蛋，在春末夏初产蛋旺季可3天产两个蛋；高产鹅在冬季给予必要的保温和饲料，可以继续产蛋。平均蛋重120～130克，蛋壳白色，蛋壳厚为0.45～0.51毫米，蛋形指数为1.41～1.48。某单位曾对豁眼鹅进行五世代的严格选育，从零世代的83.6个蛋提高到118.2个蛋。第五世代开产日龄222.7天，300日龄达产蛋高峰，产蛋率为50%；350日龄达峰顶，产蛋率65%；高峰持续期90天左右，400日龄产蛋率始降。

繁殖性能：豁眼鹅一般在7～8月龄时配种产蛋，公母配比为1∶(5～7)。母鹅无就巢性，使用年限仅限于3年以内。种蛋的受精率为85%左右。受精蛋孵化率为80%～85%，高者可达90%以上。4周龄时的雏鹅存活率约为92%。

肥肝性能:成年鹅经21天人工填饲,平均肥肝重195.2克,达到出口等级的肥肝约占67.7%,最大肥肝重250～586克。

产绒性能:成年鹅羽毛质量较佳,每只每次可活拔羽绒50～75克,含绒率平均为30.3%。一次性屠宰取毛公纯绒为54克,毛片140克;母纯绒60克,毛片136克。

(8)籽鹅　籽鹅具有耐寒、耐粗饲和产蛋能力强的特点,属蛋用鹅品种。中心产区位于黑龙江省绥化和松花江地区,其中心肇东、肇源、肇州等县市最多,黑龙江全省各地均有分布。因产蛋多,群众称其为籽鹅。

体形外貌:体形较小,紧凑,略呈长圆形。羽毛白色,一般头顶有缨(又叫顶心毛),颈细长,肉瘤较小,颌下偶有垂皮,即咽袋,但较小。喙、胫、蹼皆为橙黄色,虹彩为蓝灰色。腹部一般不下垂。成年公鹅体重4.0～4.5千克,母鹅3.0～3.5千克。成年公母鹅体斜长分别约为27.5厘米和24.9厘米。

生长速度与产肉性能:出壳公雏体重约为89克,母雏约为85克;56日龄公鹅体重约为2 958克,母鹅约为2 575克;70日龄公鹅体重约为3 275克,母鹅约为2 860克。70日龄公母鹅半净膛率分别约为78.02%和80.19%,全净膛率分别约为69.47%和71.30%,胸肌率分别约为11.27%和12.39%,腿肌率分别约为21.93%和20.87%,腹脂率分别约为0.34%和0.38%。24周龄公母鹅半净膛率分别约为83.15%和82.91%,全净膛率分别约为78.15%和79.60%,胸肌率分别约为19.20%和19.67%,腿肌率分别约为21.30%和18.99%,腹脂率分别约为1.56%和4.25%。

产蛋性能:母鹅开产日龄180～210天。一般年产蛋量在100个以上,多的可达180个,蛋重平均131.1克,最大153克,最小114克,蛋形指数约为1.43。

繁殖性能:公母鹅配种比例1∶(5～7),喜欢在水中配种,受精率在90%以上,春季尤高,受精蛋孵化率均在90%以上,高的可达98%。

(9)永康灰鹅　属灰羽中国鹅的小型品变种,成熟早,肥育快,肥肝性能优良,是我国产肥肝性能较好的鹅种之一。原产于浙江永康县及

部分毗邻地区,目前雏、仔鹅销往浙江省内各地及江苏、上海等省市。

体形外貌:公鹅颈长而粗,肉瘤较大,前躯较发达;母鹅颈略细长,后躯较发达,肉瘤较小。上部羽毛颜色较下部深,颈部两侧和前胸部为灰白色,腹部为白色,尾部上灰下白。喙、肉瘤均为黑色,胫、蹼均为橘红色,皮肤淡黄色。

成年公母鹅体重分别约为 4.18 千克和 3.73 千克,体斜长分别约为 31.7 厘米和 29.44 厘米,龙骨长分别约为 17.44 厘米和 15.85 厘米,胸深分别约为 8.63 厘米和 9.23 厘米,胸宽分别约为 11.67 厘米和 11.11 厘米,骨盆宽分别约为 9.16 厘米和 8.36 厘米,胫长分别约为 8.16 厘米和 7.49 厘米,颈长分别约为 33.5 厘米和 28.91 厘米,喙长分别约为 8.0 厘米和 7.15 厘米。

生长速度与产肉性能:永康灰鹅从育雏开始到换羽之前,按羽毛着生情况可分为四个阶段。第一阶段,从育雏开始到俗称"铜钱花"的时候是 35～40 日龄;第二阶段,从"铜钱花"到俗称"漏齿"(主翼羽已长到如木匠用的斜锯齿状),有 50 多日龄;第三阶段,从"漏齿"到小对口的时候,有 75～80 日龄;第四阶段,从小对口到大对口的时候,已是 90～100 日龄。30 日龄平均体重为 1.43 千克,60 日龄体重约为 2.52 千克。60～70 日龄仔鹅的半净膛率约为 82.36%,全净膛率约为 61.81%。

产蛋性能:母鹅 4～4.5 月龄开始产蛋,多为隔日产蛋,每期产 8～15 个,一年产蛋 4 期,大致在农历一月、三月、八月及十月下旬至十一月上旬,年产蛋量 40～60 个。蛋重平均为 145.4 克,最小的 100 克,最大的 200 克。

繁殖性能:种鹅每产蛋一个,交配一次。每期产蛋结束即就巢,抱孵蛋数以 10～15 个为宜,平均 30 天孵出雏鹅。公鹅 90 日龄性成熟,开始配种,自然配种性比为 1∶(6～7),在人工辅助下,公母配比为 1∶(20～30)。

肥肝性能:肥肝重最大达 1 137 克,平均重 487.26 克,肝料比约为 1∶40.12。

(10)长乐灰鹅　长乐灰鹅是福建省的优良地方鹅种,属肉用鹅品种，以青粗料为主食，节省精料，生长快，出肉多，70 日龄体重可达 3.5～4 千克，屠宰率为 70%左右，肥肝性能较好，成本低，周转快，饲养粗放，但尚未经过系统选育。该品种是随长乐县农民的祖先移民时从北方带来，在海滨良好的自然生态条件下，经长期选育，才形成了适于海滨放牧的优良鹅种。

体形外貌：成年鹅昂首曲颈，胸宽而挺，体态俊美，具有中国鹅的典型特征。大多数个体羽毛灰褐色，纯白色的很少，仅占 5%左右。灰褐色羽的成年鹅，从头部至颈部的背面，有一条深褐色的羽带，与背、尾部的褐色羽区相连接；颈部内侧至胸、腹部呈灰白色或白色，有的在颈、胸、肩交界处有白色环状羽带。喙黑色或黄色，嘴边有梳齿状缺刻，嘴下无垂皮。肉瘤黑色或黄色带黑斑。皮肤黄色或白色。胫、蹼黄色。眼大，虹彩褐色（颈、肩、胸交界处有白色羽环者虹彩天蓝色）。公鹅肉瘤高大，稍带棱脊形；母鹅肉瘤较小而扁平，两者有明显区别。

成年公母鹅体重分别为 4.38(3.3～5.5)千克和 4.19(3.0～5.0)千克，体斜长分别约为 32.24 厘米和 29.78 厘米，颈长分别约为 32.69 厘米和 27.71 厘米，胸深分别约为 11.48 厘米和 9.60 厘米，胸宽分别约为 11.72 厘米和 11.10 厘米，龙骨长分别约为 18.95 厘米和 16.73 厘米，胫长分别约为 8.86 厘米和 8.89 厘米，半潜水长分别约为 69.60 厘米和 64.10 厘米。

生长速度与产肉性能：出壳体重约为 99.4 克，10 日龄平均体重 236.4 克，随后增重迅速；20 日龄平均体重 786 克；30 日龄平均体重 1.298 千克，日增重 39.95 克；40 日龄平均体重 1.856 千克；50 日龄平均体重 2.443 千克；60 日龄平均体重 3.08 千克，日增重 59.40 克；60 日龄后增重速度明显下降；70 日龄平均体重 3.288 千克。农村饲养的肉鹅，因 70 日龄后增重减慢，一般 70～90 日龄即可上市。100 日龄后因肉质变粗，不受消费者欢迎。70～90 日龄肉鹅半净膛率约为 81.78%，全净膛率约为 68.67%。

产蛋性能：一般年产蛋 2～4 窝，平均年产蛋量 30～40 个。平均蛋重 153 克，最大 186 克，最小 104.80 克；平均纵径 8.24 厘米，平均横径

5.94 厘米，蛋形指数约为 1.387；蛋壳白色。

繁殖性能：一般 3 月龄时第二性征开始发育，公鹅肉瘤增大，公母间出现差异，至 7 月龄到性成熟。公母配种比例为 1∶6，种蛋受精率可在 80％以上，育雏成活率为 80％～90％。

就巢性较强，每产完一窝蛋，即就巢一次，年就巢 3～4 次，每次历时 1 个月左右。母鹅一般可使用 5～6 年，个别的可长达 8～10 年。

肥肝性能：长乐灰鹅的肝相对较重，公鹅约为 103.00 克，母鹅约为 78.80 克，平均约占体重的 3.13％。若经填肥，肝重更大。经填肥 23 天，肥肝平均重可达 220 克，最大肥肝 503 克。

（二）外国鹅的品种

外国鹅品种的体形区分与中国鹅不同，成年鹅的体重标准要大于中国鹅。

1.大型鹅的品种

（1）非洲鹅　属肉用鹅品种。体形粗壮，体躯长、深而宽，站立时身体姿势与地面成 30°～40°角者为优秀。颈部厚壮，喙坚硬，成年个体前额有一向前突出的头瘤，下颌及颈上部有一光滑呈新月形的颈垂悬挂着，随着年龄增加颈垂逐渐伸长。双眼大而深陷，理想的体形其体躯底线平，龙骨不外凸，腹部丰满而不过分松垂，尾上翘且包褶紧凑。体形虽大但体脂肪是大型鹅中最少的。繁殖年限长。非洲鹅很耐寒。

灰色非洲鹅：头浅褐色，头瘤及喙为黑色，眼睛呈深褐色，身体背部、翅膀为灰褐色，颈、胸和体下部为浅灰褐色，最显著的是从头冠直至颈背的一条深褐色纹彩线条。成年鹅的褐色头冠与黑色的喙及头瘤之间有一道窄的白色羽带将其分隔开，胫与蹼的颜色呈深橘红色到浅橘红色。

白色非洲鹅：全身披白羽，喙、头瘤呈橘红色，胫及蹼则为浅橘红色，群体数量较少，表型尚未完全一致，而且体形比灰色非洲鹅略小。

成年公母鹅体重分别约为 9.08 千克和 8.17 千克，肉用仔鹅公母体重分别约为 7.50 千克和 6.35 千克。年平均产蛋量 20～45 个。公母配比 1∶（2～6）。

(2)埃姆登鹅　埃姆登鹅原产于德国的埃姆登城附近，非常耐粗饲，成熟早，早期生长快，肥育性能好，肉质佳，是一个古老的大型鹅种。有学者认为，该鹅是由意大利白鹅与德国及荷兰北部的白鹅杂交而成。19 世纪，经过选育和杂交改良，曾引入英国和荷兰白鹅的血统，体形变大。在北美地区，商品化饲养场饲养埃姆登鹅的数量比所有其他品种鹅的总和还要多。目前，我国台湾省已引种。

埃姆登鹅体形大，生长快。成年鹅全身披白羽而紧贴，头大呈椭圆形，颈长略呈弓形，背宽阔，体长，胸部光滑看不到龙骨突出，腹部有一双皱褶下垂。尾部较背线稍高，站立时身体姿势与地面成 30°～40°角。凡是头小，颈下有重褶，颈短，落翅，步伐沉重，龙骨显露者为不合格。喙、胫、蹼呈橘红色，喙粗短，眼睛为蓝色。

埃姆登鹅的雏鹅，全身绒毛为黄色，但在背部及头部带有不等量的灰色绒毛。在换羽前，一般可根据羽的颜色来鉴别公母，公雏鹅绒毛上的灰色部分比母雏鹅的浅些。仔鹅与大部分欧洲白色鹅种一样，羽毛里常会出现有色羽毛，但到成年时会更换为白色羽毛。

成年鹅体重，公鹅 9～15 千克，平均为 11.80 千克；母鹅 8～10 千克，平均为 9.08 千克。60 日龄仔鹅体重约为 3.5 千克。母鹅 10 月龄左右开产，年平均产蛋 35～40 个，蛋重 160～200 克，蛋壳坚厚呈白色。母鹅就巢性强。公母鹅配比一般为 1∶(3～4)。埃姆登鹅的羽绒洁白丰厚，活体拔毛，羽绒产量高。

(3)图卢兹鹅　又称西蒙鹅、土鲁斯鹅，是世界上体形最大的鹅种，属肉用和肥肝用品种。该鹅是 19 世纪初由灰雁驯化选育而成，原产于法国南部的图卢兹市郊区，主要分布于法国西南部，后传入英国、美国等欧美国家。是法国生产鹅肥肝的传统专用品种。

该鹅具有重型鹅的特征：体形大，羽毛丰满，头大，喙尖，颈粗、中等长度，体躯呈水平状态，胸部宽深，腿短而粗。颌下有皮肤下垂形成的咽袋，腹下有腹褶，咽袋与腹褶均发达。羽毛灰色，着生蓬松，头部灰色，颈背深灰，胸部浅灰，腹部白色。翼部羽深灰色带浅色镶边，尾羽灰白色。喙橘黄色，胫、蹼橘红色。眼深褐色或红褐色。

成年公鹅体重12～14千克，母鹅9～10千克，60日龄仔鹅平均体重3.9千克，仔鹅经填饲后活重达12～14千克。产肉多，但肌肉纤维较粗，肉质欠佳。

母鹅开产日龄305天。年产蛋量30～40个，平均蛋重170～200克，蛋壳呈乳白色。

公鹅性欲较强，有22%的公鹅和40%的母鹅是单配偶，受精率仅为65%～75%，公母鹅配种比例1∶(3～4)(生产型)或1∶(1～2)(颈垂型)，一只母鹅一年只能繁殖十多只雏鹅。就巢性不强，平均就巢数量约占全群的20%。

该鹅易沉积脂肪，用于生产肥肝和鹅油，强制填肥每只鹅平均肥肝重可达1千克以上，一般为1～1.3千克，最大肥肝重达1.8千克。虽然生长快、易肥育，但肥肝质量较差，肥肝大而软，脂肪充满在肝细胞的间隙中，一经煮熟脂肪就流出来，肥肝也因之缩小，加上体格过于笨重，耗料多，受精率低，饲养成本很高，所以，现在已逐渐被朗德鹅取代。

2.中型鹅的品种

(1)朗德鹅　又称西南灰鹅，原产法国西南部的朗德省，由当地原有的朗德鹅与图卢兹鹅和玛瑟布鹅经长期连续杂交选育而成，是目前世界上最著名的肥肝专用品种，也是当前我国生产鹅肥肝的主要品种。

朗德鹅体形中等偏大，成年鹅羽毛灰褐色，颈背部近黑色，胸腹部毛色较淡，呈银灰色，至腹下部则为白色。颈羽卷曲，喙橘黄色，胫、蹼肉色，无肉瘤。少数体羽是白羽或灰白杂色。通常情况下，灰羽的羽毛较松，白羽的羽毛紧贴。

成年公鹅体重7～8千克，母鹅6～7千克。8周龄仔鹅活重可达4.5千克左右。10周龄净增重约为4 595克，约为出壳体重的52.3倍，平均日增重65.6克，生长强度最大的是4～6周龄，日增重最高达91.7克。肉用仔鹅经填肥后，活重达到10～11千克，肥肝重达700～800克。母鹅180日龄开产，一般2～6月份产蛋，年产蛋量35～40个，经选育可达50～60个。平均蛋重180～200克。

性成熟期约180天，母鹅就巢性弱，公鹅配种能力差，公母配比

1：3，种蛋受精率不高，仅65%左右。

朗德鹅是当今最适于生产鹅肥肝的鹅种，但缺点是肥肝太软，容易破碎。目前除直接用于肥肝生产外，主要作为父本品种与当地鹅杂交，提高后代的生长速度和产肥肝性能。山东昌邑肥肝公司对1 188只鹅填饲测定，平均肥肝重895.63克，最重为1 780克，料肝比23.8：1，填成率95.7%，填饲期增重率62%～70%。

朗德鹅对人工拔毛耐受性强，羽绒产量在每年拔毛两次的情况下，可达350～450克。

在法国，通过许多杂交工作，还分离出了一种白色朗德鹅，这种鹅在匈牙利目前也较多。鹅毛的颜色80%～90%是白色的，只有少数灰毛，可以通过分别拔毛来解决。由于白羽售价高，所以这种鹅越来越引起人们的兴趣。

(2)莱茵鹅　世界著名肉用型和肥肝型鹅品种。原产于德国莱茵河流域，在欧洲大陆均有分布。曾引入埃姆登鹅的血液，以期提高产肉性能，是欧洲各鹅种中产蛋量较高的品种。该鹅适应性强，食谱广，耐粗饲，能适应大群舍饲，成熟期较早。

体形中等偏小。初生雏鹅背羽为灰褐色，2～6周龄逐渐变白色，成年时体羽洁白。喙、胫、蹼均呈橘黄色。头部无肉瘤，颈粗短。

成年公鹅体重5～6千克，母鹅4.5～5千克。仔鹅8周龄活重4.2～4.3千克，料肉比(2.5～3.0)：1。

母鹅开产日龄210～240天，年产蛋量50～60个，蛋重150～190克。公母配比1：(3～4)，受精率约为74.9%，孵化率为80%～85%。

莱茵鹅生产肥肝性能中等，一般填饲条件下肥肝重350～400克。法国产莱茵鹅肝重约为276克，匈牙利产莱茵鹅肝重350～400克。

法国和匈牙利通常用朗德鹅或玛加尔鹅作父本与莱茵鹅的母鹅交配，杂交鹅用以生产肥肝；与意大利的奥拉斯鹅公鹅交配，杂交鹅用作肉用仔鹅。

(3)奥拉斯鹅　又名意大利鹅，属肉用鹅品种，原产于意大利北部。该鹅在改良育成过程中，为提高繁殖性能，曾引入中国鹅血统。

体形中等，生长迅速，繁殖力强，全身羽毛洁白。成年公鹅体重6～7千克，母鹅5～6千克，8周龄仔鹅活重可达4.5～5千克，料肉比(2.8～3)∶1。

母鹅年产蛋量较高，可达55～60个。公母配比为1∶4，种蛋受精率约为85%，孵化率为60%～65%，母鹅的繁殖盛期约可保持6年。

该鹅可作为母本与其他鹅(如朗德鹅等)杂交后用于肥肝生产。肥肝重700克左右，填饲后仔鹅活重可达7～8千克。

(4)玛瑟布鹅　又名格尔鹅，是产于法国南部的一种灰鹅，为肉用品种，也是一种很好的生产肥肝用鹅，填肥后活重达9～10千克，平均肥肝重684克左右。活重与肝重都比朗德鹅轻，但产蛋量比朗德鹅高，年产蛋量可达40～50个，因此在法国往往把它用作与图卢兹鹅、朗德鹅杂交的母本。

(5)玛加尔鹅　又称匈牙利鹅，它主要是由埃姆登鹅与巴墨鹅和意大利的奥拉斯鹅杂交育成的，生活力很强，为了提高本种的产蛋量，近几年又引入了莱茵鹅的血统。

由于玛加尔鹅的饲养条件和所处地理环境不同，它们的体形、毛色、生产性能等也出现了分化现象。平原地区的玛加尔鹅体形较大，羽毛一般为白色，喙、胫及蹼为橘黄色。成年体重公鹅达7千克，母鹅约为6千克；而多瑙河流域的玛加尔鹅体形较小，成年体重公鹅约为6千克，母鹅约为5千克。

玛加尔鹅在科学饲养条件下，产蛋量可达35～50个，蛋重为160～190克，受精率、孵化率均较高。由于品系不同，部分母鹅有就巢性，影响产蛋量。

玛加尔鹅的产肥肝性能较好，一般肥肝重500～600克，肝色淡黄，肝的组织结构非常适合于现代化生产。

鹅毛品质也很好，在适宜的饲养管理条件下，每年可拔毛3次，可获得高质量的羽绒400～500克。

在匈牙利常用该鹅作母本与莱茵鹅或奥拉斯鹅杂交，以提高杂交一代的产肥肝性能。

(6)乌拉尔鹅　属肉用型品种,18 世纪中叶即已出名,分布于俄罗斯南乌拉尔地区。1950 年在库尔干省以沙德林斯克为中心,建立了沙德林斯克国家育种场,故又名沙德林斯克鹅。

乌拉尔鹅躯体长,头较小,嘴直,颈短,胸深,腿短。腹部有不太显著的皱皮。羽毛有白色、灰色和斑纹三种。喙和胫呈橘红色。

成年公鹅体重 5.5～6.5 千克,母鹅体重 4.5～5.5 千克。平均年产蛋量 15～20 个,有的高达 28 个,平均开产期为 320 天。

(7)美洲浅黄鹅　美洲浅黄鹅属肉用型品种,屠体大小适中,肉质细嫩,适于红烧和烤鹅用。美洲浅黄鹅体态直立,体形中等偏大。体躯长、宽,丰满,背长中等,宽且平滑,从肩部略向尾部翘。头中等大小,略宽,呈椭圆形。喙中等长,呈锥形,角质坚硬。颈部长度适中,身体矮胖,腹部有两个腹褶。羽毛颜色除腹部几乎为白色外,全身为浅黄色羽,但深浅程度有所不同。背部及身体两侧边的羽毛的边缘均呈乳白色。喙及胫蹼为橘红色,虹彩棕色。

成年公母鹅体重分别约为 8.17 千克和 7.26 千克,肉用仔鹅公母体重分别约为 7.25 千克和 6.35 千克,年产蛋量平均为 25～35 个,公母配比为 1∶(3～5)。

应选留有中等程度的浅黄而无灰色者,背部毛色以不掺杂为理想,但是这样的个体较少,大多数个体背部多少有点杂色存在。淘汰身体窄小瘦弱,龙骨突出,有灰色羽毛或羽毛深暗色者。

(8)比尔格里姆鹅　优雅的比尔格里姆鹅是唯一的不论成年鹅或者雏鹅均可以其羽毛颜色来区别公母性别的鹅种,以文静温和著称。

1 日龄公鹅的羽毛是奶油(乳黄)色,喙的颜色较浅;而母鹅羽毛则为浅灰色,喙的颜色较深。成年公鹅身体上羽毛大部分为白色,臀部通常为灰色(但为双翼遮盖),虹彩蓝色;成年母鹅体羽呈淡红带灰色,脸部则有不等量的白毛。公母鹅的喙、胫均为橘黄色。体形比美洲浅黄鹅略小,往往具有稍稍平坦的头冠。体躯肥胖丰满,胸部平滑,龙骨不突出,腹垂有二褶叶者较佳。凡有头瘤者均为杂交种。颈、脚太长及胸

部色浅的个体，以及公鹅有过多灰色羽毛和母鹅颈部有显著白色羽毛者不适合作种用。纯种比尔格里姆公鹅在年青羽毛脱换后往往呈现多种颜色，一般公母配种比例为1∶(3～5)。

(9)巴墨鹅　曾一度在北美洲大部分地区极为稀少且罕见的多种颜色鞍背型巴墨鹅，近年来已逐渐为人们普遍饲养了。它的羽毛色彩华丽，体躯强壮，是一种引人注目而且实用的鹅品种。

体躯肥胖，背宽胸深，腹部中央只悬垂一个褶叶。带有巴墨鹅血统的母鹅，往往有两个腹垂褶叶。在德国饲养的巴墨鹅有白色、灰色及鞍背型等品种，而在北美洲鞍背型巴墨鹅是唯一经常被饲养的品种。所谓鞍背型巴墨鹅是指身上以白羽为主，而头部、颈上部、肩部、背部及腹侧的羽毛为灰褐色，背部和腹侧的每一支有色羽毛几乎都有白色的镶边。还有另一种浅黄色鞍背型巴墨鹅。所有巴墨鹅的喙均为粉红色，胫为橘红色，虹彩为蓝色。

标准种鹅体格矮胖，羽毛上斑纹非常明显，从身体后上方看，背部及肩部的有色羽毛部位应该呈现标准的心形。头部羽毛颜色一致，但大多数个体在喙基周围均有白色羽毛。凡是喙基部有头瘤迹象的个体属于杂种。一般公母配比为1∶(3～4)。

(10)塞巴斯多波鹅　全身披长长的、柔软的卷毛，使之外貌很独特，再加上性情安详，往往作为温驯而令人愉快的伴侣动物来饲养。头大而圆，双眼突出，颈稍呈弓形，胸部平滑，有两个腹垂褶叶。背部及身体下半部有延长且非常卷曲的羽毛。背部、翅膀及尾部的柔软蓬松的羽毛均具有容易扭曲的羽轴，因此呈很别致的螺旋形。生长发育好的个体其卷羽几乎接触到地面。由于羽毛蓬松张开，御寒能力很强，但是极易沾污脏物。公鹅的背部、尾部及肛门周围的羽毛往往会影响受精率，故在配种季节最好剪短。标准的塞巴斯多波鹅为白羽，但幼年时，常有灰羽出现。喙、胫为橘红色。虹彩为明亮的蓝色，偶尔也有灰色的及浅黄色的个体。

选留时除了要求体格强壮外，还要求胸部羽毛非常卷曲，飞行羽毛易弯曲，背部及尾部羽毛长而宽并呈螺旋形。一般公母配比为1∶4。

(11)霍尔莫戈尔鹅　是由中国鹅和前苏联本地鹅杂交育成，亦是前苏联最有价值和广泛饲养的优良品种，属肉用鹅品种。

霍尔莫戈尔鹅的外形像中国鹅，体形长而宽深，前额有肉瘤，喙、颈下及腹部有皱褶，背宽，胸深。羽毛以白色为主，也有灰色。在乌克兰北部和中部饲养的霍尔莫戈尔鹅，又可分为草原型和沼泽型两种，外形相似，仅体尺和活重有所不同。

成年体重公鹅7.0～9.0千克，最大11.0千克；母鹅6.0～7.5千克，最大10千克。

年产蛋量为25～30个，个别可高达40～55个。蛋重平均约180克，有的达200克。开产日龄284～313天。

3. 小型鹅的品种

国外的小型鹅种个体小，产蛋少，主要用作观赏品种，常见的有原产于非洲的埃及鹅和原产于北美洲的加拿大鹅。

第二节　鹅健康养殖的引种要求

鹅的引种可分为国内引种和国外引种2类。国内引种要按我国国务院颁布的《种畜禽管理条例》、农业部颁布的《种畜禽生产经营许可证管理办法》、《中华人民共和国动物防疫法》执行。相对于国外引种，国内引种手续比较简单。国外引种要求必须根据国家质量监督检验检疫总局于2002年7月1日发布，并于2002年9月1日起施行的《进境动植物检疫审批管理办法》执行。《进境动植物检疫审批管理办法》是为了进一步加强对进境动植物检疫审批的管理工作，防止动物传染病、寄生虫病和植物危险性病虫杂草以及其他有害生物的传入，根据《中华人民共和国进出境动植物检疫法》及其实施条例和《农业转基因生物安全管理条例》的有关规定，制定的最新办法。

一、鹅健康养殖的引种要求

(一)国外引种时

要求做到:按照生产目标,在筹建场前确定选择肉用型种鹅还是肥肝用种鹅。根据世界有关国家的鹅育种公司所提供的资料及向同行的了解,正确选择合适的育种公司,同时确定所选择鹅品种或配套系;并根据生产目的,选择引入品种的代次(是曾祖代、祖代还是父母代),要能准确区分所购品种是纯种还是商品配套系,且能准确区分所给种鹅是否是该公司生产性能较高的核心群后代。要考虑被引进品种的生产性能,要有被引进品种的血缘关系及亲本生产性能记录。严格按我国政府规定的引种要求,不到国外疫区引进鹅种,对种鹅育种场必须要求对方出示权威部门提供的种鹅生产经营许可证。

在确定引入品种及代次后,要考虑鹅育种公司所在国和我国引种地间的环境差异,妥善安排季节。引种时要严格按品种或配套系要求,慎重选择个体,保证所选个体符合品种要求,且个体品质良好。严格执行我国的动植物检疫制度,对引入品种要有专门的隔离观察区,以保证所引品种的检疫安全。

(二)国内引种时

国内引种时要求种鹅场必须要有生产经营许可证。根据中华人民共和国国务院《种畜禽管理条例》第十五条规定,生产经营种畜禽的单位和个人,必须向县级以上人民政府畜牧行政主管部门申领"种畜禽生产经营许可证";工商行政管理机关凭此证依法办理登记注册。生产经营畜禽冷冻精液、胚胎或者其他遗传材料的,由国务院畜牧行政主管部门或者省、自治区、直辖市人民政府畜牧行政主管部门核发"种畜禽生产经营许可证"。《种畜禽管理条例》第十六条规定,生产经营种畜禽的单位和个人,符合下列条件的,方可发给"种畜禽生产经营许可证":

①符合良种繁育体系规划的布局要求；②所用种畜禽合格、优良，来源符合技术要求，并达到一定数量；③有相应的畜牧兽医技术人员；④有相应的防疫设施；⑤有相应的育种资料和记录。

因而引种时必须到有县或县级以上畜牧行政主管部门颁发的“种畜禽生产许可证”的种鹅场引种。

二、鹅健康养殖对引入品种的检疫要求

引入品种，是指从其他地区引入到本地来的品种，包括从国外引进和国内其他地区引进的品种。为了防止在引进国外优良鹅种时，将我国境内不存在的疾病带入，或从国内其他地方引进鹅种时将疾病带入饲养地，对国内外的引入品种均必须按规定进行检疫。

(一)国外引入品种的检疫

国外引入品种的检疫应遵照《中华人民共和国进出境动植物检疫法》和《中华人民共和国进出境动植物检疫法实施条例》所列条款执行。条例规定：进境、出境、过境的动植物、动植物产品和其他检疫物；装载动植物、动植物产品和其他检疫物的装载容器、包装物、铺垫材料；来自动植物疫区的运输工具均应依照进出境动植物检疫法和条例的规定实施检疫。

(二)国内引入品种的检疫

国内引入品种的检疫应严格按照《中华人民共和国动物防疫法》执行。

三、鹅健康养殖对引入品种的管理要求

要对引入品种进行防疫隔离观察和风土驯化工作。由于引入品种毕竟不是在当地条件下育成的，因此，应该从加强它们对当地条件的适

应性入手，做好风土驯化工作，这样才可能逐步提高生产性能。

(1)集中饲养　对从国外引入的种鹅，应按检疫部门的要求相对集中饲养观察，建立以繁育该品种为主要任务的良种场，以利风土驯化和开展选育工作。这是引入品种管理和选育工作中极为重要的一点。只有改变过于分散的状况，才能提高引入种鹅的饲养管理水平和繁育技术水平，才能提高利用率，充分发挥它们的作用。

(2)慎重过渡　对于引入种鹅的饲养管理，应采取慎重过渡的办法，使之逐步适应。要尽量创造有利于引入品种性能发展的饲养管理条件，进行科学饲养。

(3)逐步推广　在集中饲养过程中要详细观察引入种鹅的特性，研究其生长、繁殖、采食习性，放牧及舍饲行为和生理反应等方面的特点。要详细做好观察记载，为饲养和繁殖提供必要的依据。在经过一段时间风土驯化，摸清了引入品种的品种特性后，才能逐渐推广到生产单位饲养。良种场应负责推广良种的饲养繁殖技术的指导工作。

(4)品系繁育　品系繁育是引入种鹅选育中的一项重要措施，通过品系繁育除可达到提高生产性能、稳定优良遗传特性等一般目的外，还可改进引入品种的某些缺点，使之更符合当地的要求；通过组建小群进行有控制的交配，可以防止过度近交；另外，通过综合不同品系的特点，还可在通过引种选育后建立起自己的配套系。当然要做到这些，必须引入原种或曾祖代；若引进的是祖代或父母代种鹅，则很难开展系统的品系繁育。

第三节　引种原则和技术要点

为防止盲目引种，保证引种成功，达到以良种促高效的目的，在选择引入品种和引种过程中应把握好引种原则和技术要点。

一、引种原则

1. 生产性能高而稳定

根据不同的生产目的，对各品种鹅的生产特性进行正确比较，有选择性地引入生产性能高而稳定的品种。如从肉鹅生产角度出发，既要考虑其生长速度，提早出栏，尽可能高地增加肉鹅生产效益，又要考虑其产蛋量，降低雏鹅的单位生产成本。

2. 能适应当地生产环境

引种时要对该品种产地饲养方式、气候和环境条件进行分析并与引入饲养地进行比较，同时考察该品种在不同环境条件下的适应能力，从中选出生命力强，成活率高，适于当地饲养的优良品种。在引种过程中既要考虑品种的生产性能，又要考虑环境条件与原产地是否有很大差异或能否为引入品种提供适宜的环境条件。如南方从北方引种，应考虑是否适应湿热气候，北方从南方引种则应考虑是否能安全过冬等。

3. 与生产目的相符

引入品种的生产性能特性必须要与生产目的相符，肉鹅生产应选择一些早期生长速度快的品种。

二、种鹅的引进

（一）成年鹅的选择

（1）种公鹅　种公鹅要求生长发育好，鸣声洪亮，体大脚粗，肉瘤光滑显凸，羽毛紧凑，采食力强，性欲旺盛，配种力强，精液品质好，雄性特征显著，体重和外貌符合品种要求。

（2）种母鹅　种母鹅要求颈短身圆，眼亮有神，性情温顺，觅食力强，身体健壮，羽毛紧密，前躯较浅，后躯较宽，臀部圆阔，腹大略下垂，脚短

而匀称，尾短上翘，品种特征明显，体重符合品种要求，产蛋率高，种蛋重和外形一致，受精率和孵化率高。

(二)选择比例

(1)母鹅群年龄结构　一般鹅群中1岁母鹅占60%～70%，2岁母鹅占20%～30%。

(2)公母比例　大型种1∶(3～4)，中型种1∶(4～5)，小型种1∶(6～7)。

(三)种鹅的运输

采用封闭式笼具运输鹅，以防止逃逸。运输前鹅要经兽医人员检疫。夏天每笼装5～10只，冬天可多装些。装车时在两层笼间铺一层纸，防止上层粪便落到下层鹅身上，最上层用麻袋罩好，以免光线太强，引起鹅兴奋。

运输途中经常检查温度是否过高或有无贼风，防止风直接吹到鹅身上，同时要注意通风透气。运输时间以不超过36小时为宜。司机最好在车内带足食品和饮水，以减少停车时间。车辆最好用厢式货车，既防雨又防寒，能通风换气。鹅运达目的地后，立即入笼架内饲喂，如受风寒可饮用庆大霉素水，每只用3 000单位，每天2次，连用3天。

三、雏鹅的引进

雏鹅应来源于健康和高产的种鹅所产的后代。

(一)育雏季节的选择

采用关养或圈养方式、依靠人工喂给饲料的，原则上一年四季可饲养，但四季引种是有区别的。

(1)春鹅　3月下旬至5月份饲养的雏鹅为春鹅。这个时期育雏的天气比较冷，要注意保温。但是育雏期一过，天气日趋变暖，自然饲料丰富,此阶段饲养的鹅不但生长快,开产早,而且可以节省饲料。

(2)夏鹅　从6月上旬至8月上旬饲养的雏鹅为夏鹅。这个时期的特点是气温高,雨水多,气候潮湿,雏鹅育雏期短,不需要保温,可节省大量的育雏和保温费用。夏鹅开产早,当年可以见效益。但是,夏鹅的前期气候闷热,管理上较困难,要注意防潮、防暑和防病工作。开产前,要注意补充光照。

(3)秋鹅　从8月中旬至9月饲养的雏鹅为秋鹅。此期的特点是秋高气爽,气温由高到低逐渐下降,是育雏的好季节。秋鹅的育成期正值寒冬,气温低,要注意防寒和适当补料。

(二)雏鹅的选择

在出壳的健雏中选留绒羽、喙、胫的颜色以及体形、初生重等都符合品种特征和要求的个体。选择的雏鹅血统记录清楚,来自高产种群的后代,要求种雏外形活泼健壮。如有需要,可在育雏期结束后约30日龄,再进行一次选择。这时要求选留个体的生长发育快,体形结构和羽毛发育良好,品种外形特征明显。在选择雏鹅时最好能将公母鹅分开,并按1∶4的公母比例进苗鹅,以降低饲养成本。一般可用如下方法进行雏鹅的性别鉴定。

(1)外形鉴别法　一般来说,公雏鹅的体格较大,身躯较长,头较大,颈较长,喙角长而阔,眼较圆,翼角无绒毛,腹部稍平贴,站立姿势较直;母雏鹅体格较小,身体较短圆,头较小,颈较短,喙角短而窄,眼较长圆,翼角有绒毛,腹部稍下垂,站立姿势略倾斜。但这种方法准确性不高。

(2)翻肛法　将雏鹅握于左手掌中,用左手的中指和无名指夹住颈口使其腹部向上,然后用右手的拇指和食指放在泄殖腔两侧,轻轻翻开泄殖腔。如果在泄殖腔中见有螺旋形的突起(阴茎的雏形)即为公鹅;如果看不到螺旋形的突起,只有三角瓣形皱褶,即为母鹅。

(3)捏肛法　以左手拇指和食指在雏鹅颈前分开,握住雏鹅;右手拇指与食指轻轻将泄殖腔两侧捏住,上下或前后稍一揉搓,感到有一个

似芝麻粒或油菜籽大小的小突起，尖端可以滑动，根端相对固定，即为公鹅的阴茎，否则为母鹅。

(4)顶肛法　左手握住雏鹅，以右手食指和无名指左右夹住雏鹅体侧，中指在其肛门外轻轻往上一顶，如感觉有小突起，即为公鹅。顶肛法比捏肛法难于掌握，但熟练以后速度较快。

肉鹅一般不进行任何免疫，有些鹅场对雏鹅进行肝炎病毒疫苗的注射，在该病高发区也应注射此疫苗。因此，在进雏前应了解雏鹅父母亲的健康和免疫情况，以供雏鹅免疫时参考。

(三)初生雏鹅的接运

雏鹅生命力柔弱，经不起外界的剧烈震动和多变的气温。因此，自孵化出壳到1个月脱温的雏鹅不宜长途运输，否则死亡率极高。一般1个月后的雏鹅可长途运输，宜用纸箱装运，箱底垫铺麻袋片以防滑。雏鹅存放室的温度要求24～28℃，通风良好且无穿堂风，雏鹅应当尽快运到养殖场。

要和孵化场或种鹅场签订雏鹅订购合同，保证雏鹅的数量和质量，同时确定大致接雏日期。在接雏前1周内要确定具体的接雏日期，以便育雏舍提前预热和其他准备工作的进行。雏鹅出雏经过免疫接种以后，一般需要在孵化室恢复3～5小时，然后再进行运输，并尽快送至育雏舍。最早出壳的雏鹅从出壳到雏鹅全部出齐已经经过了较长时间，加上雏鹅处理和雏鹅恢复时间，到开始装车运输时距出壳大约经过了30小时，因此雏鹅要尽快运到目的地，以防止雏鹅脱水。雏鹅开始装车运输后要马上电话通知饲养场雏鹅大约到达时间，以便做好接雏工作。

汽车运输时，车厢底板上面铺上消毒过的柔软垫草，每行运雏箱之间、运雏箱与车厢之间要留有空隙，最好用木条隔开，运雏箱两层之间也要用木条(玉米秸、高粱秸、竹竿均可)隔开，以便通气。冬季、早春运输雏鹅要用棉被、棉毯遮住运雏箱，千万不能用塑料包盖，更不应将运雏箱放在汽车发动机附近，否则会将雏鹅闷死、热死。车内应有足够的

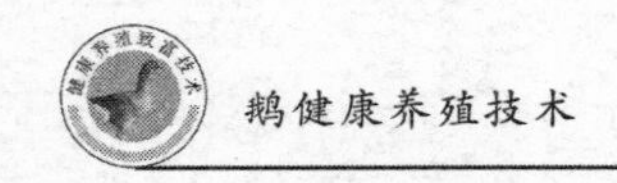

空间,保证运雏箱周围空气流通良好。

运输途中,要时时观察雏鹅动态,防止意外事故发生。夏季运输雏鹅要携带雨布,千万不能让雏鹅淋雨,着雨后雏鹅感冒,会大量死亡,影响成活率。阴雨天运输雏鹅,除带防雨设备外,还要准备棉被、棉毯,防止雏鹅着凉。夏季运输雏鹅最好在早晚凉爽时进行,以防雏鹅中暑。运输初生雏鹅时,行车要平稳,转弯、刹车时都不要过急,下坡时要减速,以免雏鹅堆压死亡。

运输雏鹅要有专用运雏箱,一般的运雏箱为 60 厘米×45 厘米×18 厘米(长、宽、高)的纸箱、木箱或塑料瓦楞箱。箱的上下左右均有 1 厘米洞孔若干,箱内分成 4 个格,每格装 25 只雏鹅,每箱可装 100 只雏鹅。如用其他纸箱应注意留通风孔,并注意分隔。每箱装雏鹅数量最多不超过 150 只,防止挤压。车厢、运雏箱使用前要消毒,为防疫起见,运雏箱不能互相借用。

四、种蛋的引进

(一)种蛋应满足的条件

(1)遗传素质好　这是种蛋的首要条件。由于这是内在质量,外观不易判断,所以种蛋必须从合格的种鹅场引进并应由当地动物卫生部门检验,开具检疫单。

(2)新鲜　种蛋要新鲜,贮存期越短越好。种蛋的保存时间与气温、存放环境有密切关系。由于鹅产蛋率低,筹集种蛋困难,贮存期有时不得不稍延长,一般春秋季保存期不要超过 5～7 天,春末夏初气温升高后,种蛋保存期不要超过 3～5 天。

(3)大小和形状符合标准　要符合不同品种各自的要求,接近平均数,或略高略低一点,都可以作为正常标准。过大或过小、过长或过圆的蛋,都不符合标准,应予剔除。

(4)蛋壳质量好　壳质致密均匀,厚薄适当,表面平整,没有一丝裂

纹。敲击响声正常。有的蛋壳特别细密厚实，敲击时发出似金属的响声，俗称“钢皮蛋”，必须剔除，因为这种蛋孵化时受热缓慢，气体不易交换，水分蒸发也慢，雏鹅啄壳困难，孵化率极低；“沙壳蛋”的蛋壳表面钙沉积不均匀，壳薄而粗糙，水分蒸发快，容易破碎，这种蛋决不可作为种蛋。

(5)壳面清洁无污染，壳色符合标准　不清洁的蛋，壳面常被粪便污染，妨碍气体交换，微生物极易侵入蛋内，引起种蛋腐败变质，污染孵化器，使死胎增加，孵化率降低。已经污染的种蛋，必须经过清洗和消毒，才能入孵。

(二)挑选方法

选择种蛋常用看、摸、听、嗅等感官检查来判断。先是看，看蛋的大小是否标准，蛋壳的结构、形状和颜色是否正常，蛋壳表面是否清洁等。摸，是用手去摸壳的表面是否粗糙，感觉蛋的轻重等。听，是将蛋互相轻轻碰敲，细听声音，如有破裂或金属声，都应剔除。嗅，是用鼻子嗅蛋，有臭味者剔除。如采用上述感官法仍不能准确判断，可借助仪器如照蛋灯或验蛋台，通过光线观察蛋壳、气室、蛋黄等情况，看有无散黄、血丝、裂纹、霉点等，如有应予剔除；此外，气室很大的蛋，一般是贮存较久的陈蛋，也要剔除。同时应充分考察卖方的信誉，签订购买协议，防止买到从孵化过程中剔出的未受精卵。

(三)种蛋的运输

指种蛋由种鹅场运到孵化场和运到其他地方的孵化场，有些可能要运到几百千米以外的地方。本场内运送种蛋由于距离较近，对运输条件的要求较低，只要夏天太阳不直晒、不雨淋，冬天不受冻，不剧烈颠簸，一般问题不大。

对于长途运输的种蛋，要求运输的条件较严格，夏季运送种蛋一定要有防雨措施，而且种蛋应当根据其大小用专门设计的塑料压型蛋托包装，然后装箱，捆扎牢固后装车运输。如无专用的压型蛋托，也可用小纸箱。但箱中应有固定数量的厚隔，将每个蛋、每层蛋分隔开来。蛋在分隔内不能有移动空间，否则要用草屑、碎纸屑等填充。箱中无分隔时也可用草屑、碎纸屑等填充物将蛋与蛋之间隔开，并填实箱内空间，使箱内蛋不互相碰撞或松动。

装蛋时应大头向上竖放，因蛋的纵轴耐压力大，不易破碎。蛋托或小纸箱内装好蛋后，应装入大纸箱中，每个大纸箱要装满、装实，使装入的蛋托或小纸箱没有移动的空间，如装不满则用填充物充实，然后用打包带捆扎好。

种蛋装卸要注意轻取轻放，种蛋运输途中切忌碰撞和剧烈震动，要防止日晒雨淋。冬天运送种蛋应特别注意防寒，最好用空调车运送。在运输工具上，一定要选择好。

五、引种注意事项

1. 了解品种特性

引种前必须有引入品种的技术资料，绝对不能盲目引种。对引入品种的生产性能、饲料营养要求有足够的了解，掌握其外貌特征、遗传稳定性、饲养管理特点和抗病力等资料，以便引种后参考。一般要求引入良种符合品种标准，并有种畜禽生产经营许可证，否则易造成引入品种纯度不够，甚至鱼龙混杂，导致引种损失或失败。

2. 实行批次引种

首次引入数量少些，待引入后观察 1～2 个生产周期后，确实其适应性强，引种效果良好时，再增加引种数量，并扩大繁殖。

3. 做好引种准备

引种前要根据引入地饲养条件和引入品种生产要求准备圈舍和饲养设备，做好清洗、消毒工作，备足饲料和常用药物，培训饲养和技术人员。

4. 引种季节选择

最好在两地气候差异较小的季节进行引种，使引入品种能逐渐适

应气候的变化。一般从寒冷地区向温热地区引种以秋季为好，而从温热地区向寒冷地区引种则以春末夏初为宜。

5. 严格检疫制度

引种时必须符合国家法规规定的检疫要求，认真检疫，办齐一切检疫手续。严禁从疫区引种，引入品种必须单独隔离饲养，经观察确认无病后方可入场。有条件的可对引入品种及时进行重要疫病的检测，发现问题，及时处理，减少引种损失。

6. 保证引入鹅群健康

引种时应引进体质健康、发育正常、无遗传疾病、未成年的种鹅，以容易适应当地环境，确保引种成功。

7. 注意引种过程安全

搞好引种运输组织安排，选择合理的运输途径、运输工具和装载物品。夏季引种尽量选择在傍晚或清晨凉爽时运输，冬春季节尽量安排在中午风和日丽时运输。缩短运输时间，减少途中损失。长途运输时应加强途中检查，尤其注意过热或过冷和通风等环节。

思考题

1. 为达到健康养殖的目的，应如何引种？

2. 我国引进的肥肝鹅主要是什么品种？有什么特点？

3. 在选择和运输种蛋时应注意哪些方面？

第三章

鹅的饲养管理

导　　读　本章主要论述了雏鹅、仔鹅、育肥鹅、种鹅的饲养管理。主要为了提高雏鹅的成活率、育肥鹅的饲料报酬、种鹅的产蛋率和受精率及鹅肥肝重，针对实践中经常出现的问题，给予分析和解答。

鹅的饲养管理是养鹅业的主要环节，也是获得高产、稳产、优质、低耗、高效益的重要技术手段。特别是鹅业产业化管理，必须掌握鹅各阶段的饲养管理特点，方可事半功倍，以确保育种与生产任务的完成，获得较高的经济效益与社会效益。

第一节　育雏期的饲养管理

雏鹅是指孵化出壳后至4周龄的小鹅。这一饲养阶段称为育雏期，该阶段的成活率称为育雏率。雏鹅的培育是养鹅生产中一个重要的基础环节，雏鹅培育的成功与否，直接影响着雏鹅的生长发育和

成活率，继而影响育成鹅的生长发育和生产性能，对以后种鹅的繁殖性能也有一定的影响。因此，在养鹅生产中要重视雏鹅的培育工作，以培育出生长发育快、体质健壮、成活率高的雏鹅，为养鹅生产打下良好的基础。

一、雏鹅的特点

(1)体温调节机能较差　雏鹅在7日龄内体温较成鹅低3℃，在21日龄内调节体温的机能还不完善，必须保温育雏。

(2)生长发育快，新陈代谢旺盛　雏鹅生长速度快，21日龄的体重为初生重的10倍左右，1月龄约为20倍，肌肉沉积也最快，肌肉率约为89.4％，脂肪约为7.1％。为保证雏鹅的快速生长，应保证充足的饮水、及时供料和喂青饲料。

(3)消化能力弱　雏鹅消化道容积小，肌胃收缩力弱，消化腺功能差，故消化能力不强，必须饲喂营养好、易消化的饲料。

(4)雏鹅喜扎堆　雏鹅在正常育雏温度条件下，仍有扎堆现象(但与低温情况下姿态不一样)，所以在育雏期间应日夜照管，饲养密度要适当控制，防止雏鹅受捂、压伤，否则会出现生长缓慢的“僵鹅”。

(5)公母鹅生长速度不同　在同样的饲养管理条件下，公雏比母雏体重多5％～25％，饲料报酬也较好。公母分饲可提高成活率，提高饲料报酬，母雏也比混饲时体重重，所以育雏时应尽可能做到公母分饲，以提高饲养的经济效益。

(6)抗逆性差，易患病　雏鹅个体小，多方面机能尚未发育完善，故对外界环境变化适应能力较差，抗病力也较弱，加之育雏期饲养密度较高，更易感染得病，因此在日常管理和放水、放牧时要特别注意减少应激，做好防疫卫生工作。

二、育雏方式

目前育雏方式可概括为传统育雏法和集约式育雏法。

(一)传统育雏法

传统育雏法又称自温育雏法,即利用鹅体的热能,鹅群依靠自身产生的热能取暖。一般采用鸭篮、箩筐、纸板箱、稻草囤等容器,其上加盖保温物品,通过增减盖物、垫料厚薄,或适时起身(用手拨散扎堆鹅群)等措施来调节温度。此法简便,但极其劳累,稍一不慎便使雏鹅因冷而扎堆,造成压死或压伤,鹅体绒毛受潮(起身时手掌有水),会造成“僵鹅”;常因受热,致使生长发育受阻,同样形成“僵鹅”。仅适合于小群育雏,或气候暖和的季节。

(二)集约式育雏法

集约式育雏法皆采用人工给温方式。

1. 地面垫料式

在干燥的地面上,铺垫洁净而柔软,并经铡段成 10 厘米的稻草,一般根据气温铺 5～10 厘米的厚度。采用红外线灯(单个或联合组式)或其他育雏保温条件。

2. 地下烟道式

其优点为保温结构简单,建造方便,成本低廉,适合各种房舍结构,燃料可就地取材,可使用煤和柴草。温度相当稳定,保温时间长。使用地下烟道保温应注意以下问题:①烟道升温缓慢,故应在接雏前 3 天起火升温,同时第一周室温保持在 21℃左右。②1 周龄后因地面干燥,室内灰尘大,应补充空气中湿度,可洒水或引入水蒸气。③地面垫料不宜太厚,2～3 厘米即可。④注意室内空气流通,可在天花板上开出气孔,也可在墙沿开百叶窗。⑤墙角砌成半圆形,防止挤压。⑥注意卫生。

3. 网上平养

在离地 50～60 厘米处，架设育雏网，网上设有育雏保温设施，网下设角铁撑架。网的材料可用金属网、塑料网，也可用竹片，其上铺设细孔塑料网或金属网。由于与粪便隔离，可降低感染，减少发病率。

4. 笼养

可利用鸡的育雏多层笼设备，或自制（材料同网上平养）2～3 层育雏笼。由于立体式饲养，提高了单位面积的饲养量。有条件的可采用全阶梯式或半阶梯式笼养，粪便直接落地，提高了饲养效率，值得推广。

三、育雏前的准备工作

（一）育雏时期的选择

育雏时期要根据种蛋的来源，当地的环境气候条件，青绿饲料生长情况和农作物的收割季节，饲养者的技术水平，鹅舍与设施的条件，特别要考虑市场的供求状况等因素综合确定。传统养鹅一般都是春季进苗鹅，多在清明节前后。这时，正是种鹅产蛋的旺季，可以大量孵化；气候由冷转暖，育雏较为有利；百草萌发，可为雏鹅提供开食吃青的饲料。当雏鹅长到 20 日龄左右时，青饲料已普遍生长，质地幼嫩，能全天放牧。到 50 日龄左右，仔鹅进入肥育期，刚好大麦收割，接着是小麦收割，可以放麦茬育肥，到育肥结束时，恰好赶上我国传统节日端午节上市。华南地区多在春、秋两季育雏。也有少数地方饲养夏鹅的，即在早稻收割前 60 天捉雏鹅，早稻收割时利用放稻茬田育肥，开春产蛋也能赶上春孵。饲养条件较好、育雏设施比较完善的大型种鹅场和商品鹅场，可根据生产计划和鹅舍的周转情况全年育雏。

（二）育雏场地和设施的准备

接雏前要对育雏室进行全面检查，对有破损的墙壁和地板要修补，保证室内无“贼风”入侵，鼠洞要堵好；照明用线路、灯泡必须完好，灯泡个数及分布按 3 瓦/米^2 的照度安排；安装检查供暖设备。育雏室地面最好为水泥地面，以便冲洗消毒。如为了节约成本，采用土质地面时，则要求地面必须吸水性好，同时采用厚垫料式饲养。按雏鹅所需备好料盆、水盆。

育雏室内外在接雏前 2～3 天应进行彻底的清扫消毒。墙壁可用 20%的石灰浆刷新，阴沟用 20%的漂白粉溶液消毒；地面和育雏用具如圈栏板、巢穴、食槽、水槽等皆可用 3%的热烧碱液洗涤、浸泡，然后再用清水冲洗干净并晾晒，防止腐蚀雏鹅黏膜。整个育雏室最好用福尔马林进行一次熏蒸消毒。圈栏或巢穴垫铺的褥草应用干燥、松软、清洁、无霉烂的稻草或其他秸秆、木屑、刨花等。盖巢穴的棉絮、草棵或麻袋，使用前须用阳光暴晒 1～2 天。育雏室出入处应设有消毒池，供进入育雏舍人员随时进行消毒。

雏鹅舍的温度应达到 15～18℃以上，才能进鹅苗。地面或炕上育雏的，应铺上一层 10 厘米厚的清洁干燥的垫草，然后开始供暖。通常在进雏前 12～24 小时开始给育雏室供热预温，使用地下烟道供热的则要提前 2～3 天开始预温。温度表应悬挂在高于雏鹅生活的地方 5～8 厘米处，并观测昼夜温度变化。

(三)饲料与药品的准备

要保证雏鹅一进入育雏舍就能吃到易消化、营养全面的饲料，并保持整个育雏期饲料的稳定。传统的雏鹅饲料，一般多用小米和碎米，经过浸泡后喂给。这种饲料较单一，最好是从一开始就喂给混合饲料。喂配合料时，应注意饲料的适口性，不能粘嘴，若有条件制成颗粒饲料，饲喂效果更好。1～2 周龄雏鹅的饲料也常用鸡花料替代。一般每只雏鹅 4 周龄育雏期需备精料 3 千克左右，优质青绿饲料 8～10 千克。同时要准备雏鹅常用的一些药品，如多维、土霉素、恩诺沙星、庆大霉素等。如种鹅未免疫，还要准备小鹅瘟疫苗或抗血清、小鹅瘟高免卵黄抗体。

四、雏鹅的饲养管理要点

(一)尽早开饮

雏鹅出壳或运回后,应及时分配到育雏处休息。当70%的雏鹅有啄草或啄手指的觅食现象,首先予以第一次饮水,这是雏鹅饲养的关键,传统饲养称为“潮口”或“点水”,主要是补充水分,以防休克,同时促进食欲。过迟开始饮水,不仅会脱水,造成死亡,也影响活重和生长发育,俗称“老口”,较难饲养。凡经运输引进的雏鹅,开饮时应先使雏鹅饮用5%~8%葡萄糖水,收效良好。饮完后则改饮清洁温水,必要时饮0.05%高锰酸钾水,并不可中断饮水供应,在集约化式饲养规程中,几乎省去了传统饲养中雏鹅嬉水过程。

饮水器内水的深度以3厘米为宜。随着雏鹅的长大,在放牧时可放入浅水塘活动(以浸没颈部为准),但必须在气温较高时进行,时间要短,路程要近。随着年龄增长,可以延长路线与放水时间。

(二)适时开食

第一次喂料,称开食,一般在开饮后应立即开食。适时开食,可以促进胎粪排出,刺激食欲,有助于消化系统功能的逐步完善,也有助于促进生长发育;反之,则影响其生长发育。传统养鹅法很注意开食料的选择,应选用新鲜、清洁、幼嫩、加工精细的原料。多用浸泡过1~2小时的碎米、小米粒。大群饲喂时,可先把碎米等撒在草席或塑料布上,任雏鹅啄食,然后再加喂青饲料(如莴苣叶)等。之所以要先精料后青料的顺序,是为了防止多吃青料少吃精料而拉稀。当然也可以将切细的青料拌和碎米饲喂。开食料的目的主要是使雏鹅学会采食。

(三)育雏温度

自温育雏:在华南或华东农村地区,农民多采用自温育雏法。在常温15℃以上，可将1～5日龄雏鹅放在围栏内或育雏容器内。直径1米的围栏，每栏可养100～120只。喂料时取出，喂完后放入保温。5日龄气温正常时，白天可放在小栏内或中栏内，晚间再变成小栏。至20日龄时，白天可改为大栏，晚上改为中栏。必须及时赶鹅起身，勿使扎堆。关键在于细心地饲养管理，防止受热过度。

给温育雏：在集约化生产条件下，均需实行给温育雏，常用红外线灯、保温伞、烟道等设备。雏鹅在温度适宜时的表现为分布均匀、安静，饮食、粪便、睡眠、活动正常，无扎堆现象。

注意适时脱温：一般雏鹅的保温期为20～30日龄，适时脱温可以增强鹅的体质。过早脱温时，雏鹅容易受凉，而影响发育；保温太长，则雏鹅体质弱，抗病力差，容易得病。雏鹅在4～5日龄时，体温调节能力逐渐增强。因此，当外界气温高时，雏鹅在3～7日龄可以结合放牧与放水的活动，开始逐步脱温。但在夜间，尤其在凌晨2～3时，气温较低，应注意适时加温，以免受凉。冷天在10～20日龄，可外出放牧活动。一般到20日龄左右时可以完全脱温，冬季育雏可在30日龄脱温。完全脱温时，要注意气温的变化，在脱温的头2～3天，若外界气温突然下将，也要适当保温，待气温回升后再完全脱温。

(四)湿度控制

雏鹅对湿度的高低反应同样敏感，同样影响到生长与健康。如湿度高、温度低，体热发散快而倍感寒冷，诱发感冒与下痢；反之，若湿度高，温度也高，则体热发散大受抑制，导致更加炎热，不仅食欲剧降，而且抵抗力减弱，发病率增加。因此，要加强饲养管理，减少进入鹅舍的水分，注意适当通风，以控制过高的湿度。

(五)密度

饲养密度直接关系到雏鹅的活动、采食和空气新鲜度。从集约化观点要求是适当的密度，在通风许可的条件下，可提高密度。但饲养密度过小，不符合经济要求，而饲养密度过大，则直接影响雏鹅的生长发

育与健康。实践证明，每平方米的容雏数要考虑到品种类型、日龄、用途、育雏设备、气温等条件。合理密度以每平方米饲养 8～10 只雏鹅为宜，每群以 100～150 只为宜。此外，由于种蛋、孵化技术等多种因素的影响，同期出壳的雏鹅强弱差异仍不小，以后又会因饲养等多种因素的影响造成强弱不均，必须定期按强弱、大小分群，并将病雏及时挑出隔离，对弱雏加强饲养管理，否则，强鹅欺负弱鹅，会引起挤死、压死、饿死弱雏的事故，生长发育的均匀度将越来越差。

（六）饲料与饲喂方法

雏鹅的饲料包括精料、青料、矿物质、维生素和添加剂等。刚出壳的雏鹅消化功能较差，应喂给易消化的富含能量、蛋白质和维生素的饲料。在现代集约化养鹅中多喂以全价配合饲料。3 周龄内的雏鹅，日粮中营养水平应按饲养标准配制。1～21 日龄的雏鹅，日粮中粗蛋白水平为 20％～22％，代谢能为 11.30～11.72 兆焦/千克；22 日龄起，粗蛋白水平为 18％，代谢能约为 11.72 兆焦/千克。饲喂颗粒料较粉料好，因其适口性好，不易粘嘴，浪费少。喂颗粒饲料还比喂粉料节约 15％～30％的饲料。实践证明，喂给富含蛋白质日粮的雏鹅生长快、成活率高，比喂给单一饲料的雏鹅可提早 10～15 天达到上市出售的标准体重。另外，鹅是草食水禽，在培育雏鹅时要充分发挥其生物学特性，补充日粮中维生素的不足时，最好用幼嫩菜叶切成细丝喂给。应满足雏鹅对青绿饲料的需要，缺乏青料时，要在精料中补充 0.01％的复合维生素。

育雏期饲喂全价配合饲料时，一般都采用全天供料、自由采食的方法。传统育雏的饲喂方法如下。

1～3 日龄：青饲料要剔除老叶、黄叶与烂叶，再除去粗叶脉与泥土，洗净后切成 1～2 毫米宽的细丝。1 日龄 1 000 只日耗青料 5 千克，碎米 2.5 千克。每昼夜喂 6 次。3 日龄时日耗青料 12.5 千克，碎米 5 千克。

4～10 日龄：7 日龄时 1 000 只日耗青料 37.5 千克，碎米 15 千克；

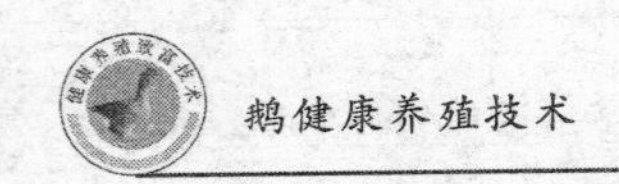

10 日龄时日耗青料 77.5 千克，碎米 21 千克。青料宽度 2～3 毫米。日喂 6～8 次，其中夜间 2～3 次。有条件的可掺喂配合饲料或颗粒饲料。4 日龄可添喂沙砾，添加量为 0.5%。

11～20 日龄：精料逐步转为少浸或不浸泡，也可饲喂配合饲料或颗粒饲料。青料宽度可增为 3～5 毫米，青料比例可增至 80%～90%。日喂 4 次，夜喂 2 次。如天气暖和，可开始放牧，让雏鹅自由采食嫩青草。放牧前不喂料，青料加工不必过于细致。

21～30 日龄：日粮中的精料可由米、小米等逐步变为"开口谷"（煮至外壳开裂的谷实），有条件的可用混合精料或颗粒饲料。青料宽度再增到 5～10 毫米，青料比例 90%～92%。逐步延长放牧时间。日喂 5 次（夜间一次）。

鹅没有牙齿，对食物的机械消化主要依靠肌胃的挤压、磨切，除可磨碎食物外，还必须有沙砾协助，以提高消化率，防止消化不良症。雏鹅 3 天后饲料中就可掺些沙砾，以能吞食又不致随粪便排出的颗粒大小为度。添加量应在 1%左右，10 日龄前沙砾直径为 1～1.5 毫米，10 日龄后改为 2.5～3 毫米。每周喂量 4～5 克。也可设沙砾槽，雏鹅可根据自己的需要觅食。放牧鹅可不喂沙砾。

（七）雏鹅的放牧和游水

雏鹅要适时开始放牧游水，通过放牧游水，可以促进雏鹅新陈代谢，增强体质，提高适应性和抗病力。放牧游水的时间随气候季节而定，春末至秋初气温较高时，雏鹅出壳后 1 周就可开始放牧游水，冬季要 10～20 日龄开始。第一次放牧要选择风和日暖的晴天进行，先放牧，后游水。

放牧时间开始时每天不要超过 1 小时，分上、下午两次进行。上午第一次放鹅的时间要晚一些，以草上的露水干了以后放牧为好，下午收鹅的时间要早一些。如果露水未干就放牧，雏鹅的绒毛会被露水沾湿，尤其是腿部和腹下部的绒毛湿后不易干燥，早晨气温又偏低，易使鹅受凉，引起腹泻或感冒。

雏鹅放牧地，应选择地势平坦、青草幼嫩、水源较近的地方；放牧地宜近不宜远；最好不要在公路两旁和噪声较大的地方放牧，以免鹅群受惊吓。阴雨天和大风天不要放牧；病、弱雏暂时不要放牧。放牧时赶鹅不要太急，禁止大声吆喝和紧迫猛赶，以防止惊鹅和跑场。

放牧前喂饲少量饲料后，将雏鹅缓慢赶到附近的草地上活动，让其采食青草约半小时，然后赶到清洁的浅水池塘中，任其自由下水几分钟，游水后，将鹅赶回向阳避风的草地上，让其梳理羽毛，待毛干后赶回育雏室。对于没吃饱的雏鹅，要及时给予补饲。放牧时要观察鹅群动态，待大部分鹅吃饱后才让鹅群休息，并定时驱赶鹅群以免雏鹅睡熟着凉。鹅放牧中常用吃几个"饱"来表示采食状况，它是指鹅采食青草后，食道膨大部逐渐增大、突出，当发鼓、发胀部位达到喉头下方时，即为一个"饱"。夏季放牧要避免雨淋和烈日暴晒，冬季放牧要避免大风和下雪等恶劣的气候。

初次放牧以后，只要天气好，就要坚持每天放牧，并随日龄的增加而逐渐延长放牧时间，加大放牧距离，相应减少喂青料次数，到 20 日龄后，雏鹅已开始长大毛的毛管，即可全天放牧，只需夜晚补饲一次。

为了更好地进行雏鹅的放牧，应对鹅群进行合理的组织和调训。要使鹅听从指挥，必须从小训练，关键在于让鹅群熟悉指挥信号和"语言信号"，选择好"头鹅"（带头的鹅）。如果用小红旗或彩棒作指挥信号，在雏鹅出壳时就应让其看到，以后在日常饲养管理中都用小红旗或彩棒来指挥。旗行鹅动，旗停鹅止，并与喂食、放牧、收牧、下水行为等逐步形成固定的"语言信号"，形成条件反射。头鹅身上要涂上红色标志，便于寻找。放牧只要综合运用指挥信号和"语言信号"，充分发挥头鹅的作用，就能做到招之即来，挥之即去。放牧员要固定，不宜随便更换。

放牧鹅群的大小和组织结构直接影响着鹅群的生长发育和群体整齐度。放牧的雏鹅群以 300～500 只为宜，最多不要超过 600 只，由两位放牧员负责，前领后赶。同一鹅群的雏鹅，应该日龄相同，否则大的鹅跑得快，小的鹅走得慢，难于合群。鹅群太大不好控制，在小块放牧地上放牧常造成走在前面的鹅吃得饱，落在后面的鹅吃不饱，影响生长发育的均匀度。

（八）清洁卫生和防鼠灭蚊蝇

必须按操作规程进行清洁工作，打扫场地、清除粪便、更换垫料，料槽与水槽要经常消毒。应消灭鼠害，减少对雏鹅的侵害与疫病传播。同样，也要搞好环境卫生，减少蚊子对雏鹅的叮咬骚扰与疫病传播。除了装置钢板网门窗外，还需配置金属纱窗。晚间要有照明灯，每 20 米^2 20 瓦灯泡一盏即可。

（九）防止应激

育雏舍内须保持环境安静，严禁粗暴操作。要防止噪声、不正常的温度和湿度的干扰。为此，在喂料、放牧等操作时要发出声音，使之建立条件反射，服从人的指挥。

（十）及时预防传染病

在育雏期间应注意做好小鹅瘟、鹅流感、霉菌、鹅口疮等疾病的防疫工作。

五、育雏效果的检测

检测育雏效果的标准，主要是育雏率、雏鹅的生长发育（活重、羽毛生长发育）。要求雏鹅在育雏期末成活率在 85％以上（按各品种、不同育雏方式、育种方案而定）。

活重是很重要的综合性技术指标，称重后应与各品种（品系、配套系）标准体重对照，要求均匀度也能在 80％以上。如太湖鹅 1 月龄重应达 1.25 千克，皖西白鹅应达 1.5 千克，狮头鹅应达 2 千克。

羽毛生长情况，如太湖鹅 1 月龄时应达大翻白（即全身胎毛由黄翻白），浙东白鹅应达“三白”（即两肩和尾部脱换了胎毛），雁鹅应达“长大

毛”(即尾羽开始生长)。

六、转群及大雏的选择

通常雏鹅30日龄脱温后要转群,转群时结合进行大雏的选留。按照各品种(品系或配套系)的育种指标,进行个体的选择、称重,带上肩号。淘汰不合格者,作为商品鹅。留种者转入仔鹅群继续培育。

大雏选择是在出壳雏鹅选择群体的基础上进行的,选择的着眼点,主要是看发育速度、体形外貌和品种特征。具体要求是,生长发育快,脱温体重大。大雏的脱温体重,应在同龄、同群平均体重以上,高出1～2个标准差,并符合品种发育的要求。体形结构良好。羽毛着生情况正常,符合品种或选育标准要求。体质健康、无疾病史。淘汰那些脱温体重小,生长发育落后,羽毛着生慢以及体形结构不良的个体。

第二节　仔鹅的饲养管理

仔鹅又称中鹅、生长鹅、青年鹅或育成鹅,是指从30日龄起到选入种用或转入育肥时为止的鹅。对于中、小型品种而言,就是指30日龄以上至70日龄左右的鹅(品种之间有差异);大型品种,如狮头鹅则是指30～90日龄的鹅。其后,留作种用的仔鹅称为后备种鹅,不能作种用的转入育肥群,经短期育肥供食用,即所谓肉用仔鹅。仔鹅阶段生长发育的好坏,与上市肉用仔鹅的体重、未来种鹅的质量有密切的关系。这个时期的饲养特点是以放牧为主、补饲为辅。充分利用放牧条件,加强锻炼,以培育出适应性强、耐粗饲、增重快的鹅群,为选留种鹅或转入育肥鹅打下良好基础。

一、仔鹅的特点

雏鹅经过舍饲育雏和放牧锻炼，进入了仔鹅阶段。这个阶段的特点是，鹅的消化道容积增大，消化力和对外界环境的适应性及抵抗力增强了；该阶段也是鹅的骨骼、肌肉和羽毛生长最快的时期，并能大量利用青绿饲料。这时以多喂青料或进行放牧饲养最为适合，也最为经济。

二、仔鹅的饲养管理

仔鹅的饲养，主要有三种形式，即放牧饲养、放牧与舍饲结合、关棚饲养（即舍饲）。我国大多数采用放牧饲养，因为这种形式所花饲料与工时最少，经济效益好。如果牧地不够或牧草数量与质量达不到要求，就采取放牧与舍饲相结合的形式。关棚饲养主要在集约化饲养时采用，另外在冬季养鹅时，如因天气冷，没有青饲料，也可采用关棚饲养。如果采取关棚饲养，即全舍饲，则应用全价配合饲料，如豁眼鹅仔鹅的日粮营养水平约为：代谢能 11.30 兆焦/千克，粗蛋白质 18.1%，粗纤维 5%，钙 0.6%，磷 0.9%，赖氨酸 1%，蛋氨酸加胱氨酸 0.77%，食盐 0.4%。最好还要搭配一定比例的青绿饲料。

仔鹅饲养的关键是抓好放牧。实践证明，放牧在草地和水面上的鹅群，由于经常处在新鲜空气环境中，不仅能采食到含维生素和蛋白质营养丰富的青绿饲料，而且还能得到充足阳光和足够的运动量，促进机体新陈代谢、体质健壮，增强鹅对外界环境的适应性和抵抗力。正如饲养者所说："鹅要壮，需勤放；要鹅好，放青草。"这充分说明放牧对促进仔鹅生长发育的重要作用。

（一）放牧场地的选择和合理利用

仔鹅的放牧场地要有足够数量的青绿饲料，对草质要求可以比雏

鹅的低些。一般来说，300 只规模的鹅群约需自然草地约 7 公顷或人工草地约 3.5 公顷。农区耕地内的野草、杂草以及十边草地，每亩可养鹅 1～2 只。有条件的可实行分区轮牧制，每天放一块草地，放牧间隔在 15 天以上，把草地的利用和保护结合起来。放牧场地中要包括一部分茬口田或有野草种子的草地，使鹅在放牧中能吃到一定数量的谷物类精料，防止能量不足。群众的经验是“夏放麦场，秋放稻场，冬放湖塘，春放草塘”。

（二）仔鹅的放牧管理

（1）放牧时间　放牧初期要控制时间，每天上下午各放一次，每次活动时间不要太长，如在放牧中发现仔鹅有怕冷的现象，应停止放牧。以后随日龄增大，逐渐延长放牧时间，直至整个上下午都在放牧，但中午要回棚休息 2 小时。鹅的采食高峰是在早晨和傍晚，早晨露水多，除小鹅时期不宜早放外，待腹部羽毛长成后，早晨尽量早放，傍晚天黑前，是又一个采食高峰，所以应尽可能将茂盛的草地留在傍晚时放。

（2）适时放水　放牧要与放水相结合，当放牧了一段时间，鹅吃到八九成饱后（此时有相当多的鹅停止采食），就应及时放水，把鹅群赶到清洁的池塘中充分饮水和洗澡，每次半小时左右，然后赶鹅上岸，抖水、理毛、休息。放水的池塘或河流的水质必须干净、无工业污染，塘边、河边要有一片空旷地。

（3）鹅群调教　鹅的合群性比鸭差，放牧前应进行调教，尤其要注意培训和调教“头鹅”，仔鹅的调教方法同前述雏鹅。先将各个小群的鹅并在一起吃食，让它们互相认识、互相亲近，几天后再继续扩大群体，加强合群性。当鹅群在遇到意外情况时也不会惊叫走散后，开始在周围环境不复杂的地方放牧，让鹅群慢慢熟悉放牧路线。然后进行放牧速度的训练，按照空腹快、饱腹慢，草少快、草多慢的原则进行调教。

（4）放牧鹅群的大小　根据管理人员的经验与放牧场地而定，一般 100～200 只一群，由 1 人放牧；200～500 只为一群的，可由 2 人放牧；若放牧场地开阔，水面较大，每群亦可扩大到 500～1 000 只，需要 2～3

个劳力管理。如果管理人员经验丰富，群体还可以扩大。但不同年龄、不同品种的鹅要分群管理，以免在放牧中大欺小、强凌弱，影响个体发育和鹅群均匀度。

(5)放牧与点数方法　放牧方法有领牧与赶牧两种。小群放牧，一人管理用赶牧的方法；两人放牧时可采取一领一赶的方法；较大群体需三人放牧时，可采用两前一后或两后一前的方法，但前后要互相照应。遇到复杂的路段或横穿公路，应一人在前面将鹅群稳住，待后面的鹅跟上后，循序快速通过。

出牧与归牧要清点鹅数，通常利用牧鹅竿配合，每3只一数，很快就数清，这也是群众的实际经验。

(6)采食观察与补饲　如放牧能吃饱喝足，可以不补饲；如吃得不饱，或者当日最后一个“饱”未达到十成饱，或者肩、腿、背、腹正在脱落旧毛、长出新羽时，应该给予补饲。补饲量应视草情、鹅情而定，以满足需要为佳。补饲时间通常安排在中午或傍晚。刚由雏鹅转为仔鹅时，可继续适当补饲，但应随时间的延长，逐步减少补饲量。白天补料可在牧地上进行，这可减少鹅群往返而避免劳累。为了使鹅群在牧地上多吃青草，白天补料时不喂青料，只给精料。喂料时，要认真观察仔鹅的采食动作和食管的充容度，这能及时了解病鹅。凡健康、食欲旺盛者，表现为动作敏捷，抢着吃，不挑剔，一边采食，一边摆脖子下咽，食管迅速膨大增粗，并往右移，嘴呷不停地往下点，民间称之为“压食”。凡食欲不振者，表现为采食时抬头，东张西望，嘴呷含着料，不愿下咽，有的嘴呷角吊几片菜叶，头不停地甩或动作迟钝，或站在旁边不动，有此情形者疑为有病，必须立即将其捉出，进行检查并隔离饲养。

40日龄以后，随着鹅体的长大，食盆大小应为：直径45～60厘米，深12～20厘米，槽边距地面15～35厘米。

(7)放牧注意事项

防惊鹅：仔鹅胆小、敏感，途中遇有意外情况，易受惊吓，如汽车路过时高音喇叭的突然刺激常会引起惊群逃跑，管理人员衣服、工具的改变，以及平常放牧时手持竹竿随鹅行动，倘遇雨天时若打起雨伞，均会

使鹅群不敢接近，甚至离散逃跑。这些意外的刺激，都要事前预防。

防中暑：暑天放牧，应在早晚多放，中午多休息，将鹅群赶到树荫下纳凉，不可在烈日下暴晒。无论白天或晚上，当鹅群有鸣叫不安的表现时，应及时放水，防止闷热引起中暑。

防中毒和传染病：对于放牧路线，管理人员要早几天进行勘察，凡发生过传染病的疫区、凡用过农药的牧地，决不可牧鹅。要尽量避开堆积垃圾粪便之处，严防鹅吃到死鱼、死鼠及其他腐败变质食物。

防"跑伤"：放牧要逐步锻炼，路线由近渐远，慢慢增加，途中要有走有歇，不可蛮赶。每天放牧距离要大致相等，以免累伤鹅群。高低不平的路尽量不走，通过狭窄的路面时，速度尽量放慢，不使挤压致伤。特别在上下水时，坡度太大，或甬道太窄，或有树桩乱石，由于鹅飞跃冲撞，极易受伤。已经受伤的鹅必须将它圈起来养伤，伤愈前绝对不能再放。此外，还应注意防丢失和防兽害。

（三）做好卫生、防疫工作

仔鹅的初期，机体抗病力还较弱，又面临着舍饲为主向放牧为主的生活改变，使鹅承受较大的环境应激，容易诱发一些疾病。因此，在这一转折时期，最好在饲料中添加一些抗生素和多维等抗应激和保健药品。放牧的鹅群，易受到野外病原的感染，放牧前应注射小鹅瘟血清、禽流感疫苗、鸭瘟疫苗、禽霍乱疫苗。在放牧中，如发现邻区或上游放牧的鹅群或分散养鹅户发生传染病时，应立即转移鹅群到安全地点放牧，以防传染疫病。不要到受工农业有害污染物污染的沟渠放水，对喷洒过农药、施过化肥的草地、果园、农田，应经过10～15天后再放牧，以防中毒。每天要清洗饲料槽、饮水盆，随时搞好舍内外、场区的清洁卫生。定期更换垫草，并对鹅舍及周边环境进行消毒。

由于仔鹅还缺乏自卫能力，鹅棚舍要搞好防鼠、防兽害的设施。

（四）做好转群和出栏工作

通过仔鹅阶段认真的放牧和饲养管理工作，充分利用放牧草地和田间遗谷粒穗，在较少的补饲条件下，仔鹅可以有比较好的生长发育，一般长至70～80日龄时，就可以达到选留后备种鹅的体重要求。此时应及时进行后备种鹅的选留工作，选留的合格后备种鹅可转入后备种鹅群，继续进行培育；不符合种用条件的仔鹅和体质瘦弱的仔鹅，可及时转入育肥群，进行肉用仔鹅育肥。达到出栏标准体重的仔鹅可及时上市出售。

此期的仔鹅羽毛生长已丰满，主翼羽在背部要交翅，在开始脱羽毛时进行选种工作。种鹅场一般是在大雏选留群体的基础上结合称重选留公、母种鹅。一般是把品种特征典型、体质结实、生长发育快、羽绒发育好的个体留作种用。公、母鹅的基本要求是：后备种公鹅要求体形大，体质结实，各部结构发育均匀，肥度适中，头大适中，两眼有神，喙正常无畸形，颈粗而稍长（作为生产肥肝的品种颈应粗而短），胸深而宽，背宽长，腹部平整，脚粗壮有力、长短适中、距离宽，行动灵活，叫声响亮。选留公鹅数要比按配种的公母比例要求多留20%～30%作为后备。后备母鹅要求体重大，头大小适中，眼睛灵活，颈细长，体形长而圆，前躯浅窄，后躯宽深，臀部宽广。

第三节　肉用仔鹅的育肥

一般以放牧为主的肉用仔鹅，在放牧草场良好、充分吃食田地遗粒的条件下，70～80日龄也能达到上市标准体重。70日龄前的仔鹅，主要是长骨骼，虽然体重已达标，但胸肌不厚，屠宰率低，可食部分少，体重也仍有一定的增长潜力。而且放牧草地的仔鹅，体膘较瘦，肉质粗糙，有青草味，适口性差，这些都影响了肉用仔鹅的市场销售和价格，此时直接上市经济效益较差。肉用仔鹅采用高能量日粮，经过半个月至一个月的短期育肥，可以迅速增膘长肉，沉积脂肪，增加体重，改善肉的品质。经过育肥的仔鹅膘肥肉嫩，味道鲜美，屠宰率高，可食部分比例高，而且经济效益也高。因此，将不能做种用的仔鹅，经过短期育肥之后投入市场，是很有必要的。

一、肉用仔鹅育肥的原理和膘情等级标准

（一）育肥的原理

对育肥的鹅，必须采取特殊的饲养管理措施。饲喂富含碳水化合物的高能饲料，并限制鹅的活动，以减少体内养分的损耗，这样过多的能量和其他养分便大量转化为脂肪，在体内贮存起来，使鹅增重育肥。鹅舍应保持安静，光线要暗淡些，有利于鹅的休息。当然，在大量供应碳水化合物的同时，也要供应适量的蛋白质。蛋白质在体内充裕，可使肌纤维（肌肉细胞）尽量分裂繁殖，使鹅体内各部位的肌肉，特别是胸肌充盈丰满起来，整个鹅变得肥大而结实。

（二）育肥鹅膘情的等级标准

经育肥的仔鹅，体躯呈方形，羽毛丰满、整齐光亮，后腹下垂，胸肌丰满，颈粗圆形、细而结实。根据翼下体躯两侧的皮下脂肪，可把肥育膘情分为三个等级。

（1）上等肥度鹅　皮下摸到较大结实、富有弹性的脂肪块；遍体皮下脂肪增厚，摸不到肋骨；尾椎部丰满；胸肌饱满突出胸骨嵴，从胸部到尾部上下几乎一般粗；羽根呈透明状。

（2）中等肥度鹅　皮下摸到板栗大小的稀松小团块。

（3）下等肥度鹅　皮下脂肪增厚，皮肤可以滑动。

当育肥鹅达到上等肥度即可上市出售。膘情都达中等肥度以上，体重和膘情整齐均匀，说明肥育成绩优秀。

二、育肥前的准备工作

（一）育肥鹅选择及分群饲养

仔鹅饲养期过后，首先从鹅群中选留种鹅，作为种鹅群定向培育，剩下的鹅组成肥育鹅群。选择作肥育的鹅只不分品种、性别，要选精神活泼，羽毛光亮，两眼有神，叫声洪亮，机警敏捷，善于觅食，挣扎有力，肛门清洁，健壮无病，70 日龄以上的仔鹅作肥育鹅。新从市场买回的肉鹅，还需在清洁水源放养，观察 2～3 天，并投喂一些抗生素和注射必要的疫苗进行疾病的预防，确认其健康无病后再予育肥。为了使育肥鹅群生长齐整、同步增膘，须将大群分为若干小群。分群原则是，将体形大小相近和采食能力相似的混群，分成强群、中等群和弱群三等，在饲养管理中根据各群实际情况，采取相应的技术措施，缩小群体之间的差异，使全群达到最高生产性能，一次性出栏。

(二)驱虫

鹅体内外的寄生虫较多，如蛔虫、绦虫、吸虫、羽虱等，应先进行确诊。育肥前要进行一次彻底驱虫，对提高饲料报酬和育肥效果极有好处。驱虫药应选择广谱、高效、低毒的药物。

三、育肥方法

肉用仔鹅的育肥方法主要有放牧加补饲育肥法和圈养限制运动育肥法两种。育肥期通常为 15～20 天。采用什么方式、方法育肥，要根据饲料、牧草、鹅的品种、季节和市场价格来确定。

(一)放牧加补饲育肥法

实践证明，放牧加补饲是最经济的育肥方法。放牧育肥俗称"骝茬子"，根据育肥季节的不同，进行骝野草粒、麦茬地、稻田地，采食收割时遗留在田里的粒穗，边放牧边休息，定时饮水。放牧骝茬育肥是我国民间广泛采用的一种最经济的育肥方法。如果白天吃的籽粒很饱，晚上或夜间可不必补饲精料。如果育肥的季节赶到秋前(籽粒没成熟)或秋后(骝茬子季节已过)，放牧时鹅只能吃青草或秋黄死的野草，那么晚上和夜间必须补饲精料，能吃多少喂多少。吃饱的鹅颈的右侧食道膨大部(相当于鸡的嗉囊)膨起，且有厌食动作，摆脖子下咽，嘴头不停地往

下点。补饲必须用全价配合饲料，或压制成颗粒料，可减少饲料浪费。补饲的鹅必须饮足水，尤其是夜间不能停水。

放牧育肥必须充分掌握当地农作物的收割季节，事先联系好放牧的茬地，预先育雏，制定好放牧育肥计划。

（二）圈养限制运动育肥法

将鹅群用围栏圈起来，每平方米 5～6 只，要求栏舍干燥，通风良好，光线暗，环境安静，每天进食 3～5 次，从早 5 时到晚 10 时。育肥期 20 天左右，鹅体重迅速增加，增重 30%～40%。这种育肥方法不如放牧育肥广泛，饲养成本较放牧育肥高，但符合大规模养鹅的发展趋势。这种方法生产效率较高，育肥的均匀度比较好，适用于放牧条件较差的地区或季节，最适于集约化批量饲养。常用方法有两种：填饲育肥法和自由采食育肥法。

1. 填饲育肥法

采用填鸭式育肥技术，俗称“填鹅”，即在短期内强制性地让鹅采食大量的富含碳水化合物的饲料，促进育肥。此法育肥增重速度最快，只要经过 10 天左右就可达到鹅体脂肪迅速增多，肉嫩味美的效果。如可按玉米、碎米、甘薯面 60%，米糠、麸皮 30%，豆饼（粕）粉 8%，生长素 1%，食盐 1%配成全价混合饲料，加水拌成糊状，用特制的填饲机填饲。具体操作方法是：由两人完成，一人抓鹅，一人握鹅头，左手撑开鹅嘴，右手将胶皮管插入鹅食道内，脚踏压食开关，一次性注满食道，一只一只慢慢进行。如没有填饲机，可将混合料制成宽 1～1.5 厘米、长 6 厘米左右的食条，俗称“剂子”，待阴干后，用人工填入食道中，效果也很好，但费人工，适于小批量育肥。其操作方法是，填饲人员坐在凳子上，用膝关节和大腿夹住鹅背，背朝人，左手把鹅嘴撑开，右手拿“剂子”，先蘸一下水，用食指将“剂子”填入食道内，每填一次用手顺着食道轻轻地向下推压，协助“剂子”下移，每次填 3～4 条，以后增加直至填饱为限。开始 3 天内，不宜填得太饱，每天填 3～4 次。以后要填饱，每日填 5 次，从早 6 时到晚 10 时，平均每 4 小时填一次。填饲的仔鹅应供给充足的饮水。每天傍晚应放水一次,时间约半小时,可促进新陈代谢,有利于消化,清洁羽毛,防止生羽虱和其他皮肤病。

每天应清理圈舍一次,如使用褥草垫栏,则每天要用干草更换,湿垫料晒干、去污后仍可使用。若用土垫,每天须添加新的干土,7 天要彻底清除一次。

2. 自由采食育肥法

有栅上育肥和地上平面加垫料育肥两种方式,均用竹竿或木条隔成小区,食槽和水槽设在围栏外,鹅伸出头来自由采食和饮水。

我国广东和华南一带多用围栏栅上育肥,在距地面 60～70 厘米的高处搭起栅架,栅条距 3～4 厘米;鹅粪可通过栅条间隙漏到地面上,鹅在栅面上可保持干燥,清洁的环境有利于鹅的肥育。育肥结束后一次性清粪。有的鹅场将板条直接架设在水面上,利用鹅粪直接喂鱼,使鹅粪得以综合利用。

在东北地区,因没有竹条,多采用地面加垫料,用木条围成围栏,鹅在围栏内活动,头外伸采食和饮水。每天都要清理垫料或加新垫料,劳动强度相对大,卫生较差,但投资少,肥育效果也很好。

采用自由采食育肥,生产中一般是实行“先青后精”的原则。开始时可先喂青料 50%,后喂精料 50%,也可精、青料混合饲喂。在饲养过程中要注意鹅粪的变化,酌情调整精、青料的比例,当鹅粪逐渐变黑,粪条变细而结实,说明肠管和肠系膜开始沉积脂肪,应改为先喂精料 80%,后喂青料 20%,逐渐减少青粗饲料的添加量,促进其增膘,缩短肥育时间,提高育肥效益。

第四节　后备种鹅的饲养管理

后备种鹅是指 70～80 日龄以上,经过选种留作种用的公母鹅。鹅种达到性成熟时间较长(小型鹅 180 天左右,大型鹅 260 天左右),

后备期鹅体各部位、各器官，仍处于发育完善阶段。在种鹅的后备饲养阶段，要以放牧为主、补饲为辅，并适当限制营养。饲养管理的重点是：对种鹅进行限制性饲养，其目的在于控制体重，防止体重过大过肥，使其具有适合产蛋的体况；机体各方面完全发育成熟，适时开产；训练其耐粗饲的能力，育成有较强的体质和良好的生产性能的种鹅；延长种鹅的有效利用期，节省饲料，降低成本，达到提高饲养种鹅经济效益的目的。

一、后备种鹅的特点

在后备鹅培育的前期，鹅的生长发育仍比较快，如果补饲日粮的蛋白质较高，会加速鹅的发育，导致体重过大过肥，并促其早熟，而鹅的骨骼尚未得到充分的发育，致使种鹅骨骼发育纤细，体形较小，提早产蛋，往往产几个蛋后又停产换羽。另一方面，后备期种鹅羽毛已经丰满，抗寒抗雨能力均较强，对外界环境已有较强的适应、抵抗能力，对青粗饲料有很强的消化能力。因此，种鹅的后备期应逐渐减少补饲日粮的饲喂量和补饲次数，锻炼其适应以放牧食草为主的粗放饲养，保持较低的补饲日粮的蛋白质水平，有利于骨骼、羽毛和生殖器官的充分发育；由于减少了补饲日粮的饲喂量，既节约饲料，又不致使鹅体过肥、体重太大，保持健壮结实的体格。

二、后备种鹅的分段限制饲养

依据后备种鹅生长发育的特点，将后备期分为生长阶段、公母分饲及控制饲养阶段和恢复饲养阶段。应根据每个阶段的特点，采取相应的饲养管理措施，进行限制饲养，以提高鹅的种用价值。

（一）生长阶段

此阶段为70～100日龄，晚熟品种要到120日龄。这个阶段的后备种鹅仍处于较快的生长发育时期，而且还要经过幼羽更换成青年羽的第二次换羽时期。该阶段需要较多的营养物质，如太湖鹅每日仍需补饲150克左右精料，不宜过早进行粗放饲养，应根据放牧场地草质的好坏，逐渐减少补饲的次数，并逐步降低补饲日粮的营养水平，使鹅体得到充分发育，以便顺利地进入公母分饲及控制饲养阶段。此阶段若采取全舍饲并饲喂全价配合饲料，日粮营养水平约为：代谢能10.5～11.0兆焦/千克，粗蛋白质14%～15%。

(二)公母分饲及控制饲养阶段

此阶段一般从100～120日龄开始至开产前50～60天结束。后备种鹅经二次换羽后，如供给足够的饲料，经50～60天便可开始产蛋。但此时由于种鹅的生长发育尚不完全，个体间生长发育不整齐，开产时间参差不齐，导致饲养管理十分不方便。早产的蛋较小，达不到种用标准，种蛋的受精率也较低，母鹅产小蛋的时间较长，会严重影响种鹅的饲养效益。

公母鹅的生理特点不同，生长差异较大，混饲会影响鹅群的正常生长发育，还会发生早熟鹅的滥交乱配现象。因此，这一阶段应对种鹅进行公母分饲、控制饲养，使之适时达到开产日龄，比较整齐一致地进入产蛋期。

后备种鹅的控制饲养方法主要有两种：一种是减少补饲日粮的饲喂量，实行定量饲喂；另一种是控制饲料的质量，降低日粮的营养水平。鹅以放牧为主，故大多数采用后者，但一定要根据放牧条件、季节以及鹅的体质，灵活掌握精青饲料配比和喂料量，既能维持鹅的正常体质，又能降低种鹅的饲养费用。

在控制饲养阶段应逐步降低日粮的营养水平，必须限制精料的饲喂量，强化放牧。精料由喂3次改为2次，当地牧草茂盛时则补喂一次，甚至逐渐停止补饲，使母鹅体重增加缓慢，消化系统得到充分发育，同时换生新羽，生殖系统也逐步完全发育成熟。精料用量可比生长阶段减少50%～60%。饲料中可添加较多的填充粗料(如米糠、曲酒糟

等),目的是锻炼鹅的消化能力,扩大食道容量。

控制饲养阶段,无论给食次数多少,补饲时间应在放牧前 2 小时左右,以防止鹅因放牧前饱食而不采食青草;或在放牧后 2 小时补饲,以免养成收牧后有精料采食,便急于回巢而不大量采食青草的坏习惯。

若因条件限制而采用舍饲方式时,最好给后备种鹅饲喂配合饲料。日粮营养水平为:代谢能 10.0～10.5 兆焦/千克,粗蛋白12%～14%。

(三)恢复饲养阶段

经控制饲养的种鹅,应在开产前 60 天左右进入恢复饲养阶段。此时种鹅的体质较弱,应逐步提高补饲日粮的营养水平,并增加喂料量和饲喂次数。日粮代谢能为 11.0～11.5 兆焦/千克,蛋白质水平控制在 15%～17%为宜。舍饲的鹅群还应注意日粮中营养物质的平衡。这时的补饲,只定时,但不定料、不定量,做到饲料多样化,青饲料充足,增加日粮中钙质含量,经 20 天左右的饲养,使种鹅的体质得以迅速恢复,种鹅的体重可恢复到控制饲养前期的水平,促进生殖器官完全发育成熟,并为产蛋积累营养物质。

此阶段种鹅开始陆续换羽,为了使种鹅换羽整齐和缩短换羽时间,节约饲料,可在种鹅体重恢复后进行人工强制换羽,即人为地拔除主翼羽和副主翼羽。拔羽后应加强饲养管理,适当增加喂饲量。公鹅人工拔羽可比母鹅早 2 周左右开始,促进其提早换羽,以便在母鹅开产前已有充沛的体力、旺盛的食欲。开产前人工强制换羽,可使后备种鹅整齐一致地进入产蛋期。

在后备期一般只利用自然光照,如在下半年,由于日照短,恢复生长阶段要开始人工补充光照时间。通过 6 周左右的时间,逐渐增加光照总时数,使之在开产时达到每天 16～17 小时。

后备种鹅饲养后期时,如果养的是种鹅而非一般蛋用鹅,此时应将公鹅放入母鹅群中,使之相互熟识亲近,以提高受精率。放牧鹅群仍要加强放牧,但鹅群即将进入产蛋期,体大,行动迟缓,故而放牧时不可急赶久赶,放牧距离应渐渐缩短。

三、后备种鹅的管理要点

(一)放牧管理

后备种鹅阶段主要以放牧为主、舍饲为辅。放牧管理工作的成败，对后备种鹅培育至关重要，主要注意做好以下工作。

(1)牧地选择与利用　牧地应选择水草丰盛的草滩、湖畔、河滩，丘陵以及收割后的稻田、麦地等。牧地附近有湖泊、溪河或池塘，供鹅饮水或游泳。人工栽培草地附近同样必须有供饮水和游泳的水源。放牧前，先调查牧地附近是否喷洒过有毒药物，否则，必须经 1 周以后，或下大雨后才能放牧。为保护草原，保证牧地的载畜量与牧草正常再生，必须推行有计划的轮牧。一般要求每天转移草场，实行 7 天一循环的轮牧制度。

后备种鹅对饥饿极为敏感。后备鹅放牧期间补饲量很少，有时夜间已停止补饲，为防止饥饿，除延长放牧时间外，可将最好的牧草地和茬子田留在傍晚时采食。

(2)放牧方法　后备种鹅羽毛已丰满，有较强的耐雨抗寒能力，可实行全天放牧。一般每天放牧 9 小时。采取“两头黑”，要早出晚归。清晨 5 时出牧，10 时回棚休息，下午 3 时出牧，晚至 7 时归牧休息，力争吃到 4～5 个饱(上午 2 个饱，下午 3 个饱)。应在下午就找好次日的牧地，每日最好不走回头路，使鹅群吃饱吃好。

(3)注意防暑　在炎夏天气，鹅群在棚内烦躁不安，应及时放水，必要时可使鹅群在河畔过夜，日间要提供清凉饮水，以防过热或中暑。放牧时宜早出晚归，避开中午酷暑。

(4)鹅群管理　一般以 250～300 只后备鹅为一群，由 2 人管理。如牧地开阔，草源丰盛，水源良好而充足，可组成 1 000 只一群，由 4 人协同管理。放牧前与收牧时都应及时清点，如有丢失应及时追寻。如遇混群，可按编群标记追回。

后备种鹅是从仔鹅群中挑选出来的优良个体，有的甚至是从上市的肉用仔鹅当中选留下来的，往往不是来自同一鹅群，把它们合并成后备种鹅的新群后，由于彼此不熟悉，常常不合群，甚至有“欺生”现象，必须先通过调教让它们合群。这是后备种鹅生产初期，管理上的一个重点。

在牧地小，草料丰盛处，鹅群应赶得拢些，使鹅充分采食。在牧地较大，草又欠丰盛处，可驱散鹅群，使之充分自由采食。后备鹅胆小，要防其他畜禽接近鹅群。阴雨天放牧时饲养员宜穿雨衣或雨披，因为雨伞易使鹅群骚动，驱赶时动作要缓和并发出平时的调教声音，过马路时要防止汽车喇叭声的惊扰而引起惊群。

随时观察鹅群的精神状态、采食情况等，病鹅往往表现出行动呆滞，两翅下垂，食草没劲，两脚无力，体重轻，放牧时落在鹅群后面，严重者卧地不起。对于弱鹅应停止放牧，进行特别管理，可喂以质量较好且容易消化的饲料，待完全恢复后再放牧。

(5)注意放水　每吃“一个饱”后，鹅群便会停止采食，此时应行放水。水塘应经常更换水，防止过度污染。每次放水约半小时，再上岸理毛休息 30～60 分钟，再继续放牧。天热时应每隔半小时放水一次，否则影响采食和健康。严格注意水源的水质。

(二)补料

后备种鹅的主要饲养方式是放牧，既节省饲料，又可防止过肥和早熟，但在牧草地草质差、数量少时，或气候恶劣不宜放牧时，为确保鹅群健康，必须及时补料，一般多于夜间进行。传统饲喂法多补饲秕谷，有的补充米糠或草粉颗粒饲料，现在多数是根据体重情况补饲配合饲料或颗粒饲料，种鹅后备期喂料量的确定是以种鹅的体重为基础。

鉴于品种不同，种鹅后备期营养需要也不同，较难掌握限饲或补饲的合理程度。补料过多或过少，或与青料比例不合适，常导致消化不良，其粪便颜色、粗细、松紧度也起变化。如鹅粪粗大而松散，用脚可轻拨为几段，则表明精料与青料比例较适当。若鹅粪细小、结实、断截成粒状，说明精料过多、青料太少。若粪便色浅且较难成形，排出即散开，说明补饲的精料太少，营养不足，应适当增加精料用量。

（三）清洁与防疫卫生

注意鹅舍的清洁卫生和饲料新鲜度，及时更换垫料，保持垫草和舍内干燥。喂食及饮水用具及时清洗消毒。在恢复生长阶段应及时接种有关疫苗，主要有小鹅瘟、鸭瘟、禽流感、禽霍乱、大肠杆菌疫苗；并注意在整个后备阶段搞好传染病和肠胃病的防治，定期进行防虫驱虫工作。

（四）成年种鹅的选择

成年种鹅的选择是提高种鹅质量的一个重要生产环节，在后备期结束，转入种鹅生产阶段时应对后备种鹅进行复选和定群，选留组成合格的成年种鹅群。把体重外貌符合品种特征或选育标准要求、体质健壮、体形结构良好、生长发育充分的后备鹅留作种用，淘汰那些体形不正常，体质弱，健康状况差，羽毛混杂（白鹅决不能有异色杂毛），肉瘤、喙、胫、蹼颜色不符合品种要求（或选育指标）的个体，以提高饲养种鹅的经济效益。特别是对公鹅的选留，要进一步检查性器官的发育情况。严格淘汰阴茎发育不良、阳痿和有病的公鹅，选留阴茎发育良好、性欲旺盛、精液品质优良的公鹅作种用。

（五）鉴别临产母鹅

可从鹅的体态、食欲、配种表现和羽毛变化情况进行识别。临产母鹅全身羽毛紧贴，光泽鲜明，尤其颈羽显得光滑紧凑，尾羽与背羽平伸，腹下及肛门附近羽毛平整。临产母鹅体态丰满，行动迟缓，两眼微凸，头部额瘤发黄，尾部平伸舒展，后腹下垂，腹部丰满而有弹性，耻骨间距已开张有 3～4 指宽，鸣声急促、低沉。肛门平整呈菊花状，临产前 7 天，其肛门附近异常污秽。临产母鹅表现食欲旺盛，喜采食青饲料和贝壳类矿物质饲料。从配种方面观察，临产母鹅主动寻求接近公鹅，下水

时频频上下点头，要求交配，母鹅间有时也会相互爬踏，并有衔草做窝现象，说明临近产蛋期。

第五节 种鹅的饲养管理

种鹅是指种母鹅开始产蛋、种公鹅开始配种的成年鹅。种鹅的生长发育基本完成，生殖系统发育成熟并有正常的繁殖行为，对各种饲料的消化能力也很强，这一阶段主要精力是用于繁殖方面，饲养管理重点应围绕产蛋和配种工作。种鹅的饲养管理一般分为产蛋前期、产蛋期和休产期 3 个阶段。产蛋前期实际上就是后备种鹅饲养后期的恢复生长阶段，上文已有详述；因此，下面主要介绍产蛋期和休产期的饲养管理。

一、种鹅产蛋期的饲养管理要点

产蛋期种鹅应结束限制饲养，在接近正常性成熟时，即应加料催蛋，使种鹅及时产蛋与配种。种鹅在产蛋期的饲养目标是：体质健壮、高产、稳产，种蛋有较高的受精率和孵化率，以完成育种与制种任务，有较好的技术指标与经济效益。产蛋期种鹅的饲养方式有放牧加补饲，或半舍饲。前者虽较粗放，但饲养成本较低，种鹅专业户大多采用此法，且可因地制宜，充分利用自然条件；半舍饲多为孵化场自设种鹅场，由于缺少放牧条件，多在靠近湖泊、河流处搭建鹅棚、陆上运动场和水上运动场，进行人工全程控制饲养工艺，集约化程度较高，饲养效率和生产水平亦高，大多采用较科学规范的饲养技术。

(一)产蛋母鹅的营养需要及饲料配合

种鹅由于连续产蛋和繁殖后代，需要消耗较多的营养物质，尤其是能量、蛋白质、钙、磷等。如果营养供给不足或养分不平衡,就会造成蛋重减少、产蛋量下降、种鹅体况消瘦,最终停产换羽,因此要充分考虑母鹅产蛋所需的营养。由于我国养鹅以粗放饲养为主,南方多以放牧为主,舍饲日粮仅仅是一种补充,所以我国鹅的饲养标准至今尚未制定。目前各地对产蛋鹅的日粮配合及喂量,主要是参照国外的饲养标准,并根据当地的饲料资源和鹅在各生长、生产阶段营养要求因地制宜自行拟定的。

在以舍饲为主的条件下,建议产蛋母鹅日粮营养水平为:代谢能10.88～11.51兆焦/千克,粗蛋白15%～16%,粗纤维10%～8%,赖氨酸0.8%,蛋氨酸0.35%,胱氨酸0.27%,钙2.2%～2.5%,磷0.65%,食盐0.5%。

产蛋母鹅要饲喂适量的青绿多汁饲料。国内外的养鹅生产实践和试验都证明,母鹅饲喂青绿多汁饲料对提高母鹅的繁殖性能有良好影响。另外,产蛋母鹅日粮中搭配适量的优质干草粉,也可以提高母鹅的繁殖性能。产蛋鹅舍应单独设置一个矿物质饲料盘,任其自由采食,以补充钙质的需要。

种鹅产蛋和代谢需要大量的水分,所以对产蛋鹅应给足饮水,经常保持舍内有清洁的饮水。产蛋鹅夜间饮水与白天一样多,所以夜间也要给足饮水,满足鹅体对水分的需求。我国北方早春气候寒冷,饮水容易结冰,产蛋母鹅饮用冰水对产蛋有影响,应给予12℃的温水,并在夜间换一次温水,防止饮水结冰。

(二)种公鹅的营养与饲喂

在种鹅群的饲养过程中,始终应注意种公鹅日粮的营养水平和公鹅的体重与健康状况。在鹅群的繁殖期,公鹅由于多次与母鹅交配,排出大量精液,体力消耗很大,体重有时明显下降,从而影响种蛋的受精率和孵化率。为了保持种公鹅有良好的配种体况,种公鹅的饲养,除了和母鹅群一起采食外,从组群开始后,对种公鹅应进行补饲配合饲料。配合饲料中应含有动物性蛋白饲料,以利于提高公鹅的精液品质。补

饲的方法，一般是在一个固定时间，将母鹅赶到运动场，把公鹅留在舍内，补喂饲料任其自由采食。这样，经过一定时间(1天左右)，公鹅就习惯于自行留在舍内，等候补喂饲料。开始补喂饲料时，可对公鹅作标记，以便管理和分群。公鹅的补饲可持续到母鹅配种结束。

在人工授精的鹅场，在种用期开始前1.5个月左右，对公鹅就要按种用期标准饲养。种公鹅的日粮标准，每千克饲料中应含有粗蛋白质140克、代谢能11.72兆焦、粗纤维100克、钙16克、磷8克、食盐4克、蛋氨酸3.5克、胱氨酸2克、赖氨酸6.3克、色氨酸1.6克。每吨饲料中添加维生素A 1 000万国际单位、维生素D_3 50万国际单位、维生素E 5克、维生素B_2 3克、烟酸(维生素B_5)20克、泛酸(维生素B_3)10克、维生素B_{12} 25毫克。每吨饲料添加锰50克、锌50克、铜2.5克、铁25克、钴0.25克、碘1克。每只公鹅平均每天补喂配合饲料300～330克。

为提高种蛋受精率，公、母鹅在产蛋周期内，每只每天可喂谷物发芽饲料100克，胡萝卜、甜菜250～300克，优质青干草粉35～50克。在春夏季节应供给足够的青绿饲料。

(三)种鹅放牧的饲养管理

1.组织鹅群

一般多以500只左右为一群，要配备好饲养人员和有关用具、饲料、药物等。

2.放牧场地选择

放牧人员必须熟悉当地的草地、水源和农作物安排，以及农药、化肥施用情况。以放牧为主时，夏秋可放麦茬田、稻茬田，充分利用落谷和草籽；冬放湖泊河滩，觅食野生饲料；春季觅食各种青草(或人工栽培牧草)和水草。牧地周围应有清洁的池塘或流动水面，水深1米左右，便于鹅饮水、交配和洗浴。

3.放牧时的管理

开产后的母鹅行动迟缓，在出入鹅棚和下水时，应发出规定的呼号或用竹竿稍加阻拦，使其有序出入或下水。因此，棚舍大门应为2米宽，并应同时开启。放牧时应选择路近而平坦的草地，路上应缓慢驱赶，上下坡时不可让鹅拥挤，以防受伤。

种鹅放牧应防止产窝外蛋，减少种蛋损失。母鹅产蛋时间大多集中在下半夜至上午 8 时左右，个别母鹅甚至延长至下午产蛋。放牧应在产蛋基本结束后进行，在上午 7～8 时出牧，这时大部分鹅已产完蛋。放牧前要检查鹅群，如发现个别母鹅鸣叫不安，腹部饱满，尾羽平伸，泄殖腔增大，行动迟缓，有觅窝的表现，可用手指伸入母鹅泄殖腔内，触摸腹中是否有蛋，如有蛋应将母鹅放入产蛋窝内，不要随大群放牧。放牧时如果发现母鹅出现神态不安，有急欲跑回鹅舍、寻窝产蛋的表现，或向草丛等隐蔽处走去时，应及时将鹅捉住检查，如果腹中有蛋，则将该鹅送到产蛋箱内产蛋，待产完蛋就近放牧。上午放牧场地应尽量靠近产蛋棚，以便少数迟产的母鹅回棚产蛋，上午应在 11 时左右回牧，下午 4 时左右出牧，晚 8 时左右回牧，力争每天让鹅能吃 4～5 个饱。放牧时要防阳光暴晒、中暑，如遇大风雪和暴风雨时要及时赶回舍内。

放牧与放水要有机结合。因为鹅有一个习惯，每吃一个饱后，鹅群会自动停止采食，就需放水，使鹅游泳和休息。另外公母鹅交配习惯在水上进行，一般早上 7～9 时是鹅配种的最好时机，这时鹅只刚一出牧，就先进入水中游泳交配，交配后才上岸采食。采食一段时间，又进入水中，有的还要进行交配。在这段时间内，一只较好的公鹅能交配 6～9 次。下午 5～6 时，也是公母鹅交配时间，这时一只公鹅能交配 2～4 次。

4. 补料

放牧必须结合补料，以满足产蛋鹅群的营养需要。每日补饲产蛋配合饲料总量为小型鹅 150～200 克，大型鹅 200～250 克。具体应根据放牧时天然饲料的采食量、产蛋率、蛋重、蛋形和粪便状态等情况，酌情补饲，以确保鹅群健康、膘情与产蛋量。

(四)种鹅的半舍饲管理

应在靠湖泊或河流旁搭建鹅棚，围设陆上运动场和水上运动场。

特别要搭建好产蛋棚，使产蛋母鹅能定点产蛋。一般规格是长 2.7 米，宽 1.2 米。产蛋棚地基要稍高于地面，并应加固。还要铺上垫草(稻草为好)，以防鹅蛋受潮。

半舍饲的产蛋母鹅饲喂，通常采用定时不定量的自由采食喂饲法。要求饲料多样化，每天晚上要多加些精料。大型鹅每只每天喂精料(谷实类)200～250 克，中、小型鹅为 150～200 克，青、粗饲料一般不限量。饲喂时应按照先青后精的原则，先喂青料，后喂精料，然后休息。第一次在早晨 5～7 时，由于夜间产蛋体能消耗较大，故开始先喂混合料，然后喂青饲料，其他时间都是先喂青料；第二次中午 10～11 时；第三次下午 5～6 时。在产蛋高峰时，要保证鹅吃好吃饱，供给充足、清洁的饮水。在产蛋后期，更要精心饲养，保证产蛋的营养需要，稍有疏忽，易造成产蛋停止而开始换羽。因此，要增加喂饲次数，加喂 1～2 次夜食或任产蛋母鹅自由采食。

(五)种鹅的环境管理

为鹅群创造一个良好的生活环境，精心管理，是保证鹅群高产、稳产的基本条件。

1. 创造产蛋鹅适宜的环境温度

鹅的羽绒丰满，绒羽含量较多，皮下有脂肪而无皮脂腺，只有发达的尾脂腺，散热困难；所以耐寒而不耐热，对高温反应敏感。夏季天气温度高，鹅常停产，公鹅精子无活力；春节过后气温虽比较寒冷，但鹅只仍可陆续开产，公鹅精子活力较强，受精率也较高。母鹅产蛋的适宜温度是 8～25℃，公鹅产壮精的适宜温度是 10～25℃。在管理产蛋鹅的过程中，应特别注意做好夏季的防暑降温工作。

2. 光照

光通过视觉刺激脑垂体前叶分泌促性腺激素，促使母鹅卵巢卵泡发育增大，卵巢分泌雌性激素促使输卵管的发育，同时使耻骨开张，泄殖腔扩大；光照引起公鹅促性腺激素的分泌，刺激睾丸精细管发育，促使公鹅达到性成熟。因此，光照时间的长短及强弱，以不同的生理途径影响家禽的生长和繁殖，对种鹅的繁殖力有较大的影响。在适宜的环境温度条件下，给鹅增加光照可提高产蛋量。采用自然光照加人工光照，每日应不少于15小时，通常是16～17小时，一直维持到产蛋结束。补充光照应在开产前1个月开始较好，由少到多，直至达到适宜光照时间。增加人工光照的时间分别在早上和晚上。不同品种在不同季节所需光照不同，如我国南方的四季鹅，每个季度都产蛋，所以在每季所需光照也不一样。应当根据季节、地区、品种、自然光照和产蛋周龄，制定光照计划，按计划执行，不得随意调整。

舍饲的产蛋鹅在日光不足时可补充电灯光源，光源强度以2～3瓦/米^{2}较为适宜，每20米^{2}面积安一只40～60瓦灯泡较好，灯与地面距离1.75米左右为宜。

3. 鹅舍的通风换气

产蛋期种鹅由于放牧减少，在鹅舍内生活时间较长，摄食和排泄量也很多，因此很容易造成舍内空气污染，既影响鹅体健康，又使产蛋下降。为保持鹅舍内空气新鲜，除控制饲养密度(舍饲1.3～1.6只/米^2，放牧条件下2只/米^2)外，还要加强鹅舍通风换气，及时清除粪便、垫草。要经常打开门窗换气。冬季为了保温取暖，鹅舍门窗多关闭，但舍内要有换气孔，经常打开换气孔换气，始终保持舍内空气的新鲜。

4. 搞好舍内外卫生，防止病害

舍内垫草须勤换，使饮水器和垫草隔开，以保持垫草有良好的卫生状况。垫草一定要洁净，不霉不烂，以防发生曲霉菌病。污染的垫草和粪便要经常清除。舍内要定期消毒，特别是春、秋两季结合预防注射，将饲槽、饮水器和积粪场围栏、墙壁等鹅经常接触的场内环境进行一次大消毒，以防疾病的发生。

(六)种母鹅的产蛋管理

训练母鹅在窝内产蛋。地面饲养的母鹅，大约有60％习惯于在窝外地面产蛋，有少数母鹅产蛋后有用草埋蛋的习惯，往往踩坏种蛋，造成损失。因此，母鹅临产前半个月左右，应在舍内墙周围安放产蛋箱。

产蛋箱的规格是：宽40厘米、长60厘米、高50厘米，门槛高8厘米，箱底铺垫柔软的垫草。每2～3只母鹅设一产蛋箱。母鹅有择窝产蛋的习惯，第一次在哪个窝里产蛋，以后就一直在哪个窝产蛋。母鹅在产蛋前，一般不爱活动，东张西望，不断鸣叫，这是将要产蛋的行为。发现这样的母鹅，要捉入产蛋箱内产蛋，以后鹅便会自动找窝产蛋。

(七)种母鹅的就巢管理

我国的许多鹅种在产蛋期都表现出不同程度的就巢性(抱性)，对种鹅产蛋造成严重影响。一旦发现母鹅有恋巢表现时，应及时隔离，转移环境，将其关到光线充足、通风好的地方；最好将母鹅围困到浅水中，使之不能伏卧，能较快"醒抱"。对隔离出来的就巢鹅，只供水不喂料，2～3天后喂一些干草粉、糠麸等粗料和少量精料，使之体重不产生严重下降，"醒抱"后能迅速恢复产蛋。给每只就巢鹅肌肉注射1针25毫克的丙酸睾丸酮，一般1～2天就会停止抱窝，经过短时间恢复就能再产蛋，但对后期的产蛋有一些负面的影响。

(八)种公鹅的配种管理

1. 定期检查公鹅生殖器官和精液质量

在公鹅中存在一些性机能缺陷的个体，在某些品种的公鹅较常见，主要表现为生殖器萎缩，阴茎短小，甚至出现阳痿，交配困难，精液品质差。这些有性机能缺陷的公鹅，有些在外观上并不能分辨，甚至还表现得很凶悍，解决的办法只能是在产蛋前，公母鹅组群时，对选留公鹅进行精液品质鉴定，并检查公鹅的阴茎，淘汰有缺陷的公鹅。在配种过程中部分个体也会出现生殖器官的伤残和感染；公鹅换羽时，也会出现阴茎缩小、配种困难的情形。因此，还需要定期对种公鹅的生殖器官和精液质量进行检查，保证留种公鹅的品质，提高种蛋的受精率。

2. 克服种公鹅择偶性的措施

有些公鹅还保留有较强的择偶性，这样将减少与其他母鹅配种的机会，从而影响种蛋的受精率。在这种情况下，公母鹅要提早进行组群，如果发现某只公鹅与某只母鹅或是某几只母鹅固定配种时，应将这只公鹅隔离，经过 1 个月左右，才能使公鹅忘记与之配种的母鹅，而与其他母鹅交配，从而提高受精率。

二、种鹅休产期的饲养管理要点

鹅的产蛋期(包括就巢期)在一年之中不足 2/3(7～8 个月)，还有 4～5 个月都是休产期。母鹅每年的产蛋期，除品种差异外，还受到各地区地理气候的影响。我国南方地区多在冬、春两季，北方则在2～6 月份。当母鹅产蛋逐渐减少，每天产蛋时间推迟，小蛋、畸形蛋增多，大部分母鹅的羽毛干枯，公鹅配种能力差，种蛋受精率低，种鹅便进入持续时间较长的休产期。在此期间几乎全群停产，鹅只消耗饲料，没有经济收入，管理上应以放牧为主，停喂精料，任其自由采食野草。为了在下一个产蛋季能提前产蛋和开产时间能较一致，在休产期对选留种鹅应进行人工强制换羽。

(一)休产期的饲养管理

进入休产期的种鹅应以放牧为主，日粮由精改粗，促其消耗体内脂肪，促使羽毛干枯和脱落。饲喂次数逐渐减少到每天一次或隔天一次，然后改为 3～4 天喂一次，但不能断水。经过 12～13 天，鹅体重大幅度下降，当主翼羽和主尾羽出现干枯现象时，可恢复正常喂料。待体重逐渐回升，放养 1 个月后，即可进行人工强制换羽。公鹅应比母鹅早20～30 天强制换羽，务使在配种前羽毛全部脱换好，可保证种公鹅配种能力。人工强制换羽可使母鹅比自然换羽提前 20～30 天开产。

拔羽后应加强放牧，同时酌情补料。如公鹅羽毛生长缓慢，而母鹅已开产，公鹅未能配种，就应对公鹅增喂精料；如母鹅到时仍未开产，同样应增喂精料。在主、副翼羽换齐后，即进入产蛋前的饲养管理。

(二)休产期的种鹅选留

要使鹅群保持旺盛的生产能力,应在种鹅休产期进行种鹅的选择和淘汰工作,淘汰老弱病残者,同时每年按比例补充新的后备种鹅,新组配的鹅群必须按公母比例同时更换公鹅。一般停产母鹅耻骨间距变窄,腹部不再柔软。用左手捉住母鹅两翼基部,手臂夹住头颈部,再用右手掌在其腹部顺着羽毛生长方向,用力向前摩擦数次,如有毛片脱落者,即为停产母鹅。产蛋结束后,可根据母鹅的开产期、产蛋性能、蛋重、受精率和就巢情况选留。有个体记录的还可以根据后代生产性能和成活率、生长速度、毛色分离等情况决定选留。种鹅的利用年限一般为3～3.5年。

(三)开展人工强制换羽

在自然条件下,母鹅从开始脱羽到新羽长齐需较长的时间,使换羽有早有迟,其后的产蛋也有先有后。为了缩短换羽的时间,使换羽后产蛋比较整齐,可采用人工强制换羽。

人工强制换羽是通过改变种鹅的饲养管理条件,促使其换羽。换羽之前,首先清理淘汰产蛋性能低、体形较小、有伤残的母鹅以及多余的公鹅,停止人工光照,停料2～3天,但要保证充足的饮水;第4天开始喂给由青料加糠麸、糟渣等组成的青粗饲料,第12～13天试拔主翼羽和副翼羽,如果试拔不费劲,羽根干枯,可逐根拔除。否则应隔3～5天后再拔一次,最后拔掉主尾羽。

拔羽多在温暖晴天的黄昏进行,切忌在寒冷的雨天操作。对拔羽后的鹅要加强饲养管理,拔羽后,当天鹅群应圈养在运动场内喂料、喂水,不能让鹅群下水,防止细菌污染,引起毛孔发炎。5～7天后可以恢复放牧。拔羽以后,立即喂给青饲料,并慢慢增喂精料,促使恢复体质,提早产蛋。拔羽后一段时间内因其适应性较差,应防止雨淋和烈日暴晒。

进行人工强制换羽的种鹅群应实行公母分群饲养,以免公鹅骚扰母鹅和减弱公鹅的精力，待换羽完成时再合并饲养。

三、提高种鹅繁殖力的综合措施

目前种鹅场普遍存在着种鹅繁殖力偏低的问题，必须采取综合措施加以改进和提高。主要是选用高产品系并采用科学的饲养管理方法。

(一)选择优良种鹅

我国有丰富的鹅品种资源，近年又从国外引进一些优良品种，各地通过杂交育种也培育出一些优良品系，但不同鹅种间繁殖性能差异很大。选择鹅种是组织鹅场生产的一个关键步骤，选择鹅种除了要考虑市场需求外，还要考虑鹅自身的繁殖性能和适应性。鹅对环境、气候的变化很敏感，常常因为异地饲养其繁殖力大幅下降，如豁眼鹅在安徽、四川等地饲养年产蛋量不过 50 个左右。所以在引入外来鹅种时须考虑品种的适应性，应选择适应本地环境条件，有较高繁殖力的鹅种。目前国内产蛋多的品种北方有籽鹅、豁眼鹅，南方有太湖鹅。

在确定鹅种后，还要做好种鹅各个生长阶段的培育和选留工作。选留体质健康，发育正常，繁殖性状突出，符合本品种特征的个体。对留种的公鹅更要逐个检查，挑选体格健壮、性器官发达、精液品质好的公鹅留种。在繁殖期间也须适时淘汰体弱、配种能力不强的公鹅。

(二)优化鹅群结构

合理的鹅群不但是组织生产的需要，也是提高繁殖力的需要。在生产中要及时淘汰过劳的公母鹅，补充新的鹅群。母鹅前 3 年的产蛋量最高，以后开始下降，所以一般母鹅利用年限为 3～4 年。公鹅利用年限也不宜超过 5 年。适宜的鹅群结构应为 1 岁鹅占 30%，2～3 岁鹅占 60%，4 岁鹅占 10%。

(三)做好配种工作

控制合理的性比和繁殖配种群的大小,选择适当日龄种鹅进行自然交配、人工辅助配种或人工授精是提高鹅受精率和饲养经济效益的重要措施。

公鹅性成熟期多在5月龄,也即第二次换羽结束时。但过早利用交配,公鹅容易发育不全,招致受精率低。在限制饲喂的情况下,母鹅性成熟一般在7～8月龄。一般年轻公鹅性欲旺盛,配种能力强,母鹅受精率高;老公鹅性欲较差,母鹅受精率较低。

在自然交配条件下,合理的性比例和繁殖小群能提高鹅的受精率。一般大型鹅种公母配比为1∶(3～4),中型1∶(4～5),小型1∶(6～7)。环境温度过低或过高,均会影响种鹅的性欲,此时应适当增加公鹅数量。繁殖配种群不宜过大,一般以50～150只为宜。公鹅过多,不但增加饲养成本,而且容易因争配咬斗而发生死亡,或因争配而致母鹅淹死于水中。

在大、小型品种间杂交时,公母鹅体格相差悬殊,自然配种困难,受精率低,可采用人工辅助配种方法。

人工授精是提高鹅受精率最有效的方法,还可大大减少公鹅饲养量,提高优良公鹅利用率,减少经性途径传播的疾病。

配种时间最好掌握在母鹅产蛋之后进行,此时受精率较高。鹅属水禽,喜欢在水中嬉戏配种,有条件的应该每天给予一定的放水时间,以多创造配种机会,提高种蛋受精率。实践证明,早晨公鹅性欲最为旺盛,优良的种公鹅一个上午能交配3～5次,为此应抓好头次开棚放水配种的有利时间,或采用多次放水,尽量使母鹅获得复配机会。因此,每日至少放水配种4次,务必掌握好鹅动态,不使过度集中与分散,任其自由交配,然后理毛休息。在关棚饲养时,采取多次人工控制放水配种,完全能够克服受精率不高的缺点。

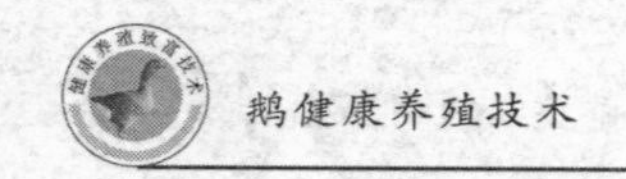

(四)加强饲养管理

种鹅产蛋期对营养物质的需求量比以前各个时期都高,除用于维持生命活动必需的营养物质外,还需要大量产蛋所需要的营养物质。实践证明,在饲料丰富和放牧充足时,公鹅的配种能力旺盛,母鹅的性活动也活跃,受精率较高。产蛋期使用配合饲料,由于其营养较全,含有较高的蛋白质、钙、磷及微量元素,能够满足种鹅产蛋对营养的需要,所以产蛋多,种蛋受精率高。青绿多汁饲料可大大提高产蛋率、种蛋受精率和孵化率,有条件的地方应于产蛋期多喂些青绿饲料。关棚饲养时,加大鹅的活动量,勤放水,勤配种,注意青饲料供应,搭配好饲料,补充好矿物质饲料,同样能获得较高的产蛋率和受精率。

适当地补充光照,满足鹅产蛋、配种的需要,也有助于提高产蛋率。开产前做好产蛋窝,训练母鹅不产窝外蛋;经常更换产蛋窝内垫草,保持清洁卫生;种蛋要随下随拣。这些措施可减少种蛋的污染,提高种蛋的孵化率。

要注意保持鹅舍环境的稳定,避免环境变化给鹅群带来的不良应激反应。要保持鹅舍的安静,避免噪声对产蛋鹅的影响。

(五)做好疫病防治工作

保障鹅群的健康,是维持正常生产的必要条件。病鹅正常代谢紊乱,其产蛋量、配种能力及种蛋孵化率都会显著降低。有的病鹅虽然无明显病症,却能长期、大量带菌,经种蛋传染给胚胎,致使雏鹅死亡或成活率降低。

对本地区经常发生的疾病要定期进行疫苗接种,尤其要注意对鹅群的日常保健工作。要定期用消毒药对鹅群及运动场进行消毒,对饮水器、饲料槽要经常进行刷拭、消毒,饲料中定期投放一些广谱性抗生素。

(六)提高鹅孵化率

做好种蛋的消毒和保存工作，在种蛋孵化过程中提供适宜的温湿条件，做好翻蛋、通风换气、出雏等工作，可以有效提高种蛋孵化率和健雏率。

思考题

1. 在孵化过程中温度过高或过低，湿度过大或过小各会出现什么结果？

2. 雏鹅的饲养管理要点有哪些(主要从温度、湿度、密度、开食方面介绍)？

3. 提高种鹅繁殖力的综合措施有哪些？

第四章

鹅的营养需要与饲料配制

导　　读　本章重点介绍了鹅的消化系统的组成及各器官的特点，鹅对各种营养元素的需求量及饲料中各营养组分的含量，鹅的饲养标准，饲料配制的基本原则和基本方法，饲料质量的简单鉴定方法，鹅喜食的饲草种类及种植方法。

第一节　鹅的消化系统及消化吸收

一、鹅的消化系统

(一)口腔和咽

鹅无软腭，所以口腔和咽之间没有明显的界线。口腔没有唇、齿，颊部也很短，有喙。喙由上、下颌形成。鹅喙长宽而扁，末端钝圆，角质

比较软，表层覆有蜡膜。喙的边缘形成许多横脊，在水中采食时便于滤水和压碎食物。硬腭构成口腔顶壁，正中线上有腭裂，向后连鼻后孔。硬腭上有5列乳头。鹅舌长，前端稍宽，分舌尖和舌根两部分。舌黏膜有厚的角质层。鹅丝状乳头位于舌的边缘。舌上没有味觉乳头，但是在口腔黏膜内有味蕾分布。咽与口腔之间以最后一列腭乳头为界，咽乳头和喉乳头为咽和食道的分界。咽的顶端正中有一咽鼓管口。唾液腺很发达，包括上颌腺、下颌腺、腭腺、咽腺及口角腺。这些腺体分泌黏液，有导管开口于口腔和咽的黏膜面。

(二)食道和食道膨大部

食道宽大，能扩张，便于吞咽较大的食团。鹅的颈长，食道也长。食道分为颈部和胸部食道。食道最初位于气管背侧，在颈部转到气管的右侧，在入胸腔之前形成一个纺锤形的食道膨大部，有着与鸡嗉囊相似的功能，起着贮存和浸软食物的作用。

(三)胃

鹅胃由腺胃和肌胃组成。腺胃呈短纺锤形，位于左、右肝叶之间的背侧部分。黏膜上有数量较多的小乳头，黏膜内有大量胃腺，可分泌盐酸和胃蛋白酶，分泌物通过导管开口于乳头。

肌胃又叫砂囊或"肫"，位于腺胃后方，外形近似椭圆形的双凸体，质地坚实。背腹面稍压扁，上有厚而致密的中央腱膜，称为腱镜。肌胃有两个通口，一个通腺胃，一个通十二指肠。两个口都在肌胃的前缘，距离很近。肌胃的肌层发达，暗红色。黏膜层内有肌胃腺，分泌物形成一层类角质膜，有保护黏膜的作用。鹅的类角质膜较厚，较易剥离。肌胃腔内有较多的砂石，对食物起研磨作用，所以肌胃又叫砂囊。

(四)肠和泄殖腔

鹅肠较短，为其体长的3～4倍。分为大肠和小肠。在大、小肠上均有肠绒毛，但无中央乳糜管。在大、小肠黏膜内有肠腺，但在十二指肠内无肠腺。

小肠分为十二指肠、空肠和回肠。十二指肠位于肌胃右侧。肌胃的幽门口连通十二指肠。十二指肠以对折的盘曲为特征，可分为降部和升部。两部分肠段之间夹有胰。与十二指肠起始端相对应处的十二指肠末端向后侧延续为空肠。空肠形成许多肠褶，由肠系膜悬挂于腹腔顶壁。鹅空肠形成5～8圈肠袢，数目比较固定。空肠的中部有一盲突状卵黄囊憩室，是胚胎期间卵黄囊柄的遗迹。回肠短而直，以回盲韧带与盲肠相连。小肠壁内有肠腺，分泌物排入肠腔，对食物进行消化。大肠分为盲肠和直肠。盲肠有2条，呈盲管状，盲端游离。回盲口可作为小肠与大肠的分界线。距回盲口约1厘米处的盲肠壁上有一膨大部，由位于盲肠内的大量淋巴小结组成，称为盲肠扁桃体。回盲口的后方为直肠，直肠很短，末端连接泄殖腔。

泄殖腔略呈球形，内腔面有3个横向的环形黏膜褶，将泄殖腔分为3部分。前部为粪道，与直肠相通；中部为泄殖道，输尿管、输精管或输卵管开口在这里；后部为肛道，肛道壁内有肛腺，分泌黏液。肛道的背侧壁上有法氏囊的开口。肛道向后通肛门（又叫泄殖孔）。肛门壁内有括约肌。

（五）肝和胰

肝脏分左右两叶。肝的相对体积较大，其重量从孵化出壳到性成熟约增加33.9倍。一般鹅肝重为60～100克。雏鹅的肝呈淡黄色，这是由于雏鹅吸收卵黄的色素的结果，成年鹅的肝一般为暗褐色。每叶的肝动脉、肝门静脉和肝管进出肝的地方称为肝门。左叶肝管直接开口于十二指肠末端，右叶肝管先入胆囊，再由胆囊发出胆管在肝管的旁边入十二指肠。

胰位于十二指肠降部和升部之间的系膜内，呈淡粉色，分为背叶、腹叶和脾叶。胰的分泌部为胰腺，分泌含淀粉酶、蛋白酶、脂肪酶等的胰液，经两条导管排入十二指肠，消化食物。胰的内分泌部是胰岛，呈团块状分布于胰腺腺泡之间，分泌胰岛素等激素。

二、消化和吸收作用

消化作用主要是将蛋白质、脂肪、碳水化合物等营养物质转变为能够被肠黏膜上皮所吸收的物质，这种化学分解作用是由许多酶完成的。在禽类，属于分解碳水化合物的酶有水解淀粉的唾液淀粉酶、胰淀粉酶和胆汁中的淀粉酶，水解双糖的各种双糖酶，最后将其转变为简单的糖类，如葡萄糖；属于分解蛋白质的酶有胃蛋白酶、胰蛋白酶、肠肽酶等，最后将其转变为氨基酸；属于分解脂肪的酶有胰脂肪酶和肠脂肪酶，胆汁则有乳化脂肪的作用，最后将其转变为甘油和脂肪酸。贮存于食道膨大部中的食物，在微生物和食物本身所含的酶（外源性酶）的作用下，也可进行部分的分解。

胃液对食物的作用主要是在肌胃里进行的，因为停留的时间较长。禽胃液是连续分泌的，其质和量则因年龄、饲养条件及饲料种类而有变化。

食糜从胃入肠后依靠肠的蠕动逐渐向后推移；禽的肠还具有明显的逆蠕动，使食糜往返运行，能在肠内停留较长时间，以便更好地进行消化和吸收。

小肠是吸收的主要部位。肠绒毛则积极参与吸收作用。禽的肠绒毛中没有乳糜管（淋巴管），只有丰富的毛细血管，所以各种分解产物都被吸收入血液。这些血液首先通过门静脉送到肝脏，一方面对某些吸收的有毒物质进行解毒作用，另一方面将糖类和脂肪贮存于肝内。

盲肠内栖居有微生物，能对纤维素进行发酵分解，产生低级脂肪酸而被肠壁吸收。直肠短，主要吸收一些水分和盐类，形成粪便后送入泄殖腔，再排出体外，泄殖腔也有吸收少量水分的作用。

第二节　鹅的营养需要

养鹅生产的目的，就是通过饲料给鹅提供平衡而充足的营养物质，使之转化为可供人类食用的鹅肉、鹅蛋、肥肝等。按照饲料的常规分析方法，可将饲料中的营养物质分为水分、蛋白质、碳水化合物、脂肪、矿物质和维生素等几个大类，这些营养物质对于维持鹅的生命活动、生长发育、产蛋和产肉各有不同的重要作用。只有当这些营养物质的数量、质量及比例均能满足鹅的需要时，才能保持鹅体的健康，发挥其最大的生产性能。

一、水

水是鹅体的重要组成部分，也是鹅生理活动不可缺少的重要物质，鹅缺水比缺食危害更大。鹅体内约含水 70%，鹅肉内约含水 77%，鹅蛋中约含水 70.4%。鹅体内养分的吸收、运输，废物的排出，体温的调节等都要借助于水才能完成。此外，水还有维持鹅的正常形态、润滑组织器官等重要功能。鹅如果饮水不足，会导致食欲下降，饲料的消化率和吸收率降低，仔鹅生长缓慢，母鹅产蛋量减少，严重时可引起疾病甚至死亡。各种饲料都含有水分，青绿、多汁饲料含水已不少，但仍不能满足鹅体的需要。所以，在日常饲养管理中必须把水分作为重要的营养物质对待，经常供给清洁而充足的饮水。俗话说，“好草好水养肥鹅”，这表明了水对鹅的重要性。据测定，鹅吃 1 克饲料要饮水 3.7 克，在气温 12～16℃时，鹅每天平均要饮 1 000 毫升水。由于鹅是水禽，一般都养在靠水的地方，在放牧中也常饮水，故而不容易发生缺水现象。如果是集约化饲养，则要注意保证满足饮水需要。

二、蛋白质

蛋白质是鹅体组织的结构物质，鹅体内除水分外，蛋白质是含量最高的物质。蛋白质是鹅体组织的更新物质，机体在新陈代谢中有许多蛋白质被更新，并以尿素或尿酸的形式随尿排出体外。蛋白质还是鹅体的调节物质，它提供了多种具有特殊生物学功能的物质，如催化和调节代谢的酶和激素，提高抗病力的免疫球蛋白，运输氧气的血红蛋白，等等。蛋白质还是能量物质，它可以分解产生能量供体内的需要。蛋白质缺乏时，会造成雏鹅生长缓慢，种鹅体重逐渐下降、消瘦，产蛋率下降，蛋重降低或停止产蛋。同时，鹅的抗病力降低，影响鹅体的健康，会继发各种传染病，甚至引起死亡。同能量一样，饲料中的蛋白质要经过消化代谢后才能转化为鹅的产品，形成 1 千克仔鹅肉和鹅蛋中的蛋白质，大约分别需要品质良好的饲料蛋白质 2 千克和 4 千克。

蛋白质是一种复杂的有机化合物，氨基酸是蛋白质的基本组成单位，蛋白质的品质是由氨基酸的数量和种类所决定的。目前，已知饲料中的氨基酸有 22 种。在众多的氨基酸中，有一部分氨基酸在鹅体内能互相转化，鹅需要量较少，不一定要由饲料直接供给，称为非必需氨基酸。另一部分氨基酸则不能由其他氨基酸转化产生，或虽能产生但数量很少、速度太慢，不能满足需要，必须由饲料直接提供，称为必需氨基酸。鹅的必需氨基酸约有 10 种，即赖氨酸、蛋氨酸、色氨酸、苏氨酸、异亮氨酸、亮氨酸、苯丙氨酸、缬氨酸、精氨酸、组氨酸。饲料中蛋白质不仅要在数量上满足鹅的需要，而且各种必需氨基酸的比例也应与鹅的需要相符，否则蛋白质的营养价值就低，利用效率就差。

如果饲料中某种必需氨基酸的比例特别低，与鹅的需要相差很大，它就会严重影响其他氨基酸的有效利用，这种氨基酸称为限制性氨基酸。通常按其在饲料中的缺乏程度，分别称为第一限制性氨基酸、第二限制性氨基酸，其余类推。常用鹅饲料中最容易成为限制性氨基酸的为蛋氨酸和赖氨酸，其中蛋氨酸为第一限制性氨基酸，赖氨酸为第二限制性氨基酸。配合饲料时,尤其应注意限制性氨基酸的供给和补充,以提高饲料蛋白质的营养价值。由于蛋氨酸在体内能转化为胱氨酸,饲料中如果胱氨酸比较充足,便能以较少量的蛋氨酸满足鹅的需要,因此常用蛋氨酸+胱氨酸的总量来表示鹅对这类氨基酸的需要。

总的来看,鹅对蛋白质的要求没有鸡、鸭那么高,鹅对日粮蛋白质水平变化的反应也没有对能量水平变化的反应那么明显。甚至,有的学者认为,蛋白质不是大部分鹅营养的限制因素。一般认为,对于公鹅、种母鹅,特别是雏鹅,蛋白质含量水平还是重要的。在通常情况下,成年鹅日粮粗蛋白质含量在15%左右,能提高产蛋性能和配种能力;雏鹅要再高一些,能提高生长速度。美国的研究结果表明,雏鹅日粮中含有20%的粗蛋白质就足以保证最快的生长速度对蛋白质的需要。比较多的试验证明,提高日粮粗蛋白质水平,对在快速生长期(6周龄以前)的增重有促进作用,以后各阶段粗蛋白质水平的高低对增重没有明显影响。

此外,目前关于鹅对氨基酸需要量的研究报道比较少,看法不尽相同。国外对埃姆登鹅的试验表明,添加赖氨酸、蛋氨酸,在不同的蛋白质水平下,对体重、内脏、胸肌、腿肌重及化学成分,均无显著影响,认为鹅能将牧草中的养分充分利用起来。有的试验则认为,意大利鹅对蛋氨酸的需要量是0.44%~0.45%;在含20%粗蛋白质的日粮中,赖氨酸的需要量是0.90%,超过此水平并无多大益处。这些问题尚有待于进一步试验、证实。

三、碳水化合物

碳水化合物是鹅体最重要的能量来源。鹅的一切生理活动过程,都需要消耗能量。能量的单位为焦、千焦或兆焦。由于饲料中所含总能量不能全部被鹅所利用,必须经过消化、吸收和代谢才能释放出对鹅有效的能量,因此实践中常用代谢能作为制定鹅的能量需要和饲养标准的指标,代谢能等于总能减去排泄出的粪能、尿能。不同鹅品种及不

同生产阶段对代谢能的需要量各不相同。

作为鹅的重要营养物质之一，碳水化合物在体内分解后，产生热量，以维持体温和供给生命活动所需要的能量，或者转变为糖原，贮存于肝脏和肌肉中，剩余的部分转化为脂肪贮积起来，使鹅长肥。当碳水化合物充足时，可以减少蛋白质的消耗，有利于鹅的正常生长和保持一定的生产性能；反之，鹅体就会分解蛋白质产生热量，以满足能量的需要，从而造成对蛋白质的浪费，影响鹅的生长和产蛋。当然，饲料中碳水化合物也不能过多，以免使鹅生长过肥，影响产蛋。

碳水化合物广泛存在于植物性饲料中，动物性饲料中含量很少。碳水化合物可以分为无氮浸出物和粗纤维两类。无氮浸出物又称可溶性碳水化合物，包括淀粉和糖分，在谷实、块根、块茎中含量丰富，比较容易被消化吸收，营养价值较高，是鹅的热能和肥育的主要营养来源。粗纤维又称难溶性碳水化合物，其主要成分是纤维素、半纤维素和木质素，通常在秸秆和秕壳中含量最多，纤维素通过消化最后被分解成单糖（葡萄糖）供鹅吸收利用。碳水化合物中的粗纤维是较难消化吸收的，如日粮中粗纤维含量过高，会加快食物通过消化道的速度，也严重影响其他营养物质的消化吸收，所以日粮中粗纤维的含量应有限制。适量的粗纤维可以改善日粮结构，增加日粮体积，使肠道内食糜有一定的空间，还可刺激胃肠蠕动，有利于酶的消化作用，并可防止发生啄癖。一般认为，鹅消化粗纤维能力较强，消化率可达45%～50%，可供给鹅体内所需的一部分能量。最新资料表明，鹅对粗纤维组分中的半纤维素消化能力强，而对纤维素尤其是木质素的消化能力有限。一般情况下，鹅的日粮中纤维素含量以5%～8%为宜，不宜高于10%。如果日粮中纤维素含量过低，不仅会影响鹅的胃肠蠕动，而且会妨碍饲料中各种营养成分的消化吸收。因而在成年鹅日粮中可适当配以粗糠、谷壳等含纤维较高的饲料。

鹅对碳水化合物的需要量，根据年龄、用途和生产性能而定。一般来说，肥育期鹅和淘汰老鹅应加喂碳水化合物饲料，以加速肥育。雏鹅和留作种用的青年鹅，不宜喂给过多的高碳水化合物，以免过早肥育，影响正常生长和产蛋。

四、脂肪

脂肪是鹅体细胞和蛋的重要组成原料，肌肉、皮肤、内脏、血液等一切体组织中都含有脂肪，脂肪在蛋内约占11.2%。脂肪产热量为等量碳水化合物或蛋白质的2.25倍，因此，它不仅是提供能量的原料，也是鹅体内贮存能量的最佳形式。鹅将剩余的脂肪和碳水化合物转化为体脂肪，贮存于皮下、肌肉、肠系膜间和肾的周围，能起保护内脏器官、防止体热散发的作用。在营养缺乏和产蛋时，脂肪分解产生热量，补充能量的需要。脂肪还是脂溶性维生素的溶剂，维生素A、维生素D、维生素E、维生素K都必须溶解于脂肪中，才能被鹅体吸收利用。当日粮中脂肪不足时，会影响脂溶性维生素的吸收，导致生长迟缓，性成熟推迟，产蛋率下降。但日粮中脂肪过多，也会引起食欲不振、消化不良和下痢。由于一般饲料中都有一定数量的粗脂肪，而且碳水化合物也有一部分在体内转化为脂肪，因此一般不会缺乏，不必专门补充，否则鹅过肥会影响产蛋。但生产鹅肥肝时，必须搭配适量的脂肪。需要指出的是，碳水化合物和脂肪都能为鹅体提供大量的代谢能，而生产实践中往往有对鹅的能量需要量重视不够的现象，尤其是忽视能量与蛋白质的比例及能量与其他营养素之间的相互关系。国内外大量的试验证明，鹅同其他家禽一样，具有“择能而食”的本能，即在一定范围内，鹅能根据日粮的能量浓度高低，调节和控制其采食量。当饲喂高能日粮时，采食量相对减少；而饲喂低能日粮时，采食量相应增多，从而影响了鹅对蛋白质及其他各种营养物质的摄入量。因此，配制鹅日粮时，必须注意能量和蛋白质及其他营养物质的适宜比例，否则不仅影响营养物质的利用效率，甚至导致营养障碍。当然也必须考虑到，鹅的这种调节采食量以满足自身能量需要的能力是有一定限度的。如有试验证明，每千克配合饲料能量水平低于10.1兆焦时，鹅的活重和生产性能会下降得很快；高于11.7兆焦时，又会使鹅过肥并停止产蛋。显然，饲料的能

量水平要适度。

五、矿物质

关于鹅的矿物质营养问题，目前研究的资料甚少，许多国家鹅的营养需要量仍是借用鸡或火鸡的饲养标准。鹅体需要的矿物质有10多种，尽管其占机体的含量很少(3%～4%)，且不是供能物质，但却是保证鹅体健康和正常生长、繁殖、生产所不可缺少的营养物质。其主要存在于鹅的骨骼中，有调节渗透压、保持酸碱平衡和激活酶系统等作用，又是骨骼、蛋壳、血红蛋白、甲状腺素等的重要成分。如供给量不当或利用过程紊乱，则易发生不足或过多现象，出现缺乏症或中毒症。通常把鹅体内含量在0.01%以上的矿物质元素称为常量元素，小于0.01%的称为微量元素。鹅需要的常量元素主要有钙、磷、氯、钠、钾、镁、硫，微量元素主要有铁、铜、锌、锰、碘、钴、硒等。这里择要介绍如下。

(一)钙和磷

钙和磷是鹅骨骼和蛋壳的主要组成成分，也是鹅需要量最多的两种矿物质元素。钙主要存在于骨骼和蛋壳中，是形成骨骼和蛋壳所必需的，如缺钙会发生骨软症，成年母鹅产软壳蛋，产蛋量减少，甚至产无壳蛋。钙还有一小部分存在于血液和淋巴液中，对维持肌肉及神经的正常生理功能、促进血液凝固、维持正常的心脏活动和体内酸碱平衡都有重要作用。但钙过多会影响雏鹅的生长和对锰、锌的吸收。雏鹅和青年鹅日粮中钙的需要量为0.6%～1.0%，种鹅2.5%～2.75%。日粮中钙的含量过多或过少，对鹅的健康、生长和产蛋都有不良影响。

磷除与钙结合存在于骨组织外，对碳水化合物和脂肪的代谢以及维持机体的酸碱平衡也是必要的。鹅缺磷时，食欲减退，生长缓慢；严重时关节硬化，骨脆易碎。产蛋鹅需要磷多些，因为蛋壳和蛋黄中的卵磷脂、蛋黄磷蛋白中都含有磷。鹅对日粮中有效磷的需要量，雏鹅约为0.46%，产蛋鹅约为0.5%。磷在饲料营养标准和日粮配方中有总磷和有效磷之分。禽类对饲料中磷的吸收利用率有很大出入，对于植物饲料来源的磷，吸收利用不好，大约只有30%可被利用；对于非植物来源的磷（动物磷、矿物磷）可视为100%有效。所以家禽的有效磷=非植物磷+植物磷×30%。

维生素D能促进鹅对钙、磷的吸收。维生素D缺乏时，钙和磷虽然有一定数量和适当比例，但是产蛋鹅也会产软壳蛋，生长鹅也会发生骨软症。此外，饲料中的钙和磷（有效磷）必须按适当比例配合才能被鹅吸收、利用。一般雏鹅的钙与磷（有效磷）比例应为（1～2）∶1，产蛋鹅应为（4～5）∶1。钙在骨粉、蛋壳、贝壳、石粉中含量丰富，磷在骨粉、磷酸氢钙及谷物、糠麸中含量较多。在放牧条件下，一般不会缺钙，但应注意补饲些骨粉或谷物、糠麸等，以满足对磷的需要。相反，在舍饲条件下，一般不会缺磷，应注意补钙。

（二）氯和钠

通常以食盐的方式供给。氯和钠存在于鹅的体液、软组织和蛋中，其主要作用是：维持体内酸碱平衡；保持细胞与血液间渗透压的平衡；形成胃液和胃酸，促进消化酶的活动，帮助脂肪和蛋白质的消化；改进饲料的适口性，促进食欲，提高饲料利用率等。缺乏时，会引起鹅食欲不振，消化障碍，脂肪与蛋白质的合成受阻，雏鹅生长迟缓，发育不良，成年鹅体重减轻，产蛋率和蛋重下降，有神经症状，死亡率高。

氯和钠在植物性饲料中含量少，动物性饲料中含量较多，但一般日粮中的含量不能满足鹅的需要，必须补充。鹅对食盐的需要量为日粮的0.3%～0.5%，喂多了会引起中毒。当雏鹅饮水中食盐含量达到0.7%时，就会出现生长停滞和死亡；产蛋鹅饮水中食盐的含量达1%时，会导致产蛋量下降。因此，在鹅的日粮中添加食盐时，用量必须准确。特别要注意的是，鱼粉等海产资源也含有食盐。如果饲粮中补了食盐，又用咸鱼粉，总盐量达6%～8%（按饲粮干物质计算），饮水又不足，即可发生食盐中毒。但在肥肝鹅日粮中，食盐的含量可较高，以1%～1.6%为宜。如浙江省农业科学院用浙东白鹅进行的肥肝鹅育肥

试验表明，饲料中盐含量对增重有十分明显的作用，填喂较多的食盐（1.6%）能有效地提高肝重。

（三）镁

镁是骨骼的成分，酶的激活剂，有抑制神经兴奋性等功能。发生缺镁症的确切原因不明，有人认为日粮中正负离子失调，喂过量施用氯、钾肥的青饲料易发缺镁症。此外，日粮严重缺镁，含钙、磷过高也可发病。

镁缺乏症的主要症状是：肌肉痉挛，步态蹒跚，神经过敏，生长受阻，种鹅产蛋量下降。镁的主要来源有氧化镁、硫酸镁和碳酸镁等，青饲料、糠麸、饼粕含镁量丰富，但青饲料含镁量变化大，棉饼、亚麻饼含镁特别丰富。常用饲料一般不缺镁，如过量食入钾会阻碍镁的吸收，过量钙、磷也会影响镁的利用。

（四）硫

动物体内硫约占 0.51%，大部分呈有机硫状态，以含硫氨基酸的形式存在于蛋白质中，以角蛋白的形式构成鹅的羽毛、爪、喙、胫、蹼的主要成分。鹅的羽毛中含硫量高达 2.3%～2.4%。硫参与碳水化合物代谢。当日粮中含硫氨基酸不足时，易引起啄羽癖。因家禽能较好地利用含硫氨基酸中的有机硫，故在日粮中搭配 1%～2.5%的羽毛粉对预防啄羽癖有良好效果。

此外，无机硫可合成含硫氨基酸，因此适当补饲无机硫即可满足需要。由于蛋氨酸是含硫氨基酸，并能在动物体内和胱氨酸进行互补，如果饲喂蛋氨酸丰富的动物性蛋白质饲料，则无须补饲无机硫。

（五）铁

铁在动物体内仅占 0.004%左右，但在生理上起着重要作用。它是血红蛋白的组成成分，且是多种辅酶的成分。铁缺乏症的主要症状是：食欲不振，生长不良，雏禽红细胞血红蛋白过少，导致缺铁性贫血。

缺铁鹅的羽毛生长不良。铁的主要来源有硫酸亚铁、氯化亚铁、酒石酸亚铁、豆科植物、青饲料、肝粉、鱼粉等。但是，肝粉、鱼粉的铁利用率较低。过量的铁具有毒性，当每千克日粮中含铁量达到5克时，就会中毒。日粮中含铁量过多时，可引起营养障碍，降低磷的吸收率，体重下降，还可使鹅出现佝偻病。以放牧为主的鹅，能采食到含铁较多的青绿饲料，一般不会缺铁。舍饲鹅或不放牧青饲料季节的鹅，日粮中应补铁。

（六）铜

铜参与血红蛋白的合成及某些氧化酶的合成和激活。雏鹅缺铜时可发生贫血，生长缓慢，羽毛褪色，生长异常，胃肠机能障碍，骨骼发育异常，跛行，骨脆易断，骨端软组织粗大等。但日粮中铜过多也可引起雏鹅生长受阻，肌肉营养障碍，肌胃糜烂，甚至死亡。铜主要来源于硫酸铜、氯化铜、氧化铜等含铜化合物。

（七）锌

锌是许多酶不可缺少的成分。一般酶和激素的活动离不开锌。它能加速二氧化碳排出体外，促进胃酸、骨骼、蛋壳的形成，增强维生素的作用，提高机体对蛋白质、糖和脂肪的吸收，对鹅的生长发育、寿命的延长和繁殖性能有很大影响。缺锌时，雏鹅食欲不振，体重减轻，羽毛生长不良，毛质松脆，跖骨粗短，表面皮肤粗糙并起鳞片，母鹅产蛋量减少，胚胎发育不良，雏鹅残次率增加。锌的主要来源有硫酸锌、氧化锌、碳酸锌，糠麸、饼粕、动物性饲料、酵母含锌量也很丰富。放牧青饲料的鹅一般不缺锌，但在不放牧青饲料的季节，日粮中需补锌。

（八）锰

锰是多种酶的激活剂，与碳水化合物和脂肪的代谢有关。锰是骨骼生长和繁殖所必需的。缺锰时，雏鹅的踝关节明显肿大、畸形，腿骨粗短，胫骨远端和跖骨的近端扭转、弯曲；母鹅产蛋量减少，孵化率降

低,薄壳蛋和软壳蛋增加。锰的来源有氧化锰、硫酸锰、氯化锰、碳酸锰,青粗饲料、糠麸含锰丰富,禾谷类籽实特别是玉米含锰低,动物性饲料含锰极微。鹅以植物性饲料为主,通常不需要补锰。

(九)钴

主要存在于肝、脾和肾中,肌肉、血液中含量很少。钴是合成维生素 B_{12} 的主要元素,能促进血红素的形成,预防贫血病,提高饲料中氮的利用率,促进磷在骨骼中的蓄积。钴能加速雏鹅的生长发育,提高母鹅产蛋率、蛋的受精率及孵化率。

(十)碘

碘是甲状腺的组成成分。动物体内的碘大部分存在于甲状腺中。甲状腺素能提高蛋白质、糖和脂肪的利用率,促进雏鹅生长发育,对造血、循环、繁殖及抵抗传染病等都有显著影响。缺碘时,可引起甲状腺肿大,基础代谢和生活力下降,雏鹅生长受阻,羽毛生长不良,母鹅产蛋量、种蛋受精率和孵化率低,胚胎后期死亡多。碘的主要来源有碘化钾、碘酸钾和含碘食盐。海洋饲料和鱼粉中富含碘。沿海地区不缺碘。在某些山区常常缺碘,日粮中补碘效果非常明显。

(十一)硒

硒过去被认为是有毒物质,近年来研究证明,土壤缺硒地区添加0.1毫克/千克硒可预防渗出性素质病和骨骼肌、肌胃、心肌的白肌病。硒与维生素E互相协调,是谷胱甘肽过氧化物酶的组成成分。硒是最容易缺乏的微量元素之一,我国东北等一些地区土壤中缺硒,出产的饲料(玉米)中也缺硒。硒缺乏时,鹅表现的症状是血管通透性差,心肌损伤,心包积水,心脏扩大。硒的补充方法是在饲料中按0.1毫克/千克添加亚硒酸钠。亚硒酸钠毒性很强,当添加量超过0.1毫克/千克时,人食用鹅肉、鹅蛋后会有不良影响。当添加量超过5毫克/千克时,鹅生长受阻,羽毛蓬松,神经过敏,性成熟延迟,种蛋孵化后出现畸形胚胎。因此,添加亚硒酸钠必须严格掌握剂量,并与饲料彻底拌匀。硒的主要来源包括硒酸钠、亚硒酸钠、蛋氨酸硒和亚硒酸钠维生素 E 粉或注射液。

六、维生素

维生素的主要功能是调节机体内各种生理机能的正常进行,参与体内各种物质的代谢。鹅对维生素的需要量虽少,但它们对生理机能的正常进行、生长发育、产蛋量、受精率和孵化率均有重大影响。鹅所需的维生素有 14 种,根据其特性,可分为脂溶性和水溶性两类。脂溶性维生素有维生素 A、维生素 D、维生素 E、维生素 K,水溶性维生素有维生素 B_1、维生素 B_2、泛酸、烟酸、维生素 B_6、胆碱、生物素、叶酸、维生素 B_{12}、维生素 C。鹅日粮中可不必提供维生素 C,因为鹅体内能自行合成。目前所用的各种饲料,除青饲料外,所含维生素不能满足鹅的需要,因此鹅场要保证青绿饲料的供给,或使用维生素添加剂来补充维生素的不足。当维生素缺乏时,会引起相应的缺乏症,造成代谢紊乱,影响鹅的健康、生长、产蛋及种蛋的孵化率,严重的可导致鹅只死亡。维生素衡量单位多以毫克/千克表示,有几项是用国际单位(IU)表示的,换算如下:维生素 A:1 国际单位相当于 0.34 毫克维生素醋酸盐、0.3 微克维生素 A 醇、0.6 微克 β-胡萝卜素;维生素 D_3:1 国际单位相当于 0.25 毫克维生素 D_3、30 国际单位维生素 D_2;维生素 E:1 国际单位相当于 1 毫克 *DL*-α-生育酚醋酸盐、1.49 毫克生育酚;维生素 B_{12}:1 国际单位相当于 3.0 微克;维生素 B_2:1 国际单位相当于 0.25 微克。此外,鹅在逆境因素(转群、拥挤、预防接种、高温、潮湿、运输等)的刺激下,对某些维生素的需要量成倍增长,因此在实践中要根据具体情况来决定给予量。

(一)维生素 A

维生素 A 能保持黏膜的正常功能,促进鹅的生长发育,保持黏膜

和视力健康，增强对疾病的抵抗能力，提高产蛋率、孵化率。如缺乏维生素A，初生雏鹅出现眼炎或失明，2周龄内生长发育迟缓，3周龄时体质衰弱，运动机能失调，羽毛蓬松。母鹅产蛋少，孵化率低，抗病力弱，易发生各种疾病。维生素A是最重要而易缺乏的维生素之一。发现缺乏维生素A的症状后，可按常用剂量的4倍补给维生素制剂。对患蛔虫病的鹅只应先驱虫再补给。维生素A易被阳光、热、酸、氧化等因素破坏，开封后应立即使用。硫酸锰可破坏维生素A，需要注意。青饲料、苜蓿草、胡萝卜等含有丰富的胡萝卜素，经常饲喂这些饲料和特制的青贮料，能满足鹅对维生素A的需要。

(二)维生素D

维生素D与钙、磷代谢有关，是骨骼钙化和蛋壳形成所必需的营养素。雏鹅缺乏维生素D，发生骨软症、软喙和腿骨弯曲。成年鹅缺乏维生素D时，蛋壳质量下降，产无壳蛋或软壳蛋。鹅体皮下、羽毛中的7-脱氢胆固醇经紫外线照射后产生维生素D_3，植物体中的麦角固醇经照射后产生维生素D_2，长期舍饲的鹅缺少阳光照射时，有时会出现缺乏，在饲养中应根据情况进行补充。另外，维生素D_3的效力比维生素D_2高40倍，鱼肝油中含有丰富的维生素D_3，日晒的干草、青饲料中含有维生素D_2。

(三)维生素E

维生素E有助于维持生殖器官的正常机能和肌肉的正常代谢作用；维生素E又是一种有效的体内抗氧化剂，对鹅的消化道及机体组织中的维生素A等具有保护作用。饲料中维生素E缺乏或不足时，往往导致公鹅精子少，种蛋受精率低，受精蛋孵化率低，产蛋量下降；雏鹅患脑软化症、渗出性素质病和白肌病。维生素E在麦芽、麦胚油、棉籽油、花生油、大豆油中含量丰富，在青饲料、青干草中含量也多。添加维生素E可以促进雏鹅生长，提高种蛋孵化率。鹅处在逆境时对维生素E的需要量也增加。

(四)维生素 K

维生素 K 的主要生理功能为参与凝血作用。因此,缺乏维生素 K 时,鹅凝血时间延长,导致大量出血,引起贫血症。维生素 K 有 4 种:维生素 K_1 在青饲料、大豆和动物肝脏中含量丰富;维生素 K_2 可在鹅肠道内合成;维生素 K_3 和维生素 K_4 是人工合成的,其活性比自然形成的大 1 倍,并可溶于水,常作为补充维生素的添加剂使用。磺胺类或抗生素对维生素 K 具有拮抗作用,当饲料中添加这两种物质时易导致内出血,外伤时凝血时间延长或流血不止。在进行活拔鹅毛前 3～5 天,可在饲料或饮水中补加维生素 K,以防拔伤皮肤时流血不止。

(五)维生素 B_1

维生素 B_1(硫胺素)是构成消化酶的主要成分,能防止神经失调和多发性神经炎。缺乏时,正常神经机能受到影响,食欲减退,羽毛松软无光泽,体重减轻;严重时腿、翅、颈发生痉挛,头向后背极度弯曲,呈“观星”姿势,瘫痪倒地不起。维生素 B_1 在糠麸、青饲料、胚芽、草粉、豆类、发酵饲料和酵母粉中含量丰富。它在酸性饲料中相当稳定,但遇热、遇碱易被破坏。

(六)维生素 B_2

维生素 B_2(核黄素)对体内氧化还原反应、调节细胞呼吸起重要作用,能提高饲料的利用率,是 B 族维生素中最为重要而易缺乏的一种。缺乏时雏鹅生长不良,软腿,关节触地走路,趾向内侧卷曲;成年鹅产蛋少,蛋黄白,孵化率低。青饲料、干草粉、酵母、鱼粉、小麦及糠麸中富含核黄素,禾谷类、豆类、块根茎饲料中贫乏。平养鹅可从粪便中采食到一定数量的核黄素。

(七)泛酸

泛酸(维生素 B_3)是辅酶 A 的组成部分,与碳水化合物、脂肪和蛋

白质代谢有关。泛酸缺乏时雏鹅生长受阻，羽毛粗乱，骨变短粗，随后出现皮炎，口角有局限性损伤。种蛋孵化率低。泛酸与核黄素的利用有关，一种缺乏时另一种需要量增加；泛酸很不稳定，与饲料混合时易被破坏，故常用泛酸钙作添加剂。糠麸、小麦、青饲料、花生饼、酵母中含泛酸较多，玉米中含量较低。

（八）烟酸

烟酸（维生素 B_5、尼克酸）是抗癞皮病维生素。对碳水化合物、脂肪、蛋白质代谢起重要作用，同时为皮肤和消化道机能所必需，并有助于产生色氨酸。饲料中缺乏时，削弱机体新陈代谢；鹅发生黑舌病，特征性症状是舌和口腔发炎，采食减少；雏鹅生长停滞，羽毛发育不良，生长不丰满，有时脚和皮肤呈现鳞状皮炎；成年鹅缺乏烟酸时，产蛋量和孵化率下降。烟酸在酵母、豆类、糠麸、青料、鱼粉中含量丰富，玉米、高粱和禾谷类籽实中烟酸呈结合状态而很难利用。当出现疑似烟酸缺乏症时，每千克饲料中加 10 毫克烟酸，见效很快。

（九）维生素 B_6

维生素 B_6（吡哆醇）有抗皮肤炎作用，与机体蛋白质代谢有关。日粮中缺乏时，鹅体内的多种生化反应遭受破坏，特别是氨基酸的代谢障碍，引起雏鹅食欲减退，生长不良，出现异常性兴奋，间接性痉挛等症状和皮炎、脱毛及毛囊出血；母鹅产蛋量与种蛋孵化率下降，体重减轻，生殖器官萎缩和第二性征衰退等。一般饲料原料如糠麸、苜蓿、干草粉和酵母等中维生素 B_6 含量丰富，且又可在体内合成，故很少有缺乏现象。

（十）胆碱

胆碱是构成卵磷脂的成分，它能帮助血液里的脂肪转移，有节约蛋氨酸、促进生长、减少脂肪在肝脏内沉积的作用。缺乏时，雏鹅生长缓慢，发生腿关节肿大症，且易形成脂肪肝。种鹅产蛋率下降。鱼粉、饲料酵母和豆饼等胆碱含量丰富，米糠、麸皮、小麦等胆碱的含量也较多。

但在以玉米为主配合日粮时，由于玉米含胆碱少，应注意添加。

(十一)维生素 B_{12}

维生素 B_{12}(钴维生素)参与核酸合成、甲基合成、碳水化合物代谢、脂肪代谢以及维持血液中谷胱甘肽的平衡，有助于提高造血功能，能提高日粮中蛋白质的利用率，对鹅的生长有显著的促进作用。缺乏时，雏鹅生长迟缓，贫血，饲料利用率降低，食欲不振，甚至死亡；种鹅产蛋量下降，蛋重减轻，孵化率降低。维生素 B_{12} 在肉骨粉、鱼粉、血粉、羽毛粉等动物性饲料中含量丰富。

(十二)叶酸

叶酸(维生素 B_{11})对羽毛生长有促进作用，与维生素 B_{12} 共同参与核酸代谢和核蛋白的形成。缺乏时，雏鹅生长缓慢，羽毛生长不良，贫血，骨短粗，腿骨弯曲。叶酸在动植物饲料中含量都较丰富，因此，鹅常用日粮中一般不缺乏叶酸。但是在长期服用磺胺类药物时，常使叶酸利用率降低，这种情况下应添加叶酸。对严重贫血的雏鹅，可肌肉注射50～100 毫克，1 周内可恢复正常。口服效果较差。

(十三)生物素

生物素(维生素 H)参与脂肪和蛋白质代谢，是几种酶系统的组成成分。在肝脏和肾脏中较多。一般饲料中生物素的含量比较丰富，性质稳定，消化道内合成充足，不易缺乏。当日粮中缺乏时，会发生皮炎，雏鹅生长缓慢，羽毛生长不良，种蛋孵化率低。对活体拔羽绒的鹅，要补充生物素，以利于羽绒再生。

(十四)维生素 C

维生素 C(抗坏血酸)可增强机体免疫力，有促进肠内铁吸收的作用，对预防传染病、中毒、出血等有着重要的作用。缺乏时，鹅发生坏血病，生长停滞，体重减轻，关节变软，身体各部出血，贫血。维生素 C 在

青绿多汁饲料中含量丰富，且鹅体内具有合成维生素 C 的能力，一般情况下不会缺乏。但当鹅处于应激状态时，应增加日粮中维生素 C 的用量，以增强鹅的抵抗力。

各种维生素的主要功能、来源及缺乏症状可参考表 4-1。

表 4-1 各种维生素的主要功能、来源及缺乏症状

名称	主要功能	缺乏症状	主要来源
维生素 A	促进生长发育，维持上皮细胞和神经组织的正常机能	雏鹅生长停滞；母鹅产蛋量、孵化率降低，抗病力减弱；干眼病，夜盲症，呼吸道疾病	青绿多汁饲料、黄玉米、鱼肝油、蛋黄、鱼粉
维生素 D	调节钙、磷代谢，促进钙、磷吸收	雏鹅腿畸形，佝偻病，生长迟缓；种鹅产软壳蛋，孵化率下降	鱼肝油、酵母、蛋黄
维生素 E	维持生殖器官的正常机能和肌肉代谢，保持细胞膜的完整性	脑软化症，渗出性素质，肌肉营养不良，肝脏局灶性坏死；母鹅产蛋率和蛋孵化率降低，公鹅发生永久性不育	青饲料、谷物胚芽、苜蓿粉、维生素 E 制剂
维生素 K	促进肝脏合成凝血酶原	微血管出血不易止血；贫血，羽毛蓬乱，无光泽，引起死亡	青绿多汁饲料、鱼粉、肉粉、维生素 K 制剂
维生素 B_1	参与碳水化合物代谢，维持神经组织及心肌正常，有助于消化	食欲减退，下痢，羽毛蓬乱，多发性神经炎	干草、谷物饲料、糠麸类、硫胺素制剂
维生素 B_2	对体内氧化还原、调节细胞呼吸、维持胚胎正常发育及雏鹅的生活力起重要作用	足趾卷曲、麻痹，生长迟缓，孵化时的死胚多，孵化率降低	青饲料、干草粉、酵母、鱼粉、糠麸、小麦
泛酸	与碳水化合物、蛋白质和脂肪代谢有关	皮肤炎，羽毛粗乱，生长受阻，骨粗短，眼睑黏着，产蛋率、孵化率下降	酵母、小麦、糠麸
烟酸	某些酶类的重要成分，与碳水化合物、脂肪和蛋白质代谢有关	黑舌病，皮肤炎，关节肿大，腿骨弯曲；产蛋率、孵化率下降	麦麸、青饲料、酵母、鱼粉、豆类

续表 4-1

名称	主要功能	缺乏症状	主要来源
维生素 B_6	参与蛋白质代谢	脱毛,中枢神经紊乱,异常兴奋,食欲不振,增重慢,皮下水肿	禾谷类籽实及加工副产品
胆碱	蛋氨酸等合成时所需甲基的来源,促进生长发育	生长缓慢,骨粗短,关节肿大,易形成脂肪肝	小麦胚芽、鱼粉、豆饼、糠麸
生物素	参与脂肪和蛋白质代谢	喙周围有溃疡,喙周围与足趾结痂,运动失调	青绿多汁饲料、谷物、豆饼
叶酸	参与核酸和核蛋白的形成	生长慢,羽毛生长不良,贫血,骨短粗,孵化率低	鱼粉、青饲料、酵母、豆饼等
维生素 B_{12}	参与核酸合成,甲基合成,碳水化合物及脂肪代谢	生长缓慢,孵化率降低	鱼粉、肉骨粉

第三节　鹅的常用饲料

品质优良、营养丰富的饲料是发展养鹅业的物质基础,解决饲料供应和合理利用饲料始终是鹅业发展所面临的关键问题。鹅体如同一台活的机器,其原料就是各种饲料,经过机体的复杂转化,最后得到营养丰富的各类鹅产品。由于各种饲料所含营养物质的量和比例都有很大差别,且任何一种饲料所含养分均不能完全满足鹅体的需要,因此,了解并掌握各类饲料的营养特性,合理配制和利用饲料,是实现科学养鹅、提高饲养水平、缩短饲养周期、节约饲料、降低成本、增加鹅产品数量和质量的重要环节。按照饲料的营养特性,可将鹅的常用饲料分为青绿饲料、青贮饲料、粗饲料、能量饲料、蛋白质饲料、矿物质饲料、维生素饲料及添加剂饲料等八大类。由于鹅具有食草和杂食的习性,所以

能够利用的饲料种类较多,现按类分述如下。

一、青绿饲料

天然水分含量在60%以上的处于青绿状态的饲料均属此类。青绿饲料具有养分比较全面,来源广泛,容易消化,成本低廉的优点,目前是鹅最主要、最优良、最经济的饲料,也是农村发展养鹅业最多见、用量最多的饲料。农村流传的“鹅吃百样草”,“青草换肥鹅”,“不喂鹅青草,下蛋必定少”,“吃鹅蛋,青草换”等谚语,都说明青绿饲料营养价值高,可以满足鹅只的营养需要。在养鹅生产中,通常的精料与青绿饲料的重量比例是,雏鹅1∶1,仔鹅1∶1.5,成年鹅1∶2。

青绿饲料种类极多,且都是植物性饲料,富含叶绿素。主要包括天然牧草、栽培牧草、蔬菜类饲料、作物茎叶、水生饲料、青绿树叶、野生青绿饲料等。其特点是含水量高,能量低。一般水分含量在75%~90%,每千克仅含代谢能1 255.2~2 928.8千焦。粗蛋白质含量高,一般占干物质重的10%~20%,而且粗蛋白质品质极好,含必需氨基酸比较全面,生物学价值高。维生素,尤其是胡萝卜素含量丰富,每千克可含50~60毫克,高于其他种饲料。钙、钾等碱性元素含量丰富,豆科牧草含钙元素更多。粗纤维含量少,幼嫩多汁,适口性好,消化率高,鹅极喜欢,是放牧季节鹅的良好饲料。但相对而言,鹅对禾本科牧草中的黑麦草等比豆科牧草中的三叶草、紫云英、苜蓿等更为喜欢。如舍饲时加喂青绿饲料,则可提高日粮的利用率,节省精料,并能防止因饲料单一而造成的营养不全。

实践证明,无论是放牧还是采集野生青绿饲料或是人工栽培的青绿饲料养鹅时,都应注意以下几点:①青绿饲料要现采现喂(包括打浆),不可堆积或用喂剩的青草浆,以防产生亚硝酸盐中毒。②放牧或采集青绿饲料时,要了解青绿饲料的特性,有毒的和刚喷过农药的菜地、草地或牧草要严禁采集和放牧,以防中毒。③含草酸多的青绿饲料,如菠菜、甜菜叶等不可多喂,以防引起雏鹅佝偻病或瘫痪,母鹅产薄壳蛋和软壳蛋。④某些含皂素多的牧草喂量不宜过多。如有些苜蓿草品种皂素含量高达2%,过多的皂素会抑制雏鹅的生长。所以,不宜单纯放牧苜蓿草或以青苜蓿作为唯一的青绿饲料喂鹅,而应与禾本科的青草合理搭配进行饲喂。

二、青贮饲料

用新鲜的天然植物性饲料调制成的青贮饲料在鹅的饲料中使用不普遍,但在缺少青绿饲料的冬天可以使用青贮饲料。鹅用青贮饲料的原料有三叶草、苜蓿、玉米秸秆、禾本科杂草及胡萝卜茎叶。要求青贮时,pH 4~4.2,粗纤维不超过3%,长度不超过0.5厘米。一般鹅每天可喂150~200克。

三、粗饲料

粗饲料是指粗纤维在18%以上的饲料,主要包括干草类、稿秆类、秕壳类、树叶类等。粗饲料来源广泛,成本低廉,但粗纤维含量高,不容易消化,蛋白质、维生素含量低,营养价值低。粗饲料容积大,适口性差,家禽采食量有限,养鸡、养鸭一般不用。如经加工处理,养鹅还可利用一部分。尤其是其中的优质干草在粉碎以后,如豆科干草粉,仍是较好的饲料,是鹅冬季粗蛋白质、维生素以及钙的重要来源。由于粗纤维是难以消化的部分,因此其含量要适当控制,一般不宜超过10%。干草粉在日粮中的添加比例通常为20%左右,既能降低饲料成本,又不影响鹅对其他养分的消化吸收。粗饲料宜粉碎后饲喂,并注意与其他饲料搭配。粗饲料也要防止发霉、混入杂质。

四、能量饲料

所谓能量饲料,是指饲料中粗纤维含量低于18%、粗蛋白低于

20%的饲料。主要包括谷类籽实及其加工副产品和块根、块茎及瓜果类饲料两大类。这类饲料是养鹅生产中的主要精料，在日粮组成中占50%～70%，适口性好，易消化，能值高，是鹅能量的主要来源。

（一）籽实类

1. 玉米

玉米是养鹅生产中最主要，也是应用最广泛的能量饲料。优点是能量含量较高，代谢能达 13.39 兆焦/千克，粗纤维少，适口性强，消化率高，是鹅的优良饲料。缺点是含粗蛋白低，缺乏赖氨酸和色氨酸。黄色玉米和白色玉米在蛋白质、能量价值上无多大差异，但黄玉米含胡萝卜素较多，可作为维生素 A 的部分来源，还含有较多的叶黄素，可加深鹅的皮肤、胫部和蛋黄的颜色，满足消费者的爱好。据报道，国内外近年来已培育出高赖氨酸玉米品种。一般情况下，玉米用量可占到鹅日粮的 30%～65%。

2. 大麦

大麦代谢能达 11.09 兆焦/千克，粗蛋白含量 12%～13%，B 族维生素含量丰富。大麦的适口性也好，但它的皮壳粗硬，含粗纤维较高，达 8%左右，不易消化，宜破碎或发芽后饲喂。用量一般占日粮的10%～30%。

3. 小麦

小麦营养价值高，适口性好，含粗蛋白 10%～12%，氨基酸组成优于玉米和大米。缺点是缺乏维生素 A、维生素 D，黏性大，粉料中用量过大粘嘴，降低适口性。目前在我国，小麦主要作为人类食品，用其喂鹅，不一定经济。如在鹅的配合饲料中使用小麦，一般用量为10%～30%。

4. 稻谷

稻谷的适口性好，但代谢能低，粗纤维较高，是我国水稻产区常用的养鹅饲料，在日粮中可占 10%～50%。

5. 碎米

碎米也称米糁，是稻谷加工大米时筛选出来的碎粒，粗纤维含量低，易于消化，也是农村养鹅常用的饲料。用量可占日粮的30%。但应注意，用碎米作为主要能量饲料时，要相应补充胡萝卜素或黄色色素。

6. 高粱

高粱含碳水化合物多，是高粱产区的主要能量饲料。其缺点是蛋白质含量少，品质低，含单宁多，适口性差。在配合鹅日粮时，夏季比例控制在10%～15%，冬季在15%～20%为宜。

(二)糠麸类

1. 米糠

米糠是稻谷加工的副产品，分普通米糠和脱脂米糠。米糠的油脂含量高达15%，且大多数为不饱和脂肪酸，易酸败，久贮容易变质，故应饲喂鲜米糠，也可在米糠中加入抗氧化剂或将米糠脱脂成糠饼使用。此外，米糠含纤维素较高，使用量不宜太多，一般在鹅日粮中的用量为5%～10%。

2. 麸皮

麸皮是小麦加工的副产品，粗蛋白含量较高，适口性好，但能量低，粗纤维含量高，容积大，且有轻泻作用。用量不宜过大，一般可占日粮的5%～15%。

3. 高粱糠

高粱糠含碳水化合物及脂肪较多，能量较高。因含单宁多，适口性差。蛋白质的含量和品质都低。因此，在鹅的日粮中应比高粱低5%。

4. 次粉

次粉又称四号粉，是面粉工业加工副产品。营养价值高，适口性好。但和小麦相同，多喂时也会产生粘嘴现象，制作颗粒料时则无此问题。一般可占日粮的10%～20%。

(三)块根、块茎及瓜果类

用作饲料的块根、块茎及瓜果类饲料主要有马铃薯、甘薯、南瓜、胡

萝卜、甜菜等。含有较多的碳水化合物和水分，适口性好，产量高，是养鹅的优良饲料。这类饲料的特点是水分含量高，可达 75%～90%，但按干物质计算，其能量高，而且含有较多的糖分，胡萝卜和甘薯等还含有丰富的胡萝卜素。由于这类饲料水分含量高，多喂会影响鹅对干物质的摄入量，从而影响生产力。此外，发芽的马铃薯含有毒物质，不可饲喂。

五、蛋白质饲料

蛋白质饲料指的是饲料中粗蛋白含量在 20%以上、粗纤维小于 18%的饲料。这类饲料营养丰富，特别是粗蛋白含量高，易于消化，能值较高。含钙、磷多，B 族维生素亦丰富。常言道："鸭吃荤，鹅吃素"，尽管对鹅来说，蛋白质营养不如对猪、鸡那么重要，但是也不能忽视，也有重要的作用。一般情况下，鹅有了植物性蛋白质就能满足生理需要，不需另加动物性蛋白，况且动物性蛋白成本高，所以生产中使用较少。但事实上，在有条件的地方，鹅的日粮中适当添加一些动物性蛋白质饲料，能明显地提高鹅的生产性能和饲料转化率。按照蛋白质饲料的来源不同，分为植物性蛋白质饲料和动物性蛋白质饲料两大类。

（一）植物性蛋白质饲料

1. 豆饼（粕）

豆饼是大豆压榨提油后的副产品，而采用浸提法提油后的加工副产品则称为豆粕。豆饼（粕）含粗蛋白 42%～46%，含赖氨酸丰富，是我国养鹅业普遍应用的优良植物性蛋白质饲料。缺点是蛋氨酸和胱氨酸含量不足。试验证明，用豆饼（粕）添加一定量的合成蛋氨酸，可以代替部分动物性蛋白质饲料。此外应注意，豆饼（粕）中含有抗胰蛋白酶因子等有害物质，因此使用前最好进行适当的热处理。目前国内一般多用 3 分钟 110℃热处理。其用量可占鹅日粮的 10%～25%。

2. 菜籽饼（粕）

菜籽饼（粕）是菜籽榨油后的副产品，我国华中、华南、华东一带应用较多。作为重要的蛋白质饲料来源,菜籽饼(粕)粗蛋白含量达37%左右,但能值偏低,营养价值不如豆饼(粕)。且菜籽饼(粕)含有芥子硫苷等毒素,过多饲喂会损害鹅的甲状腺、肝、肾,严重时中毒死亡。此外,菜籽饼(粕)有辛辣味,适口性不好,因此饲喂前最好经过浸泡加热,或采用专门解毒剂(如浙江大学饲料研究所研制的菜籽饼解毒剂)进行脱毒处理。在鹅的日粮中其用量一般应控制在5%~8%。

3. 棉籽饼(粕)

棉籽饼(粕)有带壳与不带壳之分,其营养价值也有较大差异。含粗蛋白32%~37%,但应注意棉籽饼(粕)含有棉酚等有毒物质,对鹅的体组织和代谢有破坏作用,过多饲喂易引起中毒。可采用长时间蒸煮或0.05%硫酸亚铁($FeSO_4$)溶液浸泡去毒等方法,以减少棉酚对鹅的毒害作用。其用量一般可占鹅日粮的5%~8%。

4. 花生饼

花生饼是花生榨油后的副产品,也分去壳与不去壳两种,以去壳的较好。花生饼的成分与豆饼基本相同,略有甜味,适口性好,可代替豆饼(粕)饲喂。花生饼含脂肪高,在温暖而潮湿的地方容易腐败变质,产生剧毒的黄曲霉毒素,因此不宜久存。用量可占日粮的5%~10%。

5. 亚麻籽饼(胡麻籽饼)

亚麻籽饼蛋白质含量在29.1%~38.2%之间,高的可达40%以上,但赖氨酸仅为豆饼的1/3。含有丰富的维生素,尤以胆碱含量为多,而维生素D和维生素E很少。此外,它含有较多的果胶物质——遇水膨胀而能滋润肠壁的黏性液体,是雏鹅、弱鹅、病鹅的良好饲料。亚麻籽饼虽含有毒素,但在日粮中搭配10%左右不会发生中毒。最好与含赖氨酸多的饲料搭配在一起喂鹅,以补充其赖氨酸低的缺陷。

(二)动物性蛋白质饲料

1. 鱼粉

鱼粉是鹅的优良蛋白质饲料。优质鱼粉粗蛋白含量应在50%以上,含有鹅所需要的各种必需氨基酸,尤其是富含赖氨酸和蛋氨酸,且

消化率高。鱼粉的代谢能值也高，达 12.12 兆焦/千克。此外，还含有各种维生素、矿物质和未知生长因子，是鹅生长、繁殖最理想的动物性蛋白质饲料。鱼粉有淡鱼粉和咸鱼粉之分。淡鱼粉质量好，食盐少(2.5%～4%)；咸鱼粉含盐量高，用量应视其食盐量而定，不能盲目使用，若用量过多，盐分超过鹅的饲养标准规定量，极易造成食盐中毒。鱼粉在鹅日粮中的用量一般为 2%～8%。

2. 肉骨粉

肉骨粉是屠宰场的加工副产品。经高温高压消毒脱脂的肉骨粉含有 50%以上的优质蛋白质，且富含钙、磷等矿物质及多种维生素，因此是鹅很好的蛋白质和矿物质补充饲料，用量可占日粮的 5%～10%。但应注意，如果处理不好或者存放时间过长，发黑、发臭，则不能作饲料用，以免引起鹅瘫痪、瞎眼、生长停滞甚至死亡。

3. 血粉

血粉是屠宰场的另一种下脚料。蛋白质的含量很高，为 80%～82%，但血粉加工所需的高温易使蛋白质的消化率降低，赖氨酸受到破坏。且血粉有特殊的臭味，适口性差，用量不宜过多，可占日粮的 2%～5%。

4. 蚕蛹粉

蚕蛹粉是缫丝过程中剩留的蚕蛹经晒干或烘干加工制成的，蛋白含量高，用量可占日粮的 5%～10%。

5. 羽毛粉

羽毛粉由禽类的羽毛经高压蒸煮、干燥粉碎而成，粗蛋白含量在 85%～90%之间，与其他动物性蛋白质饲料共用时，可补充日粮中的蛋白质。用量可占日粮的 3%～5%。

6. 酵母

酵母是在一些饲料中接种专门的菌株发酵而成，既含有较多的能量和蛋白质，又含有丰富的 B 族维生素和其他活性物质，且蛋白质消化率高，能提高饲料的适口性及营养价值，对雏鹅生长和种鹅产蛋均有较好作用。一般在日粮中可加入 2%～4%。

7. 河蚌、螺蛳、蚯蚓、小鱼

这些均可作为鹅的动物性蛋白质饲料利用。但喂前应蒸煮消毒，防止腐败。有些软体动物如蚬肉中含有硫胺酶，能破坏维生素 B_1。鹅吃大量的蚬，所产蛋中维生素 B_1 缺乏，死胎多，孵化率低，雏鹅易患多发性神经炎，俗称“蚬瘟”，应予注意。这类饲料用量一般可占日粮的10%～20%。

六、矿物质饲料

鹅的生长发育，机体的新陈代谢需要钙、磷、钠、钾、硫等多种矿物质元素，上述青绿饲料、能量饲料、蛋白质饲料中虽均含有矿物质，但含量远不能满足生长和产蛋的需要，因此在鹅日粮中常常需要专门加入石粉、贝壳粉、骨粉、磷酸氢钙、磷酸钙、蛋壳粉、食盐、沙砾等矿物质饲料。

1. 石粉

石粉是磨碎的石灰石，含钙量达 38%。有石灰石的地方，可以就地取材，经济实用。一般用量可占日粮的 1%～7%。

2. 贝壳粉

贝壳粉是蚌、蛤、螺蛳等外壳磨碎制成，含钙 29%左右，是日粮中钙的主要来源。用量可占日粮的 2%～7%。

3. 骨粉

骨粉是动物骨头经加热去油脂磨碎而成，含钙 29%、磷 15%，是很好的矿物质饲料。用量可占日粮的 1%～2%。

4. 磷酸氢钙、磷酸钙

磷酸氢钙、磷酸钙是补充磷和钙的矿物质饲料，磷矿石含氟量高，使用前应作脱氟处理。磷酸氢钙或磷酸钙在日粮中可占 1%～2%。

5. 蛋壳粉

蛋壳含钙 24.4%～26.5%，粗蛋白 1.2%。用蛋壳制粉喂鹅时要注意消毒，以免鹅感染传染病。

6. 食盐

食盐是鹅必需的矿物质饲料，能同时补充钠和氯，一般用量占日粮的0.3%左右，最高不得超过0.5%。饲料中若有鱼粉，应将鱼粉中的含盐量计算在内。另外，生产鹅肥肝时，日粮中食盐含量以1.0%～1.6%为宜。

7. 沙砾

沙砾并没有营养作用，但补充沙砾有助于鹅的肌胃磨碎饲料，提高消化率。放牧鹅群随时可以吃到沙砾，而舍饲的鹅则应加以补充。舍饲的鹅如长期缺乏沙砾，容易造成积食或消化不良，采食量减少，影响生长和产蛋。因此，应定期在饲料中适当拌入一些沙砾，或者在鹅舍内放置沙砾盆，让鹅自由采食。一般在日粮中可添加0.5%～1%，粒度以绿豆大小为宜。

七、维生素饲料

放牧条件下，青绿多汁饲料能满足鹅对维生素的需要。在舍饲时则必须补充维生素，其方法是补充维生素饲料添加剂，或饲喂富含维生素的饲料。如不使用专门的维生素饲料添加剂，则青绿饲料，块根、块茎及瓜果类饲料和干草粉可作为主要的维生素来源。在目前的饲养条件下，如果能将含各种维生素较多的维生素饲料很好调剂和搭配使用，可基本满足鹅对维生素的需要。青菜、白菜、通心菜、甘蓝及其他各种菜叶、无毒的野菜等均为良好的维生素饲料。青嫩时期刈割的牧草、曲麻菜和树叶等维生素的含量也很丰富，用量可占精料的30%～50%。某些干草粉、松针粉、槐树叶粉等也可作为鹅的良好的维生素饲料。此外，常用的维生素饲料还有水草和青贮饲料。水草喂量可占精料的50%以上，适于喂青年鹅和种鹅。以去根、打浆后的水葫芦饲喂效果较好。另外，水花生、水浮莲也可喂鹅。青贮饲料则可于每年秋季大量贮制，适口性好，为冬季良好的维生素饲料。

八、饲料添加剂

近年来，随着畜牧业的集约化发展，饲料添加剂工业发展很快，已成为配合饲料的核心部分。饲料添加剂是指加入配合饲料中的微量的附加物质（或成分），如各种氨基酸、微量元素、维生素、抗生素、激素、抗菌药物、抗氧化剂、防霉剂、着色剂、调味剂等。它们在配合饲料中的添加量仅为千分之几或万分之几，但作用很大。其主要作用包括：补充饲料的营养成分，完善日粮的全价性，提高饲料利用率，防止饲料质量下降，促进畜禽食欲和正常生长发育及生产，防治各种疾病，减少贮存期营养物质的损失，缓解毒性，以及改进畜产品品质等。合理使用饲料添加剂，可以明显地提高鹅的生产性能，提高饲料的转化效率，改善鹅产品的品质，从而提高养鹅的经济效益。

按照目前的分类方法，饲料添加剂分为营养性添加剂和非营养性添加剂两大类。

（一）营养性添加剂

营养性添加剂主要用于平衡肉鹅日粮养分，以增强和补充日粮的营养为目的，故又称强化剂。氨基酸添加剂主要有赖氨酸添加剂和蛋氨酸添加剂。赖氨酸是限制性氨基酸之一，饲料中缺乏赖氨酸会导致肉鹅食欲减退，体重下降，生长停滞，产蛋率降低。蛋氨酸也是限制性氨基酸，适量添加可提高产蛋率，降低饲料消耗，提高饲料报酬，尤其是在饲料中蛋白质含量较低的条件下，效果更明显。氨基酸及其类似物有如下几种：

1. 蛋氨酸

蛋氨酸是有旋光性的化合物，分为 *D* 型和 *L* 型。在鹅体内，*L* 型易被肠壁吸收。*D* 型要经酶转化成 *L* 型后才能参与蛋白质的合成。工业合成的产品是 *L* 型和 *D* 型混合的外消旋化合物，是白色片状或粉末状晶体，具有微弱的含硫化合物的特殊气味，易溶于水、稀酸和稀碱，

微溶于乙醇，不溶于乙醚。熔点为28℃（分解），其1%的水溶液的pH为5.6～6.1。

2.蛋氨酸羟基类似物

羟基蛋氨酸是深褐色黏液，含水量约12%。有硫化物特殊气味。其pH为1～2。相对密度（20℃）1.23。凝固点－40℃。38℃时黏度35毫帕/秒。它是以单体、二聚体和三聚体组成的平衡混合物，其含量分别为65%、20%和3%。主要通过羟基和羧基间酶化作用而聚合。这些多聚体能在鹅肠道水解成单体。研究表明，当基础日粮中含有0.15%以上的*L*-蛋氨酸时，单独添加羟基蛋氨酸的饲喂效果和*L*-蛋氨酸的一样。在高温、高湿的气候下，由于羟基蛋氨酸不含氨基（$—NH_2$），氮转化成尿酸过程中产生的余热也就减少了，因而缓解了鹅的热应激。羟基蛋氨酸是液态，在使用时喷入饲料后混合均匀。这种添加工艺具有操作方便，无粉尘，节省人工，降低贮存费用等优点。这种产品尤其适用于大、中型颗粒饲料厂，可在压粒时喷入，而且是一种天然的黏结剂。

3.羟基蛋氨酸钙

羟基蛋氨酸钙是液体的羟基蛋氨酸与氢氧化钙或氧化钙中和，经干燥、粉碎和筛分后制得。这种产品相对于羟基蛋氨酸储运方便，我国于1987年批准进口该产品。农业部制定的羟基蛋氨酸钙盐（CaMHA）的质量标准为：浅褐色粉末颗粒，粒度为全部通过18目筛，40目筛上物不超过30%；有含硫基团的特殊气味，可溶于水；含$(C_2H_9O_3S)_2Ca$应在97%以上，无机酸钙盐≤1.5%，砷（As）≤2毫克/千克，重金属（以Pb计）≤20毫克/千克。

4.赖氨酸盐

赖氨酸由于营养需要量高，许多饲料原料中含量又较少，故常常是第一或第二限制性必需氨基酸。谷类饲料中赖氨酸含量不高，豆类饲料中虽然含量高，但是作为鹅饲料原料的大豆饼或大豆粕均是加工后的副产品，赖氨酸遇热或长期贮存时会降低活性。因为在赖氨酸的分子中存在两个氨基，这在氨基酸中是唯一的，其他的氨基酸只有一个氨基。其中 e 位的氨基很活泼,可还原糖类(葡萄糖或乳糖)的醛基,生成氨基糖复合物,这种复合物不能被动物消化吸收。在鱼粉等动物性饲料中赖氨酸虽多,但也有类似的失活问题。因而在饲料中可被利用的赖氨酸,只有化学分析得到的数值的80%左右。在赖氨酸的营养上存在与精氨酸之间的拮抗作用。肉用仔鹅的饲粮中常添加赖氨酸使之有较高的含量,这易造成精氨酸的利用率降低,故要同时补足精氨酸。*L*-赖氨酸盐生产方法有发酵法和化学合成酶法两种。发酵法是采用淀粉或糖蜜为原料,用硫铵等营养物培养微生物菌种,经发酵得 *L*-赖氨酸,用离子交换法并加入氨进行提取、脱氨、浓缩,加入盐酸进行中和,则以盐酸盐状态析出,经干燥、粉碎制得成品。*L*-赖氨酸盐是白色结晶,熔点 263～264℃。

5. 色氨酸

工业生产的色氨酸是白色或类白色结晶。色氨酸是动物营养必需的氨基酸,对神经递质(5-羟色胺)的合成、维生素烟酸的合成和繁殖系统功能的维持均有很重要的作用。它是一种很重要的饲料添加剂,由于目前工业生产的色氨酸成本较高,世界上作为饲料添加剂年使用数量只有数百吨。随着工业生产成本的降低,其用量将有较大幅度的提高。饲料添加用色氨酸的特性为:无色至微黄色晶体,有特殊气味;分解点:290～292℃(左旋状态),285～290℃(右旋状态);粗蛋白质含量85.7%,代谢能 23.9 兆焦/千克。

6. 天然腐殖酸

天然腐殖酸是埋藏在地下十多米至几十米深处的天然腐殖土(植物残骸)经土壤微生物的作用,经过万年的大地压力和热等条件形成的。其组分以植物骸体和土壤微生物为主,此外,还有 20 种左右的金属元素以及未知促生长因子。这些成分的总和占 99.5%,因此,很适于作饲料添加剂。在日本是以天然腐殖酸精制成一种腐殖酸的胶态离子(有机胶态离子),经干燥后作饲料添加剂。因为它不含有卫生法规所不允许的有害物质及有害微生物,故在日本和我国被广泛应用于鹅饲料中,常用添加量为 4%～8%。这种添加剂经饲养试验验证具有以

下作用：能调节鹅的电解质、酸碱平衡；提高鹅的抗病力，防止鹅的啄肛癖和脚弱症；改善肉质；减轻鹅排泄物（粪尿）的臭味。

7.海藻酸

海藻是海洋低潮线下浅海中的水生藻类植物，属褐藻类（为4～5种独立品系褐藻群的通称）。普通干海藻中含有粗蛋白质17%～32%，粗脂肪1.2%，海藻酸17%～20%，无机盐24%～28%，叶黄素0.2%。此外，还含有糖类和维生素，如维生素A、维生素B_1、维生素B_2、维生素B_{12}、维生素C、维生素D等。海藻酸即海藻类所特有的黏液质的主要成分。近年来，很多国家用纯海藻干粉作饲料添加剂，获得较为满意的效果。饲养实践证明，海藻酸具有刺激鹅生长，提高鹅抗应激能力，改善饲料利用效率，改善鹅腹部和皮肤颜色等良好作用。其添加量为0.5%～0.7%。

8.延胡索酸

延胡索酸为白色结晶粉，无臭，难溶于水，不吸湿，抗氧化和温度变化，能与饲料混匀，与其他生物性物质相溶，因而可配入预混料中。该产品实际上无毒，雏鹅一次口服半数致死量为每千克体重10克。无胚胎中毒和致畸胎作用，对鹅眼观评定指标无不良影响，其主要作用如下：

（1）鹅抗应激剂　延胡索酸参与机体的能量、结构和酶保证的一系列关键反应，是三羧酸循环中不可替代环节，形成能量的途径比葡萄糖短，因而在应激作用时可用于畜体内三磷酸腺苷（ATP）的紧急合成。养鹅业中，为避免转群、运输和疫苗接种等应激造成的不良影响，在上述工作前后10天给鹅投喂延胡索酸，每千克体重100毫克，可防止鹅死亡、减重等。

（2）鹅增重剂　在肉仔鹅和产蛋鹅全价饲粮中添加0.15%～1.0%延胡索酸，降低采食量2%～7%，同时提高饲料转化率3.8%～7.3%，提高氮利用率4.7%和脂肪利用率2.7%。延胡索酸对肝细胞色素酶和磷酸化酶具有激活作用。同时提高血液胰岛素浓度24.8%～27.9%，从而激活雏鹅能量代谢活动。

(3)预防啄癖,减少肠道有害菌　延胡索酸可防止鹅啄癖,这样可预防鹅群内同类相残,提高成活率。此外,鹅日粮中含有0.15%延胡索酸,小肠和盲肠内细菌数量明显减少,促进消化,预防各种大肠杆菌病。

(4)抗氧化剂　据报道,延胡索酸有抗氧化作用,在预混料中添加该酸保存6个月,维生素A、维生素C的稳定性提高。在肉仔鹅混合料中添加0.15%的延胡索酸,发现雏鹅肝内维生素A含量比对照组提高22.8%。

9.柠檬酸

据报道,柠檬酸可促进雏鹅的生长,减少脂肪肝,增加血磷含量,提高产蛋率和蛋重。柠檬酸给量超过1.5%可提高鹅的饮水量,再多可导致尿酸沉积,甚至减慢生长。在饲料中添加柠檬酸有增加饲料口味,提高采食量,降低胃中pH值,激活消化酶,改善营养物质的消化吸收,减少消化道中细菌数量及其营养物质的竞争,从而提高饲料的转化率等功能。

(二)非营养性添加剂

1.抗氧化剂

饲料中养分因氧化失效造成饲料品质降低,饲料营养价值下降,甚至影响鹅对饲料的采食量。在饲料中添加抗氧化剂可阻止或减少养分的氧化。抗氧化剂是一类自身易氧化的化合物。我国批准在饲料中使用的有二丁基羟基甲苯(BHT)、丁羟基茴香醚(BHA)与乙氧喹(EMQ)。抗氧化剂的作用机理有:有些抗氧化剂,由于本身比油脂更易氧化,因而首先和空气中氧结合而自身氧化,保护饲料养分;抗氧化剂可使油脂氧化所产生的过氧化物氧化分解,阻止其产生酸、酮、醛酸、酮酸等;有些抗氧化剂可能与过氧化物结合,阻止氧化过程的继续进行;还有些物质,本身不具抗氧化作用,但可与其他抗氧化剂起协同作用,可以提高抗氧化作用的效果。抗氧化剂应具有高效、无毒、无异味、无异臭、成本低等特点。

(1)二丁基羟基甲苯　外观为白色结晶或结晶粉末,无味,无臭,对热稳定,熔点69.5～70.5℃,沸点为265℃。不溶于水及甘油,能溶于油脂及许多溶剂中。毒性小,大白鼠口服半数致死量(LD_{50})为1.70～1.97克/千克。在肉鹅体内残留量少,停留两昼夜排出90%以上。我国规定BHT作饲料添加剂,最大用量为150克/吨饲料。

(2)丁羟基茴香醚　为白色或微黄色蜡样结晶性粉末,带有特殊的酚类的臭气及刺激性气味,不溶于水,溶于油脂及有机溶剂中,对热相对稳定。BHA具有抗氧化作用和抗菌作用。0.2克/千克BHA可抑制饲料青霉、黑霉孢子的生长,0.25克/千克抑制黄曲霉的生长及黄曲霉毒素的产生。BHA的毒性较小,大白鼠口服半数致死量(LD_{50})为2.9克/千克。在饲料中添加量为150克/吨饲料。由于BHA价格贵,目前主要用在食品添加剂中。

(3)乙氧喹　是一种黏滞的、呈橘黄色至褐色的液体,不溶于水,但溶于动植物油中。它能保护维生素A、维生素D、鱼肝油、各类脂肪质、肉粉、鱼粉、骨粉、胡萝卜素等饲料中易氧化的成分,防其变质。其抗氧化能力比BHT和BHA高得多。

2.防霉剂

作为饲料防霉剂必须既有抑制真菌作用,又对鹅无毒,所以联合国FAO/WHO只允许有限的药物种类作为食品及饲料的防霉剂。而且因饲料没有连续液相,所以,防霉剂必须能够通过气相运动,即必须挥发。

(1)有机酸　如丙酸、山梨酸、苯甲酸、乙酸、脱氢乙酸和富马酸等。它们主要以未电离分子的形式破坏微生物细胞及细胞膜或细胞内的酶,使酶蛋白失活而不能参与催化。如苯甲酸能抑制微生物细胞内呼吸酶的活性以及阻碍乙酰辅酶的缩合反应而使三羧酸循环受阻,代谢受影响,并可阻碍细胞膜的透性。山梨酸可与细菌酶系统中巯基结合,从而破坏许多酶系统达到抑制霉菌作用。其中丙酸应用最广,因为它抑菌效果好、价格低廉,但由于它的腐蚀性和刺激性使其应用受到一定局限。

(2)有机酸盐和酯　如丙酸钙、山梨酸钠、苯甲酸钠、富马酸二甲酯等,它们的腐蚀性小,使用安全,尤以丙酸钙被广泛应用。它们只有在盐类转化为相应的有机酸时才有抑制霉菌的作用,这必须在有一定水分含量和低 pH 的条件下才能进行。它们的防霉效果比相应的有机酸差。

(3)复合防霉剂　它们是由一种或多种有机酸与某种载体结合而成,既保持甚至增进了有机酸原有的抑霉菌功能,又免除或降低了有机酸的腐蚀性与刺激性。Monoprop 由50%的丙酸和50%的载体 Verxite 组成,其特点是该载体具有使二聚体丙酸变为单体丙酸的强作用,从而增强抑菌作用,这可能与单体丙酸具有游离羧基有关。Mold-x 由丙酸、乙酸、山梨酸和苯甲酸均匀地分布在硅酸钙载体上而制成,其强的抗真菌活性与其中各有机酸的协同作用有关。Adofeed 呈悬浊液形态,丙酸包含于油悬浊液的水滴之中,悬浊液由于油相而具有的亲脂性使得该产品易于分散于饲料成分之中,丙酸较水溶剂优先迁移至油相而起作用,所以,它的抑真菌活性明显优于相应的粉状防霉剂。国内同类产品如克霉灵、克霉净等,也已投入使用。建议用量:苯甲酸及其钠盐,0.1%;山梨酸及其盐类,0.15%;丙酸及丙酸钙,0.15%。

3. 颗粒黏结剂

颗粒饲料与粉状饲料相比,在提高肉用鹅增重,节省饲料,减少饲养疾病,提高运输和贮存效率等多方面具有优越性。据统计,目前世界颗粒饲料的生产已占配合饲料总产量的30%～40%。在我国,近几年颗粒料产量逐年上升。实践证明,在制作颗粒饲料的原料中添加少量黏结剂有助于颗粒硬度、颗粒性能的提高,增加生产能力,延长压模寿命,也可以减少制粒后和运输中的粉碎现象。常用的颗粒饲料黏结剂有:

(1)黏土、膨润土　黏土是一种土状矿物,通常呈灰色、浅黄色或褐色。主要成分是高岭石[$Al_2(Si_4O_{10})(OH)_6$ 或者 $Al_2O_3 \cdot 2SiO_2 \cdot 2H_2O$],常含有氧化铁等杂质,潮湿时有良好的可塑性能。膨润土,又名斑脱岩,是一种土状蒙脱石族矿物,主要含有硅、钙、钴、钾、锰、铁、

镁、钠、氯、锌、铜等。膨润土钠具有较高的吸水性，制粒时添加于饲料中的膨润土钠吸水膨胀，改进了饲料的润滑作用与胶黏作用。膨润土钠作一般饲料黏结剂的用量不得超过饲料成品的2%，要求达到200目的细度，另外要注意，膨润土对饲料中某些药物添加剂的活性有一定的影响。

（2）聚丙烯酸钠　是一种吸水性的树脂，是一种白色粉状物，分子量小时，是一种透明淡黄色黏稠液，水溶性树脂。pH为4左右时可凝聚，pH为2.5左右时可溶解。0.5%的水溶液黏结度为2 300毫帕/秒，热稳定性好，毒性小，可作为饲料黏结剂。

4.防结块剂

在矿物质微量元素原料中，大部分是含有结晶水的硫酸盐，如七水硫酸亚铁($FeSO_4 \cdot 7H_2O$)、五水硫酸铜($CuSO_4 \cdot 5H_2O$)、七水硫酸锌($ZnSO_4 \cdot 7H_2O$)、一水硫酸锰($MnSO_4 \cdot H_2O$)等。这些原料在加工粉碎过程中，往往会黏糊在筛板或者粉碎时结块而无法加工。这些原料在饲料中也易吸湿而易造成饲料结块现象，降低饲料营养价值。因此，常在饲料中添加一定比例的防结块剂。防结块剂能吸附其中的水分，增强饲料的流动性，改善饲料混合均匀度。应用较多的有二氧化硅、硬脂酸钙、硅酸镁、硅酸铝钠等，其用量不得超过配制成品总量的2%。美国费译公司生产的抗结块剂有柠檬酸亚铁铵，用量为25毫克/千克。

5.调味诱食剂

调味诱食剂可改善饲料的口味，增进鹅的食欲，提高鹅的采食量，增强消化器官的功能，促进消化液的分泌，从而提高饲料的利用率，提高饲料的经济效益。在配合鹅日粮时，除计算好营养价值外，必须注意饲料的适口性，如果鹅不吃或挑食吃，将造成饲料浪费，使鹅生长缓慢，生产性能下降。添加调味诱食剂，还能掩饰不适口的饲料。在使用某些饲料原料可能会影响到饲料的口味时，应考虑使用调味诱食剂。鹅在炎热季节时食欲不振，或使用口味不好的药物时，在饲料中添加调味诱食剂后就可得到改善。美国的美味香及化十香味素等均属此类产品。

6. 着色剂

为了提高鹅产品的美观性和商品价值，以更受消费者欢迎，有些饲料中添加着色剂。如蛋鹅和肉鹅饲料中加入黄、红色着色剂后，可使蛋黄及鹅皮颜色加深。天然植物中含有较高的胡萝卜素和叶黄素等成分，如苜蓿叶粉（含叶黄素400～500毫克/千克）、玉米面筋粉（含叶黄素90～185毫克/千克）、干红辣椒（含叶黄素185毫克/千克）等。合成类着色剂主要是胡萝卜素衍生物。

（1）β-胡萝卜素　是由维生素A乙酸酯在碱性条件下进行水解生产而成。我国已制定食品添加剂β-胡萝卜素国家标准GB 28310—2012，要求β-胡萝卜素含量为96%以上，外观暗红色至棕红色结晶粉。

（2）柠檬黄　是橙黄色或亮橙色粉末或颗粒。GB 4481.1—2010规定浓级指标柠檬黄含量≥87%。

（3）胭脂红　为红色至深红色粉末或颗粒。GB 4480.1—2001规定特浓级含量≥85%。

（4）栀子黄色素　是将栀子干果经一系列破碎、精选、浸提、过滤、浓缩、干燥、蒸发蒸馏而得，其成品有粉、流膏、液体三种。GB 28310—2012规定：色泽，粉末产品呈橙黄色至橘红色，流膏产品呈黄褐色，液态产品呈黄褐色至橘红色。

第四节　鹅的饲养标准

随着饲养科学的发展，根据生产实践积累的经验，结合消化、代谢、饲养及其他试验，科学地规定了各种畜禽在不同体重、不同生理状态和不同生产水平下，每头应该给予的能量和各种营养物质的数量，这种规定的标准称为饲养标准。饲养标准在组成上包括两个主要部分，即畜禽的营养需要量或供给量、畜禽常用饲料的营养价值表，多采用表格形式，便于生产实践中参考应用。目前，现代畜牧业发达国家制定有本国

的各种畜禽的饲养标准，用于科学饲养，指导生产，提高畜禽产品率，降低饲料消耗，节省成本，取得最佳的经济效益。现将美国肉鹅饲养标准（表 4-2）、朗德鹅的推荐饲养标准（表 4-3）、鹅常用饲料营养成分（表 4-4）分别摘录如下。

表 4-2　美国 NRC(1994)建议的鹅营养需要量(90％干物质基础)

营养素	饲养阶段		
	0～4 周龄	4 周龄后	种鹅
能量水平/(兆焦/千克)	12.13	12.55	12.13
蛋白质/％	20	15	15
赖氨酸/％	1.0	0.85	0.6
蛋氨酸＋胱氨酸/％	0.60	0.50	0.50
钙/％	0.65	0.60	2.25
有效磷/％	0.30	0.30	0.30
维生素 A/(国际单位/千克)	1 500	1 500	4 000
维生素 D/(国际单位/千克)	200	200	200
胆碱/(毫克/千克)	1 500	1 000	500
烟酸/(毫克/千克)	65.0	35.0	20.0
泛酸/(毫克/千克)	15.0	10.0	10.0
核黄素/(毫克/千克)	3.8	2.5	4.0

表 4-3　朗德鹅的推荐饲养标准

（参考：张帆、廉爱玲，《肉鹅生产技术指南》，中国农业大学出版社，2003）

营养素	饲养阶段		
	0～3 周龄	4～10 周龄	种鹅
饲料代谢能/(兆焦/千克)	12.1	12.6	11.7
粗蛋白质/％	20	16	15.5
粗纤维/％	5.8	7.3	6.2
赖氨酸/％	1.0	0.85	0.6
蛋氨酸＋胱氨酸/％	0.6	0.5	0.5
钙/％	0.65	0.60	2.25
有效磷/％	0.4	0.4	0.4
食盐/％	0.3	0.3	0.3

表 4-4 鹅常用饲料营养成分

（参考：张帆、廉爱玲，《肉鹅生产技术指南》，中国农业大学出版社，2003）

序号	饲料名称	代谢能/（兆焦/千克）	粗蛋白质/%	粗脂肪/%	粗纤维/%	钙/%	磷/%
1	玉米	13.35	9.0	4.0	2.0	0.03	0.28
2	高粱	13.14	9.5	3.1	2.0	0.07	0.27
3	大麦	11.51	11.1	2.1	4.2	0.09	0.41
4	黑麦	12.09	11.6	1.7	1.9	0.08	0.33
5	燕麦	11.26	10.0	4.6	9.8	0.12	0.37
6	小麦粉	13.89	15.8	2.6	1.0	0.06	0.34
7	甘薯粉	12.18	2.8	0.7	2.2	0.03	0.04
8	木薯粉	12.01	2.6	0.6	4.2	0.30	0.12
9	糙米	13.56	7.9	2.4	1.1	0.03	0.33
10	稻谷	10.96	7.8	2.4	8.4	0.05	0.26
11	小米	12.26	12.0	4.0	7.6	0.05	0.30
12	大豆	13.35	36.9	15.4	6.0	0.24	0.67
13	马铃薯	2.58	1.9	0.1	0.6	0.01	0.05
14	大豆饼	10.33	46.2	1.3	5.0	0.36	0.74
15	棉籽饼	7.95	36.1	1.0	13.5	0.26	1.16
16	菜籽饼	6.82	35.3	1.9	10.7	0.72	1.24
17	花生饼	10.13	47.4	1.5	8.5	0.22	0.61
18	米糠	11.38	15.0	17.1	7.2	0.05	0.81
19	麦麸	8.66	16.0	4.3	8.2	0.34	1.05
20	鱼粉	16.11	60.8	8.9	0.4	6.78	3.59
21	肉骨粉	11.09	48.6	11.6	1.1	11.3	5.61
22	羽毛粉	11.13	85.0	2.5	1.5	0.30	0.77
23	血粉	12.62	83.8	0.6	1.3	0.20	0.24
24	蚕蛹渣	10.25	68.9	3.1	4.8	0.24	0.88

第五节　鹅日粮的配合

鹅日粮的配合即每天食用饲料的成分搭配，是按照鹅饲养标准的规定，选用适当的饲料配合成为日粮，使这种由多种饲料搭配成的日粮所含营养物质的数量，符合饲养标准的规定量，其目的是以最少的饲料消耗，最低的饲料成本，获得量多质好、经济效益最高的鹅产品。目前我国农村养鹅，在饲养上一般不是根据鹅各个阶段的生长发育、长肉等方面对各种营养物质的需要来组合各种日粮，而是仅仅饲喂单一饲料，结果不但造成饲料的浪费，而且不能将鹅的生长性能充分发挥，造成经济效益上的损失。将日粮中各种原料组分换算成百分含量，并按这一百分比配制成能满足鹅营养需要的混合饲料，称为饲粮。依据营养需要量所确定的饲粮中各饲料原料组分的百分比构成，称为饲料配方。

一、日粮配合的原则

（1）符合鹅的营养需要　设计饲料配方时，明确饲养对象，选用适当的饲养标准，并根据生产实践经验作适当调整。

（2）符合鹅的生理特性　设计饲料配方时，饲料原料的选择既要满足鹅营养需要，又要与其消化生理特点相适应，包括饲料的适口性、容重、粗纤维含量等。

（3）符合饲料卫生质量标准　配制的配合饲料要符合国家饲料卫生质量标准。

（4）符合经济原则　应充分利用当地饲料资源，饲料原料应多样化，并考虑到饲料价格，以降低饲料成本。

二、饲料的质量控制

(一)饲料原料的质量

配合饲料的质量首先取决于饲料原料的质量,为此必须对原料的养分进行检测,所得平均数据作为配合的依据。

(二)良好的贮存与管理条件

饲料从生产到运送鹅场的任何一环节都有受污染的可能。

(1)有毒矿物质元素　如钒、钼、锡、铅等有毒元素或其他放射性元素的污染。

(2)掺杂在饲料原料中的有毒植物或野草　如麦仙翁、麦角菌等。有些植物性饲料本身就含有一定量的有毒物质,如棉籽饼中的棉酚、菜籽饼中的硫代葡萄糖苷以及生豆饼中的抗胰蛋白酶等。

(3)有毒化学物质的污染　如农药等。

(4)饲料原料或配合饲料污染　由于管理或贮存不当而发生酸败作用,或发霉而产生霉菌毒素。

(5)一些动物性饲料污染　如鱼粉、肉粉及曾遭鼠害的饲料易受沙门氏菌的污染。因此,在饲料的生产、运输、贮存、饲喂过程中,应尽量排除上述各项污染对饲料质量的影响。

三、鹅饲料的配合方法

水禽饲粮配合的方法有许多种,如试差法、四角法(又称方块法或对角线法)、公式法(又称代数法)和电子计算机法。水禽生产中,如果未配备电子计算机,而饲料种类和营养指标又不多,应用前三种方法还是很简便的。但如果所用饲料种类多,需要满足的营养指标多,就必须借助于电子计算机。应用电子计算机可以筛选出营养完全、价格最低

的饲粮配方。由于篇幅限制，关于电子计算机配合饲粮的方法本书不作详细介绍。试差法是饲粮配合常用的一种方法。试差法又称为凑数法，该方法是先按饲养标准规定，根据饲料营养价值表先粗略地把所选饲料试配合，再计算其中主要营养指标的含量，然后与饲养标准相比较，对不足的和过多的营养成分进行增减调整，计算其中的营养成分，与饲养标准比较，进行调整计算，直至所配饲粮达到饲养标准规定要求为止。

下面几个配方，在实践中取得了较好的效果，特列举于此，仅供参考。

1.配方一

(1)肉用雏鹅(0～3 周龄)　玉米 40.6%，高粱 15.0%，豆饼 22.5%，鱼粉 7.5%，麸皮 6.0%，米糠 2.5%，玉米面筋 1.5%，糖蜜 1.5%，猪油 0.5%，磷酸氢钙 0.8%，石粉 0.8%，食盐 0.3%，预混料 0.5%。

(2)生长肉鹅(4～10 周龄)　玉米 35.1%，高粱 20%，豆饼 14%，肉骨粉 3.0%，麸皮 10.0%，米糠 13%，糖蜜 2.5%，磷酸氢钙 0.8%，石粉 0.8%，食盐 0.3%，预混料 0.5%。

(3)育肥肉鹅　玉米 43%，高粱 25%，豆饼 19%，麸皮 6.0%，糖蜜 3.0%，猪油 0.6%，磷酸氢钙 1.6%，石粉 0.9%，食盐 0.4%，预混料 0.5%。

2.配方二

(1)0～3 周龄　黄玉米 48.75%，小麦粗粉 5.0%，小麦次粉 5.0%，碎大麦 10.0%，脱水干燥青饲料 3.0%，肉粉(50%粗蛋白) 2.0%，鱼粉(60.0%粗蛋白)2.0%，干乳 2.0%，豆粕(50%粗蛋白) 20.0%，石粉 0.5%，磷酸氢钙 0.5%，碘化食盐 0.5%，微量元素预混料 0.25%，维生素预混料 0.5%。

(2)3 周龄到上市　黄玉米 46%，小麦粗粉 10.0%，小麦次粉 10.0%，碎大麦 20.0%，脱水干燥青饲料 1.0%，肉粉(50%粗蛋白) 2.0%，豆粕(50%粗蛋白)8.75%，石粉 0.5%，磷酸氢钙 0.5%，碘化食盐 0.5%，微量元素预混料 0.25%，维生素预混料 0.5%。

四、几种饲料真伪鉴定方法

为了确保饲料原料的品质，防止掺假制假，在收购或简易检测中可采用以下几种鉴别法：

(一)麸皮

常发现掺有滑石粉、稻谷糠等，掺入量达 8%～10%。可将手插入一堆麸皮中，然后缓缓抽出，如手指上沾有白色粉末，且不易抖落则为残余面粉。再用手抓起一把麸皮使劲握，如麸皮成团，则为纯正麸皮；而握手时有涨的感觉，则掺有稻谷糠；如握在手掌心有较滑感觉，则说明掺有滑石粉。

(二)豆粕(饼)

常掺有泥沙等杂质，使豆饼蛋白质剧降至 30%。

(1)水浸法　取需检验的豆粕(饼)25 克，放入盛有 250 毫升蒸馏水的玻璃杯中，然后用玻璃棒轻轻搅动，可见豆粕(豆饼)与泥沙分层，上层为饼粕，下层为泥沙。

(2)碘酒鉴别法　取少许豆粕(饼)放在干净的瓷盘中，铺薄铺平，在上面滴几滴碘酒，过 1 分钟，其中若有物质变为蓝黑色，说明掺有玉米粉、麸皮。

(3)生熟豆粕检查法　取尿素 0.1 克置于 250 毫升三角瓶中，加被测豆粕粉 0.1 克，加蒸馏水至 100 毫升，加塞后于 45℃水浴锅内温热 1 小时。取红色石蕊试纸一条浸入此溶液中，如石蕊试纸变蓝色，即为生豆粕；如试纸不变色，则为熟豆粕。

(4)容重测量法　任何物质都有一定的容重，如有掺假，其容重就会发生变化，因此，测定容重也是判断豆粕是否掺假的方法之一。一般纯大豆粕容重为 594.1～612.2 克/升。将所测的样品容重与之相比，

若超出较多，说明该豆粕掺假。

(5)外包装检查法　颗粒细，容重大，价格廉，这是绝大多数掺假物所共有的特点，豆粕中掺入这种物质后，必定是包装体积变小，而重量增加。

(6)显微镜检查法　取待测样品和纯豆粕样品各一份，分别置于显微镜下观察，可见纯豆粕外壳内外光滑，有光泽；豆仁颗粒无光泽，不透明，呈奶油状；玉米粒皮层光滑，并半透明，带有似指甲纹路和条纹，这是玉米粒区别于豆仁的显著特点，另外，玉米粒的颜色也比豆仁深，呈橘红色。

(三)鱼粉

常掺有棉籽饼、菜籽饼、尿素、红土、羽毛粉等杂物，常使蛋白质剧降至40%左右。

(1)感官鉴别法　标准鱼粉颗粒大小一致，可见到大量疏松的鱼肌纤维以及少量鱼刺、鱼鳞、鱼眼等，颜色呈浅黄色、黄棕色或黄褐色，用手捏有疏松感，不结块，不发黏，有鱼腥味；掺假使杂的鱼粉可见颗粒、形状、颜色不一的杂质，少见或不见鱼肌纤维及骨、刺、鳞、眼球等，呈粉状且颗粒细，易结块呈小团状，手握成团状，发黏，鱼味淡，有异味。优质鱼粉含盐量低，无什么咸味；劣质鱼粉咸味重，硌牙说明掺沙子等异物。

(2)气味检测法　取样品20克放入三角瓶中，加入10克鱼粉和适量水，加塞后加热15～20分钟，去掉盖子后，如闻到氨气味，说明掺有尿素。

(3)尿素的检出　取样品1～2克于试管中，加10毫升水震荡2分钟，静置20分钟，取上清液2毫升于蒸发皿中，加入1摩尔/升氢氧化钠溶液1毫升于水浴锅上蒸干。加适量水将残渣溶解，再加少许尿素酶或生豆粉，静置2～3分钟后，加2滴奈斯勒试剂(取碘化汞23克和碘化钾1.6克，溶于100毫升的6摩尔/升氢氧化钠溶液中)，如试样有黄褐色沉淀产生，则表明有尿素存在。

(4)水浸法　取少量样品放入试管中或玻璃杯中,加入10倍的水,充分震荡后静置,若掺有沙石或其他矿物质则沉到试管或玻璃杯底部,若有棉籽饼、羽毛粉、麸皮等,就会浮在水面。真鱼粉无此现象。

(四)骨粉

掺假的骨粉常含磷不足。常见掺假冒充物为石粉、贝壳粉、细沙等杂物。

(1)肉眼直观法　纯正骨粉呈灰白色粉状或颗粒状,部分颗粒呈蜂窝状,具有固定气味;掺假骨粉仅有少许蜂窝状颗粒,掺石粉、贝壳粉的骨粉色泽发白;假骨粉无蜂窝状颗粒。

(2)稀盐酸溶解法　将少许骨粉倒入稀盐酸溶液中,若为纯正骨粉会发生短时间的"沙沙"声,骨粉颗粒表面不产生气泡,最后全部溶解,溶液混浊;脱胶骨粉的盐酸溶液表面漂浮有少量有机物;真骨粉和生骨粉表面漂浮物较多,假骨粉则无以上化学反应。

(3)火烧法　取少量骨粉放入试管中,置于火上烧烤,真骨粉产生蒸气,然后产生刺鼻烧毛发的气味;而掺假骨粉所产生的蒸气和气味较少;假骨粉无蒸气和气味;未脱胶的变质骨粉则有气味。

(五)贝壳粉

伪劣贝壳粉呈面状或碎屑状,含钙量为28%;优质贝壳粉应含有70%以上高粱粒大小的贝壳,约30%以内的碎面。

(六)蛋氨酸

市售进口蛋氨酸有些被掺入淀粉、葡萄糖粉、石粉等,使蛋氨酸含量仅达50%左右。

(1)感官检查法　真蛋氨酸为纯白或微带黄色,为有光泽结晶,有甜味;假的为黄色或灰色,闪光结晶极少,有怪味,涩感。

(2)灼烧法　取瓷质坩埚1个,加入1克蛋氨酸,在电炉上炭化,然后在55℃马弗炉上灼烧1小时,真蛋氨酸残渣在0.5%以下,假蛋氨酸

残渣则在98%以上。

(3)溶解法　取1个250毫升烧杯,加入50毫升蒸馏水,再加入1克蛋氨酸,轻轻搅拌,假蛋氨酸不溶于水,而真蛋氨酸几乎全溶于水。

第六节　鹅饲料的加工调制

一、饲料的种类

(一)按营养成分分类

1.全价配合饲料

又称全价饲料,它是采用科学配方和通过合理加工而得到的营养全面的复合饲料,能满足鹅的各种营养需要,经济效益高,是理想的配合饲料。全价配合饲料可由各种饲料原料加上预混料配制而成,也可以由浓缩饲料稀释而成。全价配合饲料在鹅用得最多。

2.浓缩饲料

又叫平衡用混合饲料或蛋白质补充饲料。它是由蛋白质饲料、矿物质饲料与添加剂预混料按规定要求混合而成。不能直接用于喂鹅。一般含蛋白质30%以上,与能量饲料的配合比应按生产厂的说明进行稀释,通常占全价配合饲料的20%～30%。

3.添加剂预混料

由各种营养性和非营养性添加剂加载体混合而成,是一种饲料半成品。可供生产浓缩饲料和全价饲料使用,其添加量为全价饲料的0.5%～5%。

4.混合饲料

又叫初级配合饲料或基础日粮。由能量饲料、蛋白质饲料、矿物质饲料按一定比例组合而成，它基本上能满足鹅的营养需要，但营养不够全面，只适合农村散养户搭配一定青绿饲料饲喂。

（二）按物理表现形态及动物种类等分类

1. 按动物种类、生理阶段分类

鹅的配合饲料分为肉鹅、蛋用鹅及种鹅三种。肉鹅按周龄分为三种或两种，蛋鹅及种鹅按周龄及产蛋率分为6～7种，即0～6周龄、6～12周龄、12～18周龄、18周龄至开产、产蛋率＞80％、产蛋率65％～80％、产蛋率＜65％等。

2. 按饲料物理形状分类

鹅的饲料按形状可分为粉料、粒料、颗粒料和碎裂料，这些不同形状的饲料各有其优缺点，可酌情选用其中的一种或两种。通常育成鹅、蛋鹅、种鹅喂粉料；肉仔鹅2周内喂粉料或碎裂料，3周龄以后喂颗粒料。

（1）粉料　是目前国内最常用的一种饲料形态，它是将饲料原料磨碎后，按一定比例与其他成分和添加剂混合均匀而成。这种饲料的生产设备及工艺均较简单，品质稳定，饲喂方便，安全可靠。鹅可以吃到营养较完善的饲料，由于鹅采食慢，所有的鹅都能均匀采食。适用于各种类型和年龄的鹅。但粉料的缺点是易引起挑食，使鹅的营养不平衡，尤其是用链条输送饲料时。喂粉料采食量少，且易飞扬散失，使舍内粉尘较多，造成饲料浪费，在运输中易产生分级现象。粉料的细度应为1～2.5毫米。磨得过细，鹅不易下咽，适口性变差。

（2）颗粒料　是粉料再通过颗粒压制机压制成的块状饲料，形状多为圆柱状。颗粒机由双层蒸煮器与环模压粒机组成，混合好的配合饲料加入到蒸煮器的上层，由搅拌桨慢慢推进，并加入少量水蒸气，20～30分钟后顺序进入环模压粒机，由一对压碾压入环模，无数特定直径的孔隙挤出切制成颗粒，再经干燥机干燥后过筛，筛上为颗粒饲料，筛下的破碎细末再送回重加工。为增强颗粒的结实度，还常加入黏结剂如糖蜜、膨润土等。脂肪的加入是在饲料制成颗粒冷却后喷涂在表面，

或将油脂喷洒入环模内，这样颗粒不易破碎。若将油脂直接加入饲料中，由于润滑作用胜过它的黏合力，添加到3%就能使颗粒开裂或不成型。颗粒料的直径由环模的孔隙大小所决定，因鹅的种类和年龄而异。我国采用的直径是仔鹅小于4.5毫米，成鹅小于6毫米。颗粒饲料的优点是适口性好，鹅采食量多，可避免挑食，保证了饲料的全价性；鹅可全部吃净，不浪费饲料，饲料报酬高，一般可比粉料增重5%～15%；制造过程中经过加压、加温处理，破坏了部分有毒成分，起到了杀虫、灭菌作用，饲料比较卫生，有利于淀粉的糊化，提高了利用率。但颗粒饲料制作成本较高，在加热、加压时使一部分维生素和酶失去活性，宜酌情添加。制粒增加了水分，不利于保存。饲喂颗粒料，鹅粪含水量增加，易发生啄癖。还由于鹅采食量大，生长过快，而易发生猝死症、腹水症等。

(3)粒料　粒料主要是未经过磨碎的整粒的谷物，如玉米、稻谷或草籽等。粒料容易饲喂，鹅喜食，消化慢，故较耐饥，适于傍晚饲喂。粒料的最大缺点是营养不完善，单独饲喂鹅的生产性能不高，常与配合饲料配合使用。对实施限饲的种鹅常在停料日或傍晚喂给少量粒料。

(4)碎裂料(粗屑料)　碎裂料是颗粒经过粗磨或特制的碎料机加工而成，其大小介于粉料和粒料之间，它具有颗粒料的一切优点和缺点，成本较颗粒料稍高。因制小颗粒料成本高，所以一般先制成直径6～8毫米的大颗粒，冷却后将颗粒通过辊式破碎机碾压成片状，再经双层筛，将破裂粒筛分为2毫米和1毫米的碎料与粉碎料，喂给1～2周龄的雏鹅，特别适于作1日龄雏鹅的开食饲料。制粒时含水量可达15%～17%，冷却后可降为12%～13%。

二、饲料的加工调制

一般来说，未加工的饲料适口性差，难以消化。有些饲料，如饼粕类，鹅采食后经体内水分浸泡膨胀，易引起食管膨大部损伤甚至胀裂，造成损失。因此，一般饲料在饲用前，必须经过加工调制。经过加工调制的饲料，便于鹅采食，改善适口性，增进食欲，提高饲料的营养价值。常用的饲料加工调制方法主要有以下几种。

（一）粉碎或磨碎

油饼类和籽实类精饲料一般都须用粉碎的方法进行加工。因皮壳坚硬，整粒喂给不容易被消化吸收，尤其雏鹅消化能力差，只有粉碎坚硬外壳和表皮后，才能很好地消化吸收。因此，为了更有效地提高各种精饲料的利用价值，颗粒过大的整粒饲料必须经过粉碎或磨细。但是也不能粉碎得太细，太细的饲料鹅不易采食和吞咽，适口性也不好。一般只要粉碎成小颗粒即可。因富含脂肪的饲料粉碎后容易酸败变质，不易长期保存，所以，此类饲料不要一次粉碎太多。此外，北方冬季鹅所需的大量青粗饲料一般由农副产物来供给，如豆秸、玉米秸、豆壳、稻壳等，可经粉碎后配合精料喂肉鹅。

（二）浸泡

油饼和谷实类饲料质地坚硬，如豆饼、小麦、玉米和小米等饲料，经浸泡后柔软、体积增大，肉鹅喜欢采食，也容易消化。如肉雏鹅开食用的小米或碎米，可先浸泡1小时左右再喂给，以利于雏鹅的开食和消化，但须注意浸泡的时间不能太长，以免引起饲料变质。

（三）蒸煮

谷粒、籽实以及块根、瓜类等，经蒸煮后可增加适口性和提高饲料的利用率。但蒸煮会破坏饲料中的一些营养成分，因而最好采用粉碎或切碎的方法，而不用蒸煮。但用于肉鹅肥肝生产时的玉米，切不可粉碎，一定要通过蒸煮。

（四）切碎

青绿饲料如青菜、青草、苜蓿等，块根和瓜类饲料如甘薯、胡萝卜和南瓜等，均富含维生素，蒸煮易受到破坏，因而最好是先洗净后，切碎喂

给。萝卜、南瓜类可切成丝条状喂给，这样便于肉鹅采食。切碎后的青绿多汁料，容易发霉变质，最好随切随喂。

（五）拌湿

经粉碎后的干粉料不能直接喂肉鹅，因干粉料适口性差，且损失浪费较多。一般都将混合干粉料加水拌湿后饲喂。拌时应湿干适度，太湿时粘嘴不易吞咽；太干的粉料适口性差，也不便于吞咽。同时，肉鹅会一边吃料一边饮水，既浪费饲料，又污染饮水。干湿的适宜程度是，用手一抓可以攥成团，放开后又能疏松地散开。湿料也要现拌现喂，以防腐败变质。

（六）制颗粒饲料

粉状饲料的体积太大，运输和鹅摄食都不方便，且饲料损失多，饲料制粒则可以避免，特别是混有干草粉的鹅饲料的颗粒化更具现实意义。可采用颗粒饲料机制成，一般是将混合粉料用蒸汽处理，经钢筛孔挤压出来后，冷却、烘干制成。这种饲料的营养全面，适口性好，便于采食，浪费少。国外多采用这种颗粒饲料，我国的饲料加工部门也已逐步采用颗粒饲料机生产肉鹅的颗粒饲料。如江苏等一些地方用颗粒饲料饲喂肉用仔鹅，效果良好。对肉鹅来说，颗粒的适宜大小一般为4～8毫米。

（七）青贮

青贮是以乳酸菌为主，有多种微生物参加的生物化学变化过程，是一种厌氧发酵。青贮能在长时间内保持青绿多汁饲料的营养价值，贮存过程中养分损失一般不超过10％。青贮还能改善适口性，受天气影响也较少。青贮饲料是肉鹅食用粗饲料和维生素的重要来源。青贮时要选好原料，控制水分，及时青贮，严格密封。我国目前用青贮饲料喂肉鹅的很少，而前苏联则较多。他们的经验是以混合青料青贮，主要原料是蜡熟期玉米果穗。饲料含水量必须控制在65％～75％。当然，调制青贮饲料要有一定的设备，如青贮塔、青贮池、青贮塑料袋等，基本要求是不透气、不漏水。

（八）膨化

谷实类饲料或颗粒料在膨化机内经 160～187℃的高温加热 1～2 分钟，让谷物内部水分加热到蒸发点，使谷物饲料膨胀，体积比原来增大 30%～40%，然后再压碎饲喂。有试验报道，膨化饲料饲喂肉雏鹅可提高饲料利用率。

（九）干处理

青草、青绿树叶等在干制后易贮藏，适口性好，能保存其营养成分，在冬、春季节可用来代替青饲料。调制干草时，禾本科类应在抽穗到扬花期收割，豆科类应在始花期到盛花期收割。不但干草的产量高，调制容易，而且能保证质量。收割应在晴朗天气进行，并应尽快调制。调制干草的方法有自然干燥法和烘干法，最常用的是自然干燥法。将收割的青草薄层铺在地上，在阳光下曝晒 4～5 小时，当青草晒至用手拧紧可成绳状但不断裂且不出水滴时（水分含量为 40%左右），把草堆成小堆（高 1 米，直径 1.5 米，重约 50 千克）或小垄（高 30 厘米）继续晾晒，待水分降至 14%～17%时（草贴在脸上时不觉凉爽也不觉湿热，在手中抖动时有清脆沙沙声，揉折不脆断，松手能很快自动散开）即可堆垛，用草、泥封顶后保存。用此法调制干草，在翻晒和运输中要轻拿轻放，这样可减少青草营养物质的损失。在多雨地区或阴雨季节，可将青草放在木制、竹制或金属制成的 20～30 厘米高的架上，堆成多个 70～80 厘米高的蓬松的圆锥形，堆中留通气道，外层要平整以利排水，经 1～3 周即可晾干。把花生秧、甘薯蔓和青草放在墙头和树上，其效果和架上干燥法相似。架上的干制效果比在地面上晒制的效果要好。在晒制干草时若遇阴雨连绵，可将青草平铺风干后分层堆积 3～5 米高，也可将青草堆成堆，逐层压实，每层撒 0.5%～1%的食盐，经 30～60 天即制成褐色干草。

（十）鲜草打浆

在利用青草喂鹅时，一般应将采集的青草洗净、切碎后放入打浆机打成青草浆，然后与其他饲料（如麸皮、玉米等）拌在一起饲喂。这样鹅只易于采食、消化和吸收。最好是随打浆随喂。

采用何种调制方法，应视肉鹅的年龄和用途而定。如雏鹅多采用粒料（小米）或碎粒料，一般进行浸泡或蒸煮后喂；而成年鹅多采用湿拌混合粉料进行饲喂；生产鹅肥肝的填肥饲料则以整粒玉米经浸泡和蒸煮后再加入适量的食盐、食油和维生素，仔细拌匀后填喂。

第七节　种草养鹅生产技术

优良的牧草品种如苜蓿、三叶草、黑麦草等青绿饲料是养鹅业最主要、最优良、最经济的饲料，在鹅的饲养中具有特别的作用，其生产就显得尤其重要。牧草是发展养鹅业的物质基础。牧草种类繁多，大部分都能为鹅采食利用，特别是天然草地上的豆科、禾本科、藜科、菊科、莎草科以及其他杂草类的牧草，其生长期的茎叶及成熟期株穗籽实，鹅都喜欢采食。但天然草地牧草生长季节性强、产草量低，为提高草地产量和质量，保证全年均衡供给青绿饲料，必须种植部分高产的人工草地和改良低产的天然草地。建立人工草地的栽培牧草种类也很多，根据各地的自然气候和土壤特点、养鹅的需要，必须选择适宜的牧草品种。下面就适宜于养鹅利用的、产量高、品质好的牧草，介绍几种主要的、常用草种的特点及栽培技术，供各地鹅生产参考应用。

一、苜蓿

生物学特性：紫花苜蓿为豆科苜蓿属多年生草本植物，一般第 2～

4年生长最盛，第5年以后生长力逐渐下降。苜蓿喜温暖半干燥气候。苜蓿耐寒性很强，5～6℃即可发芽并能耐－3～－4℃的低温，成长植株在积雪覆盖下，能耐－40℃严寒。苜蓿也能耐热，据报道，在高温达55℃的美国加州死谷，苜蓿亦能生长良好。二年生以上的苜蓿，当高于3℃的有效积温达800～1 000℃即可满足一茬牧草对温度的要求，2 000℃左右的有效积温即可满足两茬牧草对温度的要求，而一般大田作物从出苗到成熟，则需2 800℃左右的积温。苜蓿属长日照植物，在温度适宜时(24℃)，光照时间越长，苜蓿的干物质产量越高，而且开花也较多。苜蓿是需水较多的植物，每形成1克干物质需水约858克，但因根系发达，耐旱能力很强，在年降水量300～800毫米地区均能生长，在温暖干燥而有灌溉条件的地方生长良好。年雨量超过1 000毫米地区不适于苜蓿栽培。夏季多雨，天气湿热，对苜蓿生长不利。苜蓿对土壤要求不严，除重黏土、低湿地、强酸强碱土壤外，从粗砂土到轻黏土皆能生长，而以排水良好，土层深厚，富含有机质和钙质的土壤最好。略能耐碱，以土壤pH 6.5～7.5为宜。成长植株可耐受的土壤含盐量为0.3%。土壤潮湿，雨水多时易引起根的腐烂，生长不良，连续水渍24小时则大量死亡。

栽培要点：紫花苜蓿种子小，播前需精细整地，疏松土壤，清除杂草，才能播种。播前对种子要进行晒种和硬实处理。从未种过苜蓿的土壤要接种苜蓿根瘤菌剂。一般亩播0.75～1.25千克。但如适当增加播种量，对第一年的产草量有显著的影响。因在第1～2年植株尚未充分发育，播量增加，可互相荫蔽，减少蒸发，增加草的高度和嫩枝数，因而增加苜蓿产量，提高品质。长江中下游地区3～10月均可播种，而以9～10月播种最好。出苗快而整齐，成活率高，冬前即可达3个以上分枝，可安全越冬。春播可在3月上中旬，但易受杂草危害。我国北方各省宜行春播或夏播，一般都在3～8月间播种，以单种为宜，条播为佳，也可撒播。条播行距以20～30厘米为好，密行条播更好，播种深度1.5～2.0厘米。播种苜蓿可以利用冬麦、油菜等做伴种作物，以利出苗，防止幼苗受杂草和不良气候的影响。应及时除杂草保苗，干旱时要

进行灌溉，施适量磷钾肥，注意防治病虫害。

收获利用：紫花苜蓿最适宜的刈割时期为初花期。此时营养物质含量高，根部养分积累多，对再生有利。末次收割应在当地枯霜期（－3℃）来临前4～6周，这样有利其再生和生长的持久性。苜蓿全年鲜草产量，各地差异较大，每亩1 500～4 000千克及至5 000千克以上。如以割4次计，第一次产量约占全年总产量的40％～50％，第二次约占20％～30％，第三、四次共占20％～25％。苜蓿留种地应选地势较高，排水良好，适量施基肥和磷钾肥的地方，亩播种量不超过0.5千克，行距不少于40～60厘米，通气透光有利于茎枝生长发育和生殖器官的形成，使植株上下层均能生长良好的花序。

饲用价值：苜蓿的营养价值与收获时期关系很大，幼嫩时水分含量较高，随生长阶段的延长，蛋白质含量逐渐减少，粗纤维则显著增加。营养生长期干物质中粗蛋白质含量为26.1％，50％开花至盛花期下降至18.2％，而粗纤维则相反，由17.2％上升到28.5％。收割过晚时，茎多叶少，营养成分明显改变，饲用价值下降。

苜蓿的营养价值主要表现在蛋白质含量高，蛋白质消化率高，必需氨基酸含量丰富。氨基酸中除蛋氨酸含量较少以外，其他类型氨基酸和鸡蛋的氨基酸含量相近，且胱氨酸含量丰富，可弥补蛋氨酸之不足。苜蓿钙、磷、镁等矿物质含量均很丰富，干物质中钙占1％～3％。同时苜蓿是维生素的重要来源，其胡萝卜素、B族维生素、维生素K、维生素E等均甚丰富。青饲用时一般以初花期刈割较好。苜蓿最重要的利用方式是晒制干草和制成干草粉。调制干草的苜蓿要在始花后选晴天及时收割。调制时宜将苜蓿摊铺于地面，并将水分压挤出来，其间应多次翻晒，这样调制，既干燥迅速又减少叶片损失。苜蓿干草粉可作为鹅的蛋白质补充料用或代精料。

二、黑麦

别名：元麦、裸大麦、莜麦。

生物学特性:黑麦为禾本科一年生或越年生草本植物,适应性广,抗寒性强,株高100~130厘米,分蘖力强,稀植时往往簇生成丛,叶柔软。喜温耐寒,冬性品种能忍受-30~-37℃的严寒。一般营养生长期要求低温,生殖生长期要求高温、干燥。需水较多,但又相当耐旱,幼苗在干旱条件下,叶部可自行闭合,临时凋萎,遇雨时迅速生长。有较强的抗涝性,能短时忍受过湿和地面积水。对土壤要求不严,各种土壤都能种植,但以土层深厚、富含有机质的土壤和沙壤土最适宜。黏重和碱性较强的土壤生长不良。

栽培要点:黑麦的前作,北方一般为玉米、高粱、大豆;南方为水稻。前作收获后要良好的整地和施肥。播种期北方8~9月为宜,南方8~10月,甚至可延至11月中旬播种。条播,行距15~20厘米,播种量每亩10~15千克。播后覆土2~3厘米,镇压1~2次,青刈黑麦与金花菜、苕子、草木樨等豆科牧草混种或套种,能提高产量和品质。寒冬到来之前,用磙子压青1~2次,可促进分蘖,提高越冬力。北方暖秋或多肥水,南方早播者,黑麦冬前即生长旺盛,这时可在越冬前的20~30天内,收割一次青饲料。黑麦对肥反应敏感,要求较高,需要供给充足的氮肥。每次割后都要亩施氮肥10千克左右。

收获利用和饲用价值:黑麦青割利用,北方一般一年可割2次,南方可割3~4次。以株高40~60厘米时或拔节期刈割为宜。留茬5厘米。一般亩产鲜草2 000~3 000千克,种植冬牧70黑麦,高者可达5 000~6 000千克。黑麦产量高、品质好,青饲料利用期较长;黑麦叶量大,茎秆柔软,营养丰富,适口性好,各种畜禽均喜食。黑麦抽穗期鲜草含干物质21.2%,干物质中含粗蛋白质12.95%,粗纤维31.36%,而拔节期鲜草干物质中含粗蛋白质达15.08%,粗纤维只有16.97%。黑麦青饲料切短或打浆饲喂,也可青贮利用。目前种植品种为冬牧70黑麦。

三、苦荬菜

别名:鹅菜、良麻、苦麻菜、八月老。

生物学特性：苦荬菜喜欢温暖湿润气候，既耐寒又抗热。苦荬菜生长快、产量高、再生性强，一年能收割多次，故对水肥条件要求很高。不耐旱、怕涝，久旱生长缓慢，根部淹水容易死亡。苦荬菜对土壤要求不严，各种土壤均可种植，但以排灌良好，有机质多而肥沃的土壤生长最好。喜肥水，只有施足底肥，每次收割后追速效氮肥，并供应充足水分才可获得高产。但在黏重而排水不良、低洼易涝的土壤上则容易烂根死亡。

栽培要点：苦荬菜由于种子小而轻，子叶小而薄，顶土力弱，要求土壤整平耙细，保好墒，这是保证苗壮，提高产量的基本措施。苦荬菜适合畦作，以便于灌溉、追肥和管理。苦荬菜需肥量大。苦荬菜一般都采用直播，也可育苗移栽。直播时期，南方以 2 月 20 日至 3 月 20 日播种，产量最高。北方在 4 月上中旬，土壤刚化冻即可开始播种。育苗移栽时，当幼苗长至 5～6 片真叶时即可移栽，行距 20～30 厘米，株距 10～15 厘米。苦荬菜在直播时，多采用条播或穴播，有时也有撒播的。条播行距为 25～30 厘米。每亩播种量 0.5 千克左右。播后覆土 2 厘米。

收获利用和饲用价值：苦荬菜株高 40～60 厘米时，即可进行第一次利用。南方春播的在 5 月上中旬开始收割，以后每隔 20～25 天再收割一次，收割时留茬 3～6 厘米，南方一年可收割 5～6 次，北方可收割 3～5 次。每次收割要及时，以保持苦荬菜处于生育的幼龄阶段，这时生活力旺盛，收割后伤口愈合快，再生力强，既可增加收割次数，又能提高产量与品质。苦荬菜含丰富的粗蛋白质、粗脂肪、维生素和少量粗纤维。苦荬菜鲜嫩多汁，味稍苦，适口性好，能促进食欲，帮助消化，鹅非常喜食。主要是鲜喂。通常是切碎或打浆后拌糠麸喂鹅，采食率和消化率都很高。

四、鲁梅克斯

生物学特性：鲁梅克斯为蓼科多年生草本植物。茎直立，植株高大，直根系，叶宽大。喜温暖气候。最适宜生长温度为 20～28℃，低于

5℃时停止生长。幼苗期能耐－2℃的低温。对水分要求较高，亦有较强的抗旱能力。对土壤要求不严，盐渍土，风沙大、干旱的黄土高原土壤均可种植。较耐盐碱，pH 8～10 条件下也能正常生长。

栽培要点：鲁梅克斯虽然对土壤要求不严，但要获高产，土壤应肥沃、土层深厚，土壤有机质含量高，并应有灌溉条件。播种方法可用种子直播，也可育苗或分株移栽。

收获利用和饲用价值：鲁梅克斯生产量高，亩产鲜叶可达 1 万千克。再生快，第一次植株高 50 厘米时割，以后每隔 20～30 天可割一次。留茬 3 厘米。在良好的栽培管理条件下，一次栽种可利用10 年以上。茎叶营养丰富，粗蛋白含量达 23.9％，粗纤维为 6.9％。茎叶鲜嫩多汁，虽略带酸味，但适口性比较好，各类畜禽均喜采食，鹅类也喜食。

五、毛苕子

别名：冬巢菜、冬苕子、毛野豌豆、兰花草、冬豌豆。

生物学特性：毛苕子为一年生或越年生草本植物。根系发达，茎细长蔓生，分枝多。秋播者次年 4 月底 5 月初开花，6 月种子成熟，生育期 270 天；春播者，6 月开花，7～8 月种子成熟，生育期 120 天左右。毛苕子喜冷凉气候，最适宜生育温度为 20℃左右。不耐高热和酷寒；在30℃高温和－30℃严寒下均生长不良或死亡。生长需充足水分，成株较耐干旱。喜光性强。对土壤适应性较强，红壤、紫色土、冲积土、轻度盐渍化土都能适应，但以壤土和沙壤土为最好。较耐盐碱，不耐涝渍。

栽培要点：毛苕子是棉田或水田的重要绿肥牧草。毛苕子春秋播均可。秋播北方 9～10 月，江淮地区可延至 10 月中旬至 11 月上旬。春播西北、东北地区 3～4 月。条、撒、穴播均可，冬播行距 30～40 厘米。每亩播种量 3～4 千克。水温条件较差的地区播量应加倍。我国毛苕子多与粮食经济作物套混播，方法各地不一。东北、西北等地常与玉米或小麦套种；四川、湖南用油菜和毛苕子间作，江淮地区与胡萝卜、水稻、棉花套种等。毛苕子地上部分割作青饲料，根茬肥田。

收获利用和饲用价值:毛苕子是很好的畜禽豆科饲料牧草,种子处理后又可代精料利用,自现蕾到初花均可割作青饲或绿肥。生产上通常在草层高度达40～50厘米即刈割,以免叶萎黄,影响品质和再生力。一般亩产鲜草3 000～5 000千克。可年割2次,但第一次宜早,留茬10厘米,以利再生。毛苕子茎叶柔软细嫩,营养价值较高,干物质中粗蛋白质含量达23.1%(普通苕子18.6%)。粗纤维含量26%～27%,与紫花苜蓿相近。幼嫩鲜草切碎喂鹅、鸭等都非常喜食。也可青贮后供缺青时利用,或晒干制成草粉利用。

六、百脉根

别名:乌足豆、牛角花、五叶草。

生物学特性:百脉根是豆科百脉根属多年生草本植物。主根粗壮,侧根发达。分枝众多,丛生细嫩,光滑无毛,匍匐生长,茎上又可生出大量分枝,单株覆盖直径可达1.7～2.0米。百脉根喜温暖湿润气候。幼苗易受冻害,成株有一定耐寒能力,在－3～－7℃低温下茎叶枯黄。亦耐30～35℃的高温。在亚热带冷凉地区亦可生长。百脉根属长日照植物,开花需16～18小时日照,短日照情况下开花减少,出现匍匐或呈莲座状生长。不耐荫,喜肥沃、灌溉良好的黏壤土。沙壤土,土质浅薄,微酸与浅薄,微酸与微碱土壤均可适应。适宜的土壤pH为6.2～6.5。湿度过大时幼苗生长缓慢,根瘤形成与固氮能力均受抑制。在排水不良的地区亦能生长。北京地区春播后当年6月上旬开花,下旬结荚,7月上旬种子成熟,11月中旬叶枯,次年4月中旬返青,5月中旬开花,6～7月盛花,8月仍有花开,花期长达3月。夏季炎热时其他牧草生长较差,而百脉根则生长较好。南京地区秋播常易冻死,成活者次年生长情况与北京春播次年生长基本相同。

栽培要点:百脉根种子细小,幼苗生长缓慢,竞争力弱,整地应精细。种子硬实率很高,达21%～64%,播种前应行理化处理或浸泡,未种过百脉根的地方,必须用百脉根根瘤菌进行接种。南方各省适宜秋播,以9月中下旬播种较好,10月播种易受冻缺苗。春播也以早播为佳。每亩播种量0.35～0.9千克。单播时条播,行距20～40厘米,混种时撒播。播种深度不应超过1.0厘米。百脉根的根和茎均可用来切成短段用作插穗扦插繁殖。根段两端均可长出新的根和茎枝。用茎繁殖时可将茎切成3～4个节的短段,以其2节插入地下,绝大部分可自茎段切口长出新根来,而留在地面的叶腋则长出新茎形成新植株。百脉根收种较难,利用茎段扦插繁殖是一个可行的办法。

收获利用和饲用价值:百脉根以放牧利用为主,亦宜刈割青饲和晒制干草。第一次初花时割最好,但盛花期品质仍佳。再生慢,每隔6～8周,始可刈割1次。或叶层30厘米高时收割。根据各地生长季节长短,每年可割2～4次,最后一次割距严霜期不少于40天。百脉根留茬高度以7.5～10厘米最佳,这可维持最大的产量和健壮的植株。百脉根割后的再生,主要依靠割茬上残留叶片合成的碳水化合物(较根部积贮的还多),而不是和苜蓿一样靠根部积贮下来的养分再生,因此收割低不仅减少腋芽的数目,并且割去了大量能营光合作用的叶片。重复频繁收割,亦不利于再生。低刈与频刈均会导致植株逐渐稀疏衰亡,总产量受损。每亩产鲜草1 500～2 000千克。管理好者年可割4～5次,每30天左右割一次,每亩鲜草产量达4 000多千克。百脉根是适宜作放牧用的牧草,因其匍匐生长,牧后留下较多的叶片对再生有利,而茎腋上又可长出新的嫩枝,供继续牧食。一旦形成草被后可维持很久,长期不衰,可弥补夏秋草不足的缺点。百脉根饲用价值较高。营养生长期收割的百脉根,喂畜禽可被全部采食。对鹅切碎青饲或放牧利用均可。

七、千穗谷

千穗谷又名天星苋、猪苋菜等,是苋科苋属一年生草本植物,常见的有红苋和绿苋。千穗谷是一种产量高、适口性好的优质青饲料,具有适应性广、管理方便、生长快、再生力强等优点,为夏季重要的饲料作

物。千穗谷的新鲜茎叶中水分含量约为87.5%，粗蛋白质约为2.9%，粗脂肪约为0.4%，粗纤维约为1.9%，无氮浸出物约为4.9%，灰分约为2.4%，由于水分含量高，千穗谷只适合青饲。

八、水浮莲

水浮莲又名大浮萍、水莲花、大藻等，广布于热带、亚热带的淡水湖中。水浮莲繁殖快，产量高，利用时间长，能充分利用水面，扩大饲料来源。水浮莲产量很高，南方亩产可达2 500～50 000千克，河南平均亩产15 000千克。水浮莲不仅产量高，而且纤维少，质量好，是一种优良的青饲料。利用时既可切碎或打浆，也可与糠麸混拌直接喂或发酵后喂，同时也可制成青贮料。水浮莲中水分含量为89.5%，粗蛋白质2.20%，粗脂肪1.00%，粗纤维1.80%，无氮浸出物3.80%，灰分1.70%。

九、浮萍

浮萍又名无根草、粒萍，是一种漂浮在水面的植物，天冷时下沉水底越冬。浮萍体形小，为浮萍科中体形最小的种。无根、茎，是椭圆或卵圆形绿色粒状体，以芽孢繁殖。

十、串叶松香草

串叶松香草为菊科多年生草本植物。串叶松香草鲜嫩多汁，营养价值高，含有丰富的蛋白质(鲜草中粗蛋白质为3.8%左右，干草中的含量约为22.0%)，有家畜所必需的全部氨基酸，尤以赖氨酸含量最高，因此是牛、羊、猪、鸡、鹅等畜禽的优良饲料，可青饲、青贮和调制干草。

十一、牛皮菜

牛皮菜又名达菜、厚皮菜、叶用甜菜，是我国栽培历史长、种植范围广的牧草。其适应性强，对土壤要求不严，易于种植，病虫害少，产量高。叶柔嫩多汁，营养价值较高，适口性好，且利用期长，是鹅喜食的优质青饲料。

十二、野生牧草类

野生牧草类在鹅的饲养中具有特别的作用，其生产就显得尤其重要。我国的牧区有大面积的草原，已有少数地方用来发展养鹅。农区有丰富的野生草类，在发展养鹅中发挥着相当大的作用。野生草类不占耕地，自然生长，到处都有，全年大部分季节都能生产，往往是几种混在一起，营养上可相互补充，应加以充分利用。野生草类利用的主要方式是放牧。一般 1 亩自然草地可养鹅 1～3 只。在耕地中，也会生长不少野生草类，包括十边草和田间草，1 亩也能养鹅 1～2 只，这时鹅就成了“生物除草机”。在放牧时，鹅对野生草类有一定的择食性，喜食柔软、细嫩、多汁的青饲料。在饥不择食的情况下，也能吃较粗的青绿饲料。野生草的种子，一般来说，鹅均喜食。水中或水边的野生青绿饲料，鹅特别喜欢。鹅喜欢采食的野生草类有如下几种：看麦娘（禾本科）、牛茅草、茭茭草、蔺草（扁稗草）、狗尾草（禾本科）、酢浆草、蜡蝉草（禾本科）、虎尾草、野驴棒、羊蹄、牛尾草、酸模、有根胡萝卜、心回条、地肤、铁扫帚、格拉姆草、棕籽雀稗、金鱼藻（金鱼藻科）、竹节草、莎草（莎草科）、山藤根、浮香菜、荆三棱（莎草科）、荠草、稗子草、虾藻、女莞、野生白草、水花生、紫背、浮萍、多根浮萍、绿萍、红萍等。

思考题

1. 鹅的消化系统由哪几个器官组成？其各自特点是什么？

2.鹅体生长所需要的营养成分大致分为几类?

3.饲料配方制作时首先考虑的因素是什么?

4.在实际生产中,青绿饲料能够完全代替精饲料吗?为什么?

第五章

鹅肥肝生产技术

导　读　本章重点介绍了鹅肥肝的营养价值，我国肥肝生产的现状及面临的主要问题，影响肥肝产量和质量的因素，鹅肥肝生产过程中各阶段应注意的问题。

第一节　概述

鹅肥肝是指对体成熟基本完成的鹅，用人工强制肥育的方法饲以超额的高能量饲料，让多余的养分转化为脂肪，并在短时间内积贮于肝脏中而形成比正常鹅肝大几倍甚至几十倍的特大脂肪肝。通常情况下鹅肝重 50～100 克，而鹅肥肝重量可达 300～900 克，大者可达 1 800 克。

一、鹅肥肝的营养价值

鹅肥肝与正常肝在重量、质量、所含物质的营养成分上有所不

同。鹅肥肝含有蛋白质、脂肪、维生素、卵磷脂、甘油三酯、各种酶、核糖核酸、脱氧核糖核酸和多种微量元素等营养成分,是一种高级营养食品,质地细嫩,味道鲜美,脂香醇厚,营养丰富,是广泛公认的世界三大美味佳肴(鹅肥肝、鱼子酱、松茸蘑)之一。经育肥后的鹅肥肝,其营养成分发生了重大变化,脂肪含量高达 60%～70%,是正常肝的 7～12 倍,比正常肝相对量增加 20 倍;卵磷脂增加 4 倍;酶活性增加 3 倍;核糖核酸和脱氧核糖核酸增加 1 倍。鹅肥肝中脂肪酸组成:软脂酸21%～22%、硬脂酸 11%～12%、十六碳烯酸 3%～4%、肉豆蔻酸 1%、不饱和脂肪酸 65%～68%。不饱和脂肪酸主要包括油酸 61%～62%、亚油酸 1%～2%、棕榈酸 3%～4%。这些不饱和脂肪酸易于被人体消化吸收,且能降低人体血液中胆固醇的含量,减少胆固醇类物质在血管壁上的沉积,减轻与延缓动脉粥样硬化的形成,对健康极为有益。每 100 克肥肝中卵磷脂含量高达4.5～7 克,脱氧核糖核酸和核糖核酸 9～13.5 克。鹅肥肝与普通鹅肝相比,有效营养物质在体内氧化后产生的热量增加 10 倍,极大地提高了它的营养价值。

二、我国肥肝生产现状及存在的问题

(一)我国肥肝生产现状

近年来我国鹅肥肝生产发展迅速,特别是加入 WTO 后鹅肥肝生产的产业化进程不断加快,据 FAO 统计,我国在 1998 年以前出口肥肝在 50 吨左右,1999 年为 135 吨,2000—2002 年每年出口超过 60 吨,2003 年为 539 吨。并且一些大型的鹅肥肝生产企业也开始大力发展鹅肥肝项目。鹅肥肝的消费市场缺口较大。过去肥肝的消费市场主要是在欧洲,圣诞节前 1 个月,生产厂家就要存货以满足市场需求。特别是法国历来有吃肥肝的传统,虽然是肥肝最大的生产国,但是每年仍然要进口大量肥肝。现在越来越多的国家如西欧、北美、亚洲一些国家肥肝消费迅速增长。在过去几年里，肥肝逐渐为美国等国家接受以至供不应求。日本肥肝的消费也发展迅速，预计几年后日本将成为肥肝消费的第二大国。在国内星级宾馆对肥肝也出现了大量的消费趋势。

(二)我国肥肝生产存在的问题

我国肥肝生产还多停留在试验上，许多科研成果尚未转化为生产力，批量出口的不多，未形成规模商品。其主要存在以下几个问题：

(1)品种因素　现在朗德鹅已成为肥肝生产的支柱品种，而朗德鹅繁殖能力低，我们必须不断引进，但引种的费用较高。我国虽然是养鹅大国，具有丰富的鹅品种资源，而且我国鹅品种繁殖能力比较高，但是产肝性能普遍较差；虽然我国的狮头鹅产肝性能比较好，但是繁殖能力也低，并且产出的肥肝品质也不太高。

(2)技术因素　我国肥肝生产主要还是局限于初级产品，深加工技术还不成熟。由于品种、饲料、饲养管理等因素，我国肥肝品质较差，较少能达到特级肝标准，达到一级肝的也不多。而我国肥肝的深加工技术没有跟上，使得我国生产的肥肝在国际市场上缺乏竞争力。并且肥肝生产是劳动密集型产业，肥肝生产的技术要求较高，因此填饲人员的技术水平直接影响了肥肝的生产效率。

(3)质量因素　目前我国生产的鹅肥肝很难达到国际标准，特别是欧盟的标准要求相当严格。首先，填饲原料达不到标准。肥肝的主要原料是玉米，而我国玉米的药残就不达标。其次，肥肝填饲过程中还存在滥用药物的问题，没有注意休药期。虽然我国已加入 WTO，但是我国尚未加入国际兽医公约组织。欧盟对产品卫生要求极为严格，对我们的产品销售不利，而且取得认证难度大。加入 WTO 后发达国家利用技术优势构筑技术壁垒，我国不少农产品出口因此受阻。

(4)规模因素　目前我国鹅肥肝生产的规模较小，即使有比较大的企业其生产组织模式也有待完善。现在用于填饲鹅肥肝的鹅群多是企业自己繁殖的，数量有限，这样就影响了企业生产肥肝的数量。

(5)资金因素　鹅肥肝产业是高投资、高风险的产业，对资金需求较大。建10吨肥肝场需投资250万元，从建成到投产需要3年时间。朗德鹅扩群需要两年半时间，其间对资金需求紧迫，否则会影响肥肝场的建设与种鹅扩群的需求。

此外，鹅肥肝运输成本及贮藏成本十分昂贵，目前我国出口到国外的鹅肥肝，都是以飞机专门运输。一般农户根本无法达到鹅肥肝贮运、销售条件的要求。我国鹅肥肝生产主要还是停留在初级产品上，而初级产品与深加工的产品价格相差很大。

三、我国鹅肥肝生产的发展前景

我国养鹅数量居世界第一位，收入《中国家禽品种志》的鹅品种有12个，载入地方品种志的更多，这是我国发展肥肝生产的基础，有利于形成肥肝生产基地。我国多数鹅种虽体形偏小，但繁殖力高，通过品种间杂交选育的优秀肝用杂交组合，或引进国外肥肝性能好的为父本，与我国优良鹅种配套可生产更多肥肝性能好的杂交商品鹅，从而加快肥肝生产步伐。这使我国可望在较短时间内生产出较高等级的肥肝。

法国、匈牙利、以色列等肥肝生产大国鹅的繁殖力较低，大量发展有困难；肥肝生产需要花费较多的人力，但这些国家劳动力昂贵，生产肥肝成本较高，而我国劳动力充足，劳动力价格极具竞争力，适宜发展肥肝生产；我国盛产填肥专用的饲料玉米；在生产技术、填饲机具和工艺流程等方面也取得了不少科研成果，并已运用于生产，获得较好的效益。我国具备规模生产肥肝的潜力，发展鹅肥肝生产，经济效益高，社会效益明显，是效益农业中的好项目。

第二节 鹅肥肝的生产技术

一、品种选择

品种是影响鹅肥肝生产的首要因素，生产鹅肥肝应选择体形大、生长快、易育肥、胸深宽、颈短粗、耐填饲、体质壮的品种。不同品种鹅的肥肝重不同，如国外鹅种平均肝重：图卢兹鹅 1～1.3 千克，朗德鹅 700～800 克，莱茵鹅 350～400 克。不同品种鹅肥肝质量也不一样，如国外有些鹅肥肝质地偏软，煮熟后脂肪易流出来，肥肝缩小，质量较差。朗德鹅肥肝较图卢兹鹅小，但质量较好。莱茵鹅肥肝中等大小，质量较好。我国鹅种肥肝中等居多，质量较好，但因未对肥肝性状进行选择，肥肝大小不均匀。肝重的遗传力高，一般为 0.47～0.63，因此，选择肥肝性能好的品种进行品种间杂交，选择优良杂交组合，利用杂种生产肥肝是提高肥肝生产性能的有效途径。衡量品种的肥肝性能，除了肝重这一重要性状外，还应考虑肥肝质量、饲料和死亡淘汰率等性状。目前我国可用于肥肝生产的有大型鹅种如狮头鹅和中型鹅溆浦鹅，国外品种主要是朗德鹅。

二、填饲月龄与季节的选择

年龄对鹅生产肥肝有较大的影响。年龄过小，填饲效果不好，伤残率高；年龄过大，成本增加，影响经济效益。一般情况下，用于生产肥肝的鹅应在体成熟后。因为在体成熟后，鹅消化、吸收的养分，除用于维持需要外，其余部分较多地转化成脂肪沉积，同时由于胸腔大、消化能力强、肝细胞数量较多、肝中脂肪合成酶的活力比较强，有利于肥肝的

增大。就我国鹅品种或杂交种来看，大、中型品种宜在4月龄、体重达4.5～5千克，小型品种或杂交种宜在3月龄、体重达3～4千克时开始填饲为宜。当然如果雏鹅一开始即饲喂给全价配合饲料，由于营养全面，肉用仔鹅养到3月龄，体重达到4.5～5千克时，也可以提前进入填饲期。

鹅是季节性产蛋的，多数鹅从当年的9～10月开始产蛋，到次年的4～5月结束，也有全年分3～4期产蛋孵化的，这就导致了填鹅的季节生产。仔鹅填饲的适宜温度为10～15℃，一般不超过25℃，因为填饲的是高能量饲料，使得仔鹅的皮下积存大量脂肪，不利于体内热量的散发，故气温超过25℃时，不能填饲；相反，填饲的仔鹅对低气温适应性较强，在4℃条件下影响不大，但如室温低于0℃，要做好防冻工作。因此，在我国部分养鹅地区，除炎夏和严冬季节外，其余季节均可填饲，生产肥肝。

三、填饲饲料的调制

饲料的质量和调制直接影响肥肝增重，应选用优质、无霉变、水分含量低的玉米等能量饲料，以利于肥肝的迅速形成。饲料的调制应严格遵守操作规程。

玉米是生产肥肝的最好饲料，因为含能量高（代谢能13 388.8千焦/千克），易转化为脂肪贮积；如果是陈玉米则效果更好，这是因为陈玉米的水分少，胆碱含量低，含磷量也低，每千克玉米含胆碱441毫克（燕麦为958毫克，大麦为991毫克，小麦为1 205毫克），胆碱有利于脂肪的转移，保护肝脏不让脂肪大量积贮，不利于肥肝的形成。试验研究表明，用玉米作填饲饲料生产的鹅肥肝重量，比用稻谷、大麦、薯干作饲料分别高20%、45%、27%。

另外，生产实践中也发现，玉米质量，即类型、色泽、含水量、纯度不同，对填饲效果也有一定的影响。国产的小粒种黄玉米比进口马齿种玉米好填饲，因为后者粒太大，螺旋推进器在运转时，容易将玉米轧住而无法推进。玉米色泽对肥肝的颜色也有影响,如用黄玉米或红玉米填成的鹅肥肝,色泽就较深;而用白玉米填成的鹅肥肝,色泽就较浅。

生产实践证明,用粒状玉米比粉状玉米填饲效果好,因为玉米粉碎成粉状后,粒间孔隙多,体积大,影响填饲数量。因此,在料型上应选用玉米粒料。玉米粒的加工调制方法有3种。

(1)炒玉米法　一种方法是将玉米倒入锅中,用文火不断翻炒,一般炒至八成熟,玉米呈深黄色为止,切忌炒熟、炒煳。另一种炒法是将玉米倒入能滚动的(电机带动)的锅里加热炒,比人工翻炒的均匀程度更好,由于火旺,炒得更快,但设备投资较高。玉米炒完后装袋备用,填饲前用温水浸泡1～1.5小时,至玉米粒表皮泡软为度。随后沥去水分,加入0.5%～1%的食盐,搅匀后填饲。

(2)浸泡法　将玉米置于冷水中浸泡8～12小时,随后沥干水分,加入占玉米重量0.3%～1%的食盐和1%～2%的动植物油即可填饲。

(3)水煮法　将玉米倒入开水锅中,使水面浸没玉米5～10厘米,煮熟3～5分钟,捞出沥去水分,趁热加入占玉米重量0.3%～1%的食盐和1%～2%的动植物油,0.02%的多种维生素和适量的微量元素添加剂,充分搅拌均匀即可填饲。

在填肥试验和生产所用的玉米中加油可增加填料中的热能,润滑填饲机管道和鹅的食道,便于填饲操作,对肥肝生产有利。

四、填肥技术

肥肝生产属于劳动密集型和技术密集型产业,整个生产过程中,填饲人员的填饲技术水平直接关系到肥肝的生产效果。在品种、年龄、日粮和机具等生产条件基本相同的条件下,不同填饲员之间的填饲效果差异很大。法国阿蒂盖试验站的填饲试验便是很好的说明,见表5-1。

表 5-1　法国阿蒂盖试验站的填饲试验

填饲员编号	平均肝重/克	肝重占体重/%	一级肥肝比例/%
1	640	8.1	55.0
2	604	7.6	53.3
3	607	7.4	35.0
4	705	8.6	57.8
5	536	6.8	23.3

从表 5-1 可以看出，对填饲员的技术培训是十分必要的。另外，填饲期、填饲次数和填饲量对肥肝增重影响也很大，应抓好这几个环节的操作。

生产鹅肥肝的全过程分为两段：预饲期和填饲期。

(一)预饲期

预饲期通常为 2～3 周，对采用全价颗粒饲料饲喂、营养比较平衡并经放牧锻炼的鹅，一般不再安排预饲期；对以放牧为主、适当补饲、营养水平较低的鹅，必须安排预饲期。

(1)预饲的目的　通过预饲，让鹅逐步完成由放牧到舍饲、由自由采食到强制填饲、由定额饲喂到超额饲喂的转变，并在这个转变中，增强鹅的体质，缩小同批鹅个体间的差异，逐渐增加鹅的采食量，锻炼鹅的消化器官，加强肝细胞的贮存机能，提高肥肝质量，并使鹅适应新的饲养管理。另外，要做好接种疫苗和驱虫的工作。

(2)预饲鹅的选择　从日龄方面考虑，应根据鹅的生长发育规律，国外鹅体形大，在 15～16 周龄开始预饲较好，国内的中型鹅在 3 月龄以后，全身羽毛基本长齐，预饲效果较好。应选择肥肝性能好、体质健壮、生活力强、体成熟基本完成或已完成的鹅，最好是杂种鹅。

(3)预饲期的日粮配合　玉米粒是用量最大的饲料，它在预饲期饲料中可占 50%～70%，最好采用黄玉米，小麦、大麦、燕麦和稻谷等可在日粮中占一定分量，但最好不超过 40%，这些谷物最好在浸泡后饲喂；豆饼(或花生饼)一般可在日粮中加 15%～20%；鱼粉或肉粉为优质蛋白质饲料,可在日粮中添加 5%～10%。青饲料是预饲期另一类主要饲料,在保证鹅摄食足量混合饲料的前提下,应供给大量适口性好的新鲜青饲料,可以不限量地供给,摄食大量青饲料能扩大鹅的食道,增加其弹性,同时供给鹅大量的维生素。为了提高食欲,增加食料量,可将青饲料与混合料分开饲喂,青饲料每天喂 2 次,混合料每天喂 3 次。另外,还可加骨粉 3%左右,食盐 0.5%,沙砾 1%～2%,这三者均可直接混于精料中喂给;为了帮助消化,可加入适当的 B 族维生素或酵母片,也可添加多种维生素,每 100 千克饲料加 10 克。

(4)预饲期的饲养管理　预饲时间一般为 2～3 周。预饲期太长,饲养成本增高;预饲期太短,达不到预饲目的。应根据品种大小、体重情况、日龄大小和生长均匀度灵活掌握。对整齐度高,体况较好的预饲时间可短些,差的预饲时间可长些。

肉用仔鹅多以放牧为主,转入预饲期后,应逐步减少放牧、放水的时间和次数,到预饲期结束前 3 天停止放牧、放水,以适应填饲阶段的关养。预饲期每天喂料 3 次,给食量逐步增加,自由采食,让其逐渐习惯于采食玉米粒,为适应填饲做准备。除放牧采食青绿饲料外,还应酌情补充青绿饲料,不限量,以使鹅的消化道渐渐膨大、柔软,便于填饲。舍内饲养密度以每平方米喂 2～2.5 只鹅为宜,每圈不超过 20 只;在气温较低的季节,圈内应经常打扫和更换垫草;舍内光线宜暗淡,保持安静。当小型品种鹅每天精料摄食量达到 200 克左右、体重增加到 4 千克,大型品种鹅每天采食量达到 250 克、体重增加到 5.5 千克时,即可转入填饲期。

(二)填饲期

(1)填饲机的检查、调试与保养　选购来的填饲机在正式使用前,必须按照其说明书进行安装。不论新、旧填饲机,使用前都要进行检查,以保证生产时的正常运转,防止给鹅造成机械损伤。填饲机应清洁、卫生,在料斗、螺旋推进器和填饲管上不能有铁锈和污染。特别是填饲管和管口,应该十分光滑,没有破损、缺口。填饲管内的螺旋弹簧

应凹入管口1厘米左右，以防填鹅时造成咽喉、食道损伤。填饲机在地面上放平后，不允许任何一点翘离地面。填饲装置的高度与角度，要与固禽盘配合协调，使填饲管能顺利插入鹅的食道膨大部。全机零配件及附件要齐全，并安装牢固，尤其是螺旋推进器的安装要牢靠。发现件数不齐或螺丝松动，要立即配齐或拧紧。电源电压要与电动机要求的电压一致。

检查完毕后，脚踏启动控制开关，检验机器运转情况。特别要细听螺旋推进器在填饲管内运转的声音，如摩擦声大、用手摸填饲管感觉发热，说明安装角度不适当或弹簧不直，应立即停机调整，如有松动要查出原因并予以排除。运转正常后在料斗中倒入少量玉米，启动开关，观察玉米粒的推进情况。若玉米粒只在料斗中上下翻动，并不能推送出去，说明螺旋推进器的转向反了，只要变动电动机的接线头就能解决问题。

填饲机使用完毕后，要及时将装在料斗中的玉米排空并清扫干净，随后切断电源，用少量清水冲洗料斗和填饲机，保持清洁卫生。停用的填饲机，要用塑料布罩上，以免落入灰尘杂物。

(2)填饲量与填饲次数　填饲量是肥肝生产的关键，直接影响到肥肝的生产效果。为保证合适的填饲量，每次填饲前应先用手触摸鹅的食道膨大部，如已空，说明消化良好，可适当增加填饲量；如仍有饲料积蓄，说明填饲过量，要适当减少填饲量。填饲过程应由少到多逐渐增加填饲量，第一周每次填料100～150克；第二周增加到300～350克；第三周可填400～500克。一般每天填饲三次。

日填次数与日填饲量有关，用粒状料适宜的日填次数一般为3～5次，如果用糊状料，则要增加填饲次数。

(3)填饲操作　填饲方法可分为手工填饲和机械填饲两种。手工填饲劳工强度大，工效低，多在民间传统生产中使用；而商品化批量生产中，一般都使用机械填饲。机械填饲机有手摇填饲机和电动机两种。根据中国鹅颈细长的特点，国内已研制出多种型号的鹅填饲机。

机械填饲时，填饲人坐在滑车上，用两条腿控制滑车的进退。左手抓住鹅头,食指和大拇指挤压鹅喙的基部将其掰开,右手拇指将鹅舌先前向下压向下颌,然后将口腔移向填饲管,使硬腭紧贴填饲管的管壁,慢慢将填饲管插入食道膨大部,食道和填饲管要保持在一条直线上,此时鹅颈要伸直,并用左手握住喙,右手握住填饲管出口的膨大部,然后踏动开关,将玉米推进食道下部,先将下部填满,再逐渐将填饲管向上退,边退边填,将玉米一直填到距咽喉 5 厘米处停填,填完后左手抓住鹅头、右手顺食道方向向下轻轻捋 2～8 次,以防鹅甩料或吸气时将玉米吸入气管。

(4)填饲时间　填饲期是鹅肥肝生产的决定性阶段,填饲时机与肥肝重量有关,也影响到胴体质量和生产肥肝的成本。在这个阶段,应充分利用人力、机械、饲料、鹅舍等方面条件进行填饲生产,力争在较短时间内,生产尽量多的优质肥肝。填饲期的长短应根据鹅的生理特点和肥肝增重规律来确定,具体时间长短视品种、消化能力、增重,特别是育肥成熟与否而定,不同品种有所差异。

由于鹅个体间存在差异,有的早熟,有的晚熟,所以生产肥肝和生产肉用仔鹅不同,不能确定一个统一的屠宰期。填饲到一定时期后,应注意观察鹅群,成熟一批,屠宰一批。鹅育肥成熟的特征为:体态肥胖,腹部下垂,两眼无神,精神萎靡,呼吸急促,行动迟缓,步态蹒跚,跛行,甚至瘫痪,羽毛潮湿而零乱,出现积食和腹泻等消化不良症状,此时应及时屠宰取肝。

正常情况下,随填饲时间延长,肝重和体重迅速增大,鹅的填饲期最短 2 周,最长 5 周,一般以 3～4 周为宜。

(5)填饲期的饲养管理　应做到以下几点。

首先,为了让填饲鹅得到充分的休息,减少能量消耗,利于肥肝生长,必须严格关养,不让鹅运动和游泳。鹅舍光线宜暗,保持环境安静。

其次,驱赶鹅应缓慢,防止挤压和碰撞,捕捉时应格外小心,轻提轻放。尤其到填饲后期,鹅十分脆弱,应特别谨慎,减少对鹅的惊扰。

再次,鹅舍应冬暖夏凉,通气良好,空气清新,保持清洁、安静和少光,地面平坦,地上无石块等硬物,地面适当铺垫草,以保持干燥,供鹅

休息。

第四，保持清洁卫生，每次填完后应及时清扫，供应充足饮水，水盆或水槽放在围栏外，让鹅伸出头饮水。整个育肥期内要保证鹅有充足的清洁饮水和供饲沙砾。

第五，饲养密度应控制在每平方米2～3只，每栏养鹅5～10只，如果密度太大，鹅只相互拥挤碰撞，会影响肥肝的产量和质量。

第六，填饲鹅可以平养、网养或笼养。

五、填饲鹅的运输

填饲结束后的鹅要送往食品加工厂集中屠宰取肝。屠宰前12小时应停止填饲。填饲成熟的鹅，由于较长时间的超额供给营养，新陈代谢不正常，肥肝压迫，影响呼吸系统的功能，体质很弱，生活力差，装运时必须小心谨慎，以免在装运过程中使肥肝瘀血或使鹅死亡。装运的笼子垫草应铺厚些，运输要平稳，防止颠簸，装卸时应双手捧住两翅，轻提轻放。

六、屠宰及取肝

(一)肥肝鹅的屠宰

(1)宰杀放血　抓住鹅的双腿，倒挂在宰杀架上，头部向下，采用人工割断气管和血管的方式宰杀放血。放血应充分。充分放血以后的屠体皮肤白而柔软，肥肝色泽正常。放血不干净的肥肝色泽暗红，肥肝瘀血，影响质量。

(2)浸烫　宰杀放血干净后立即浸烫，水温不宜过高，一般为65～70℃。浸烫的时间也不宜过长，否则毛绒卷曲抽缩，色泽变劣，脱毛时皮肤易破损，严重者影响肥肝质量；水温太低又不易拔毛。屠体必须在热水中翻动，受热均匀，使身体各部位的羽毛都能完全浸湿。

(3)脱毛　浸烫到位后的鹅应立即脱毛。脱毛分机械脱毛和人工脱毛两种。由于肥肝很大,部分在腹腔,使用脱毛机脱毛容易损坏肥肝,因此一般采用手工拔毛。拔毛时将屠体放在桌上,趁热先将鹅胫、蹼和喙上的表皮脱去,然后左手固定屠体,右手依次拔翅羽、背尾羽、颈羽和胸腹部羽毛,拔完粗大的毛后开始拔细毛,将屠体放在盛满清水的拔毛池中,依次拔去尾背、两翅之间、胸腹部和颈部残存的毛,拔毛同时,往池中不断放水,保持长流水,使池中水不断外溢,以流走漂浮在水面上的羽毛。手工不易拔尽的纤羽,可用酒精喷灯火焰燎除,最后将屠体清洗干净。拔毛时不要碰撞腹部,也不可互相推压,以免损伤肥肝。

(4)预冷　刚脱毛的屠体不能马上取肝,因为鹅的腹部充满脂肪,腹脂的熔点很低,为28～32℃,不预冷取肝会使腹脂流失;由于肥肝脂肪含量高,非常软嫩,内脏温度未降下来就取肝容易损伤肝脏。因此,应将屠体预冷,使其干燥,脂肪凝结,内脏变硬而又不冻结,才便于取肝。将屠体平放装盘或放在特制的金属架上,背部向下,胸腹部朝上,置于温度为4～10℃的冷库预冷18小时。

(二)鹅的剖腹和取肝

操作者将屠体放置在操作台上,胸腹部向上,尾部朝向操作者,左手按住屠体,右手持刀。剖腹方法有以下三种。

(1)横向剖腹法　用刀沿龙骨后缘横向从右向左割开腹部皮脂,用左手伸入腹腔,挑起腹膜,刀刃向上,自左向右割开腹腔,将两侧刀口扩大至双翅基部,然后把屠体移至操作台边,背腰部紧贴台边的棱角上,左手按住双腿和腹部,右手按住胸部,两手同时用力下压,掰开屠体,使内脏裸露。

(2)仿法式剖腹法　从腹线正中横向切开皮肤,再从横向切口的中点沿腹线向下纵向切开皮肤到肛门为止,整个切口呈丁字形。皮肤切开后,下刀不要太猛,以免损伤肝脏,分离皮下脂肪,肥肝裸露。

(3)开胸剖腹法　用刀从龙骨前端沿龙骨嵴左侧向龙骨后端划破皮脂,然后用刀从龙骨后端向肛门处沿腹中线割开皮脂和腹膜,从裸露

胸骨处，用外科骨钳或大剪刀从龙骨后端沿龙骨嵴向前剪开胸骨，打开胸腔，使内脏暴露。

屠体剖开后，应仔细将肥肝与其他脏器分离。取肝时应特别小心，操作时不能划破肥肝，分离时不能划破胆囊，以保持肝体完整。如不慎胆囊破裂，应立即用水将肥肝上的胆汁冲洗干净。操作人员每取完一只肥肝，用清洁水冲洗一下双手。取出的肥肝应适当整修处理，用小刀切除附在肝上的神经纤维、结缔组织、残留脂肪和胆囊下的绿色渗出物，切除肝上的瘀血、出血斑和破损部分，放入0.9%的盐水中浸泡10分钟，捞出后沥干水，称重分级，并按不同等级进行包装和装箱。在冷库－18～－20℃条件下，可保存2～3个月。

七、肥肝的质量监测和分级

1.填饲鹅质量监测

填饲鹅应来自非疫区，无传染性疾病；填饲鹅应为3～5月龄仔鹅；填饲前要经过预试观察。

2.屠宰前监测

具备来自非疫区的兽医检疫证明；有填饲记录，主要记录饲料消耗、填前和填后平均增重、伤残率等。

3.屠体及组织器官的监测

屠体外表色泽是否正常，有无寄生虫、溃疡、肿瘤、炎症等。肥肝是否正常，有无破胆、血块、粪污、残留组织等，体内组织器官有无病理变化。

4.分级

肥肝的分级主要按重量和感官质量进行评定。

(1)重量　肥肝重量在很大程度上反映了肥肝的水平。同等质量的肥肝，肥肝越重，利用价值越大，等级越高。特级600～900克，一级350～600克，二级250～350克，三级150～250克，150克以下为等外级。

(2)感官评定

色泽:色度均匀,浅黄色或粉红色,内外无斑痕,肝表面有光泽。

组织结构:应表面光滑,肝体完整,无血斑、血肿、胆汁绿斑,无病变,质地有弹性,软硬度适中。

气味:具有鲜肝正常气味,熟肥肝有独特的芳香味。

化学成分:要求含粗蛋白质7%~8%,含粗脂肪40%~50%以上。

八、肥肝的包装

国外如匈牙利生产的肥肝,分级后直接装入塑料盘中,每只盘下面铺一层碎冰,上面铺一层白纸,纸上放肥肝,每盘横放4~6只,竖放3排,随后将盘放入宽约90厘米、深约90厘米、长约160厘米的冷藏箱中。箱内可重叠放7层,关上箱门温度可保持在2~4℃,然后用汽车或火车运往其他国家或地方。如运输距离远,需要空运,将鹅肥肝放入特制泡沫硬塑料包装盒中,盒分上下两片,下片中放一层碎冰,再铺上一层白纸,纸上放肥肝,再覆盖一层白纸,铺上一层碎冰,盖上盖子,上下片连接处用透明胶带黏合。这种包装轻而隔热,适合于空运。

我国生产肥肝出口尚处在起步阶段,肥肝级别低,产量也少,需要一段时间的集聚才能批量运输,因此常采用速冻后冷藏的方法延长贮藏期。鹅肥肝保鲜工艺是先将洗净的鲜鹅肝放入盐水中浸泡,再用二氧化碳或氮气等惰性气体充气,最后包装放置2℃左右贮藏,即可保鲜。也可把分级后的肥肝放在-28℃条件下速冻,包装后放在-20~-18℃条件下,可保藏2~3个月。

思考题

1. 鹅肥肝的主要营养价值是什么?
2. 鹅肥肝生产过程中最重要的环节是什么?
3. 为什么要将鹅体冷冻后才能取肝?

第六章

鹅病的预防与诊治

导　读　本章分别对鹅场及鹅群的卫生、消毒和鹅群的防疫、鹅病的诊治进行了论述，本着“预防为主”的原则，重点介绍了综合性防制措施以及鹅的传染病和常见疾病。

第一节　鹅病的综合性防制策略

鹅生产快、饲料转化率高，能在短期内生产、提供大量营养丰富的肉、肥肝等产品，是人类动物蛋白质食品的理想来源。近20年来，由于应用了现代科学技术的成就，我国的养鹅业已形成了现代养鹅业的系统工程，因而在发展鹅健康饲养时就必须采用这些系统工程建设的成就。

鹅病是影响养鹅业发展的最大障碍，和其他禽病一样，种类繁多，原因也比较复杂。目前常见的和严重危害鹅业生产的疾病有数十种。根据鹅病的性质，分为传染病、寄生虫病和普通病三大类。无病防病，不是消极的防御，而是积极的进攻。在未有疫病发生时，应致力于良好的饲养管理措施和加大卫生防疫的力度，拒鹅病于鹅场(群)之外，这才是理智和明智的做法。对于一些忽视疫病预防工作的鹅场(养鹅户)，未能依靠科学的措施防病，只靠"运气"，在无重大疫病流行时，日子较易过。一旦疫病流行，死亡惨重时，就有可能支持不下去了。因此，防病只靠"运气"是靠不住的，只有靠科学的防制策略，才有可能有效地避免或减少疫病的发生，才有可能获得高效益。

疫病的防制是一个系统工程，必须建立防制鹅病的生物安全措施。我国现代养鹅业的鹅病防控体系，经过 10 多年的研究与推广，已经形成了一个"预防为主，治疗为辅"的防治结合体系，这对保证我国规模养鹅业的正常生产，起到了良好的保障作用。但由于鹅健康饲养对产品要求远大于规模养鹅的产品质量标准，因而鹅病防制体系上将更加重视预防，对治疗将有严格的用药规范和用药时间的要求。而目前鹅病的发生，既受到鹅本身抗病力的影响，又受到环境、人为因素等方面的影响，所以按照鹅健康饲养要求研究和制定一套鹅病防治措施，构建鹅健康饲养的疾病防治体系，以保证鹅健康饲养的顺利实施。紧紧抓住搞好鹅场(群)的环境卫生及消毒工作；建立防制疫病的生物安全体系；制定鹅群的免疫程序，明智地选择好高效的疫苗并适时进行免疫接种；加强和改善饲养管理，给鹅群的生长繁殖创造一个良好的、安全的环境，做好这几项工作，在现阶段就可以在鹅病防制中，变被动为主动。随着养鹅业的进一步发展，要求越来越高，疫病防制工程的内容要不断丰富、不断完善。

一、做好环境卫生工作

鹅舍必须每天清扫干净，垫料必须干燥，无霉变，无污染，不含有硬质杂物。垫料在使用前，先经彻底暴晒，利用阳光中的紫外线杀灭其中的微生物。食槽及饮水器每天清洗一次并消毒。定期清理粪便和垫料时，先把鹅群赶出舍外，然后对鹅舍进行清洗和消毒。清除垫料前，可

先喷洒消毒药，以防尘埃飞扬。

运动场要及时清扫，避免出现低洼地积水及存在尖硬杂物等。定期消毒。在鹅群下水的池塘岸边，要有一定坡度，并设有适当的台阶。场内不得堆积杂物，要扫清场上残留的饲料。

做好科学灭鼠、灭蝇工作。但要注意鼠药的保管和使用，以防万一，保证人和鹅群的安全。

二、做好消毒工作

为了消灭散布于外界环境中的病原微生物，以切断传播途径，阻止疫病蔓延，必须做好消毒工作，以降低鹅场病原微生物的浓度。

（一）消毒对象

消毒的对象包括一切可能被病原体污染的饲料、饮水、设备、用具、粪便、衣物、车辆、种蛋、孵化器、其他用具及鹅舍、运动场等。

（二）消毒方法

鹅舍的墙壁可用消毒液喷洒，或定期用石灰乳粉刷。扫干净的运动场，以及在鹅舍地面与墙的夹缝和柱子的下端，每周用2%～3%氢氧化钠或其他消毒溶液喷洒2～3次。

鹅场（舍）门口设一个装消毒液的桶，以便饲养人员进入鹅舍时先将所穿着的水鞋进行消毒。切忌在门口设立"形式主义"的消毒池，因池内消毒药液常因日晒、雨淋而失效，变成流于形式，起不到消毒作用。有些较大的鹅场，门口设消毒池时，则应采取措施，保证消毒液的应有浓度及消毒效果。喂鹅之前，要先进行手的消毒。

带鹅消毒是一项较为实际的消毒方法，不但可以消灭鹅身上沾染的病原微生物，对鹅呼吸道黏膜浅表感染的病原微生物也有抑杀作用。还可以沉降鹅舍内的尘埃，净化室内的空气，营造一个干净舒适的环境。所选用的消毒药一定要合乎要求（如百毒杀等），稀释浓度要准确，要选用合适的喷雾器，其雾点大小最好在10微米以下。

购进鹅苗前，育雏室除一般的清洗和消毒之外，室内空间还可采用福尔马林熏蒸消毒。第一级每立方米空间用福尔马林13.5毫升，加高锰酸钾7克；第二级用27毫升福尔马林，加14克高锰酸钾；第三级用40.6毫升福尔马林，加21.2克高锰酸钾。一般消毒可用第一级，如发生传染病时，可采用第二级或第三级消毒。消毒前需将鹅舍门窗缝隙，糊上旧报纸密封，经12～24小时后，打开门窗，通风换气，使甲醛散发。若育雏室需急用时，为了清除室内甲醛的气味，可按每立方米容积用5克氯化铵、10克石灰石和75℃的热水1 000毫升，用一容器混合后，置于舍内让其产生的氨气和甲醛气体中和即可。

平时若发现不明原因死亡的鹅只，应撒上生石灰后深埋，不得丢进池塘内或乱丢。粪便要集中堆积发酵处理。

鹅场内的池塘，其四周应设有水沟，避免流入生活污水。下雨天也可避免其他污水流入池塘，以保持池塘水质相对稳定。

三、做好隔离工作

不同日龄鹅群应隔开饲养。发现病鹅（包括出现绿色粪便、软脚、体弱等）立即隔离。新引进的鹅群应在另处隔离饲养15～21天后才能混群，以避免带入疫病。

四、做好疫苗的预防接种工作

（一）鹅场常用的生物制剂

1. 禽流感油乳剂灭活疫苗

本品为油包水型乳白色均匀乳剂，用于预防特定亚型流感病毒引起的禽流感，适用于2周龄以上的鹅。市售疫苗免疫期为4个月。注射时雏鹅采用皮下注射，青年鹅、成鹅采用肌肉注射；剂量为2～3周龄

雏鹅每只0.3毫升，中雏鹅每只0.5毫升，成鹅每只0.5～1毫升。本品使用时应充分摇匀，严禁过冷或过热。在短时间内本品可能对注射部位的肉质产生一定的影响，但可逐渐恢复。

2. 小鹅瘟疫苗

本品采用鹅胚多次传代获得的小鹅瘟弱毒株，经过接种12～14日龄鹅胚，收获感染的鹅胚尿囊液，加入适量的保护剂，经真空冷冻干燥制成。

理化性质：呈乳白色海绵状疏松团块，加稀释液后迅速溶解。

剂量与用法：本疫苗适用于未经免疫接种鹅的后代雏鹅或种鹅免疫后已达7～8批以上的雏鹅作紧急预防接种。使用时按瓶签注明剂量及按1∶100倍稀释，给出壳后24小时以内的雏鹅皮下注射0.1毫升。

免疫有效期：接种后7天产生主动免疫力。放置在－15℃以下冷冻保存，有效期18个月以上。

3. 小鹅瘟鹅胚弱毒疫苗

本品采用小鹅瘟鹅胚弱毒株接种12～14日龄鹅胚后，收获72～96小时死亡鹅胚尿囊液，加适量保护剂，经真空冷冻干燥制成。

理化性状：呈乳白色海绵状疏松团块，加稀释液后迅速溶解。

基本用途：供产蛋前的留种母鹅主动免疫，雏鹅通过被动免疫，预防小鹅瘟。

剂量与用法：临用前，用灭菌生理盐水按1∶100倍稀释，在母鹅产蛋前0.5个月注射本疫苗，每只成年种鹅肌肉注射1毫升。

免疫有效期：通过被动免疫获得的母源抗体，可使10个月内所产的蛋孵化出的雏鹅95％以上能抵抗小鹅瘟。疫苗在－15℃以下冷冻保存，有效期18个月以上。

注意事项：雏鹅禁用。

4. 鹅副黏病毒苗

本品采用鹅副黏病毒分离株，接种鸡胚，收获感染的鸡胚液，经甲醛溶液灭活，加适当的乳油制成。本品为乳白色均匀乳剂。14～16日龄雏鹅肌肉注射 0.3 毫升；青年鹅和成年鹅肌肉注射 0.5 毫升。有效期 6 个月。放置在 4～20℃常温保存，勿冻结，可保存 1 年。

5. 小鹅瘟鸭胚化 GD 弱毒疫苗

为淡黄色、淡红色液体，有少量沉淀。冻干苗为淡黄色、淡红色海绵状疏松团块，稀释后成均匀混悬液。用于预防小鹅瘟，专供产蛋前母鹅的主动免疫。产蛋前 15～30 天注射，270 天内产蛋鹅的雏鹅有 95%的保护力，270～300 天有 80%的保护力。使用时以生理盐水稀释 100 倍肌肉注射，每年进行 1～2 次免疫，用量 1 毫升。本品 －20～－10℃下保存期为 18 个月，4～8℃下可保存 14 天，冻干苗 －20～－10℃可保存 5 个月。不健康的鹅不能进行注射，疫苗稀释后应放在冷暗处，限 6 小时内用完。

6. 抗小鹅瘟血清

为淡黄色、透明液体，微有黄色沉淀。用于治疗或紧急预防小鹅瘟，免疫期是 14 天。通常皮下注射，预防时用量为 0.3～0.5 毫升，治疗时用量为 2～3 毫升。本品在 2～15℃阴冷干燥处可以保存 1 年。本品冻结时不可以使用，少量有过敏反应。

7. 禽霍乱 G190E40 弱毒疫苗(禽巴氏杆菌菌苗 G190E40)

淡褐色海绵状疏松团块，稀释后溶解成均匀混悬液。用于预防 2 月龄以上鹅霍乱(禽巴氏杆菌病)，免疫期 105 天。使用量为鹅肌肉注射 0.5 毫升(1 亿个活菌)。本品在 －25℃以下阴暗处可保存 1 年，病、弱鹅不宜注射，本品须在稀释后 8 小时内用完。

8. 禽霍乱 731 弱毒菌苗

为黄色海绵状疏松固体，稀释溶解后成均匀混悬液。用于预防 2 月龄以上鹅霍乱(禽巴氏杆菌病)，注射后 3 天产生免疫力，免疫期 105 天。使用量为鹅皮下注射 5 亿个活菌。本品在 0～4℃下可保存 7 个月，病、弱、已发生、受威胁的鹅群不宜注射。需在停抗生素药 1 周后使用本苗。暴发禽霍乱的鹅群可用以紧急接种，3 天后即可控制疫情。

9. 1010 水禽霍乱弱毒苗

预防鹅的禽霍乱，免疫期 8 个月。使用方法为拌料，免疫鹅群

2次，总数50亿菌。本品无不良反应，不影响产蛋率。

（二）制定科学的免疫程序

根据本地区的常发病和多发病的种类，确定免疫预防的重点。有些病虽然本地区目前未见流行，但其他地区（特别是邻近地区）已发生流行，且属于烈性传染病，也应列入免疫接种的重点，制定出科学的免疫程序。在一般情况下，肉用鹅每一种疫苗免疫一次即可，而种鹅则必须在雏鹅阶段（5～12天）首免，65～75天进行二免，产蛋前三免。以后每隔半年再免疫一次。

（三）使用疫苗应注意的事项

在生产实践中，由于疫苗使用不当而造成免疫失败的事例常有发生。现将疫苗使用过程中值得注意的问题，简介如下，以供参考。

（1）选择合适的疫苗。在选择疫苗时，请先了解目前各种鹅病疫苗的种类，然后向有经验者咨询，按已定的免疫程序选择疫苗。

（2）疫苗的保存。冻干弱毒疫苗应该低温冻结（－10℃左右）保存。油乳剂灭活苗应置4～8℃保存，不能冻结，一旦冻结，解冻之后容易引起脱乳（即下层澄清，上层乳白色）而失效。倘若油乳剂灭活苗分层（即上层清，下层呈乳白色），摇匀之后还可使用。

（3）疫苗的稀释。冻干弱毒疫苗使用时，要用灭菌生理盐水（或用冷开水）稀释，切记不要往疫苗里加入抗生素，因为不少抗生素不是酸性就是碱性，大量抗生素加入疫苗中，会改变其pH，从而影响疫苗的质量，降低免疫效果。更不能将抗生素粉剂及针剂（油剂抗生素除外）加入油苗中，否则容易引起脱乳。

（4）注射器及针头等用具应先洗干净，煮沸消毒或高压灭菌，否则容易引起鹅只注射部位感染细菌，轻者发炎，重者（若感染绿脓杆菌）会出现死亡。

（5）油乳剂灭活苗的注射部位应在颈部下1/3正中处，掐起皮肤，针头向鹅背方向插入。切忌在颈的两侧注射，因容易刺破颈部血管而出现皮下血肿，压迫颈部神经，或刺伤颈部肌肉，影响颈的活动。切忌作腿部肌肉注射，因会影响其走路，或由于疼痛引起跛行。

(6)关于油乳剂灭活苗引起的反应问题，由于应激会引起一定的反应，鹅群注苗后会出现1～2天食欲减少，但很快就能恢复。倘若是产蛋种鹅，注苗后还会出现1～2天减蛋现象，但很快就回升。

(7)在进行免疫接种时，应先接种健康鹅只，然后注射体质较差的鹅。抓鹅时，动作要轻，放鹅时，动作要慢，避免产生过大的应激。

五、供应清洁的饮水

水为生命所必需，在鹅群饲养管理中，饮水是饲养管理中一项极为重要的问题。要想在生产中取得较理想的效益，就必须全面考虑水的质量及供应等有关问题。

(1)水与体内环境有密切关系。水是鹅体的重要组成部分，其含水量占体重的55%～75%。水在体内起着溶剂作用，向细胞运送营养物质，带走代谢产物；参与体内多项生物化学反应，调节酸碱度、渗透压、电解质浓度，维持生理平衡；调节体温及起润滑剂作用；水也被认为是一种营养成分。鹅群若长期饮水不足会使消化机能紊乱、生长停滞，母鹅换羽和停止产蛋时抵抗力下降，引发多种疾病。鹅体脱水20%可导致死亡。

(2)水中大多数细菌、霉菌和其他微生物对机体是无害的，但它们与水中的一些特殊物质的形成有关(如污泥等)，对水的质量造成一定的影响。有些致病性细菌(如大肠杆菌、沙门氏菌等)可引起鹅只患病，并能降低鹅只的生产性能。有些鹅场池塘的水是来自山水的长流水，水质优良，鹅只发生细菌病的可能性相对少些；有些鹅场的池塘是不流动的“死水”，特别在下雨天，四周的水流入池塘，水的污染极为严重，鹅群常发生大肠杆菌病、鸭疫里默氏杆菌病及沙门氏菌病等疾病。

(3)水的消毒。如果有条件利用人的生活饮用水喂雏鹅和育肥鹅，那就不用消毒了。若水源的污染程度较大，则可采用下列方法消毒。

沉淀法：应用的药品有明矾或硫酸铝。明矾为硫酸铝与硫酸钾的重盐，起净化作用的为硫酸铝，所以单用硫酸铝也可以。明矾或硫酸铝本身无杀菌力，但入水后遇到水中的碳酸盐，立即水解为氢氧化铝胶状物，可吸附水中大部分悬浮物和细菌而沉降。因而可以得到比较清洁的水。其用量随水的混浊程度而定，通常用十万分之一。

百毒杀：1∶(10 000～20 000)稀释用于饮水的消毒。

漂白粉(含氯石灰)：每立方米水加入6～10克，30分钟后即可饮用。

次氯酸钠：原液稀释1∶(1 500～3 000)，直接加入水中。

三氯异氰脲酸钠：每升水用4～6毫克。

六、加强饲养管理工作

科学的饲养管理，可增强鹅体的抗病能力，是预防各种疫病的重要工作。保持适当的饲养密度；合理的、科学的饲料组合；适时添加维生素和微量元素；添加微生态制剂；保持优良的环境(特别是清洁卫生、消毒及提高空气质量)；在适当位置放置足够数量的饲槽和饮水器，供应清洁的饮水；做好保温工作。把饲养管理的水平提高一个档次。

七、鹅群发生传染病时的处理策略

(一)早期发现疫情

(1)发现疫情要及时　对鹅群要勤观察，特别要观察鹅群的食欲，若食料一旦有明显的减少时，往往是发生疾病的“前奏曲”。发现疫情越早，工作越主动。一旦发现少数鹅只发病，应立即将其隔离、治疗或处理。

(2)确诊要及时　发现疫情后，尽快请有关部门剖检(有必要时可取病料送检)，作出确诊。

(二)尽快采取措施

(1)尽快将病鹅隔离　若属烈性传染病,立即上报并将病鹅场(群)封锁,采取一切措施防止疫病扩散。绝不能在此期间购进新鹅。

(2)尽早进行紧急预防接种　若已有弱毒疫苗预防的疫病,如鹅的鸭瘟病,可立即注射鸭瘟鸡胚化弱毒疫苗;若是小鹅瘟、禽流感、副黏病毒病可注射高免蛋黄液或高免血清。

(3)尽快进行消毒　消毒工作与病鹅的隔离工作密切结合起来。每天消毒一次,若不是在严冬育雏,都可以采取带鹅消毒。

(4)进行积极治疗　除高免蛋黄液和高免血清外,还可以配合药物治疗。治愈率在很大程度上决定于发病的时间、病的程度及药物组方是否合理。

(5)淘汰和正确处理病鹅和死鹅　病重鹅只没有必要治疗,应及早淘汰,但不能拿到市场出售。死鹅不能乱丢,应深埋。疫情控制之后,全场再进行一次彻底消毒。

第二节　应激综合征及防治策略

在防治鹅病的策略方面,必须重视严防应激综合征给养鹅业带来的经济损失。据报道,由于温度和光线所引起的应激发生率可高达40%～60%,鹅的死亡率为14%～21%。应激可以影响鹅只的采食量、生长发育、生产力、繁殖力、抗病力和免疫力。应激因素还可引发应激综合征,常引起大批鹅只死亡。在养鹅和鹅病防治过程中,人们往往只注意免疫注射,药物防治,而忽略了应激因素对鹅只的健康及防治工作所带来的负面影响。

应激综合征是指机体在应激原的刺激下,通过垂体-肾上腺皮质系统引起的各种生理和病理演变过程的综合表现。

一、应激综合征的发病机理

应激综合征的发病机理比较复杂，是一个有待今后继续研究和探讨的问题，当今较为一致的看法是以 Selye 的应激学说为理论基础，阐述应激综合征的机理。不同的致病因子，在机体除可产生特异性反应的同时，还可产生相同或相似的非特异性反应。这种非特异性变化称为"全身适应综合征"。凡能引起机体出现"全身适应综合征"的因素称为"应激原"。由应激原所引起的"全身适应综合征"可划分为三个阶段：

第一阶段为紧急反应阶段，即机体对应激原作用的早期反应。该阶段又分为休克相和反休克相。休克相——表现为体温和血压下降，血液浓缩，神经系统抑制，肌肉紧张度降低，进而发生组织降解，低氯血，高钾血，胃肠急性溃疡，机体抵抗力低于正常水平。可持续几分钟至 24 小时。反休克相——当应激反应进入反休克相时，机体的防卫反应加强，血压上升，血钠和血氯增加，血钾减少，血糖升高，分解代谢加强。胸腺、脾脏等淋巴器官萎缩。嗜酸性粒细胞和淋巴细胞减少。肾上腺皮质肥大，机体总抵抗力提高，甚至高于正常水平。

第二阶段为抵抗阶段。机体在此阶段克服了应激原的作用而获得了适应，新陈代谢趋于正常，合成代谢占主导地位，血液变稀，血液中的白细胞和肾上腺皮质激素含量趋于正常，机体的全身性非特异性抵抗力提高到正常水平以上。

第三阶段为衰竭阶段。应激反应程度加深，出现营养不良，肾上腺皮质虽然肥大，但功能低下。分解代谢又重新占主导地位。体重急剧下降，机体储备耗竭，新陈代谢出现不可逆变化。机体适应机能破坏，最终导致禽只死亡。

二、应激的临诊症状

应激原多种多样，包括噪声、拥挤、混群、惊吓、恐惧、驱赶、追捕、争斗、运输、转群、防疫接种、高温、寒冷、气候骤变、停电、缺水、光线过强、饲料突然转变等。由于这些应激原的强度、持续时间，鹅只品种、年龄以及机体健康状况和营养状态的不同，由应激引起的临诊症状会有各种类型。主要有以下几种：

(一)急性应激综合征

这种综合征是由于受应激原的长时间刺激所引起。

啄癖：引起此种症状的应激原是饲养密度过大引起拥挤应激，光线过强引起光应激，皮肤创伤和出血引起创伤应激，疥螨或其他寄生虫寄生引起痒应激。这些应激原的刺激都可以致使鹅只发生啄癖。另外，由于缺乏维生素、矿物质及蛋白质等也可以致使鹅只发生另一种应激反应，即营养缺乏性啄癖。在临诊上可表现啄肛、啄毛、啄蛋、啄趾、啄肉等。

热应激：引起此种症状的应激原是天气炎热的情况下长途运输、过度拥挤和缺水、鹅舍温度过高等。在这些因素作用下致使鹅体产热过多，而散热困难，在临诊上表现为呼吸困难，张口喘气，体温升高，心跳加快，肌肉震颤，可视黏膜潮红或发绀，口流白沫；鹅只还可能发生肺炎，甚至死亡。

致惊应激：引起此种症状的应激原是争斗、噪声、捕捉、运输、混群等，致使鹅只受惊。在临诊上表现头部羽毛竖起，惊恐不安，到处乱跑，寻处躲藏，食欲减少甚至废绝，生长发育受阻，产蛋量下降，有些鹅只发生死亡。

(二)慢性应激综合征

这种综合征由于强度不大的应激原长期反复刺激所致，如营养缺乏、后备种鹅产蛋前限料，一天喂一次料，忽饥忽饱，育雏室温度忽冷忽热、气候骤变，患有慢性病及卫生状态差造成霉菌慢性感染等。在应激原不断刺激下，机体不断地作出适应性的调整，结果形成不良的累积效应，从而影响鹅只的食欲，致使生长发育迟缓，消瘦，产蛋量

下降，孵化率降低，免疫应答减弱，免疫力下降，并且容易继发或并发其他疫病。

（三）猝死性应激综合征

又称猝死，是由于鹅只在惊吓、捕捉、注射疫苗发生反应或互相挤压等激烈的应激原的刺激下，不表现任何症状而突然死亡。其死亡的最主要原因是由于突然受到应激原的强烈刺激，交感-肾上腺系统活动增强（肾上腺素分泌增加，交感神经高度兴奋），引起休克或虚脱而致猝然死亡。

三、应激的防治策略

（一）应激的预防

（1）必须充分认识应激给养鹅业带来的危害性，加强预防和减少应激的观念。特别在主要的传染病得到控制之后，往往更容易忽视应激对鹅只生长发育、生产性能、抗病力和免疫力的影响所造成的经济损失。

（2）加强饲养管理。在整个饲养过程中，始终要保持饲料中营养成分的平衡，并在特殊情况下注意及时补充多种维生素及矿物质。在阴雨季节严防饲料发霉。所喂饲料的质量不但要可靠，而且要相对稳定。一旦发现质量有问题，要及时调整。注意鹅群的稳定性，尽可能避免随意混群，破坏群体的整体关系。在运输过程中尽量减少和减轻动态应激因子对鹅只的影响。

（3）大力改善环境条件。这是预防和减少环境应激因子对鹅群造成不良影响的重要工作之一。改善环境的清洁卫生状态，清除周围环境的各种污染；舍饲的鹅群要注意适当的饲养密度、适中的光线、良好的通风、适宜的温度，避免或减少噪声的干扰，给鹅群的生存创建一个良好和安全的环境条件。最有害的环境是几个应激因子的联合作用。

为了提高养鹅的经济效益,就必须积极创造条件,有了一定条件就必须积极改善,不断完善。这是追求高效益的成功养殖者所具有的良好思维素质。

(4)做好重大疫病预防接种工作。根据当地目前主要的重大疫病,制定合乎实际、科学的免疫程序,选择高质量的疫苗,及时进行预防接种,并保证接种的质量,把严防应激与科学预防接种结合起来,这才是保证养鹅业顺利健康发展的最重要的策略。

(5)及时采用药物预防。在捕捉、运输或免疫接种之前1小时,在每千克饲料中添加利血平10～15毫克,或每千克饲料中补充维生素C 100～200毫克,同时添加维生素E和B族维生素,有更佳的抗应激作用。延胡索酸可按0.2%拌料饲喂,它是一种应激保护剂,能促进脂肪代谢正常化,阻止自由基氧化,使机体保持正常的抗氧化状态,同时还可增强机体的免疫保护力,从而提高鹅群的存活率和生产性能。琥珀酸盐可按0.1%的浓度拌料饲喂,它能使处于应激状态的鹅群较快地恢复正常生理状态和维持正常的产蛋水平。

(二)应激的治疗

(1)消除应激原。在患鹅出现症状之后,如果确诊为应激综合征,应针对不同的应激因素采取相应的措施给予及时消除。

(2)采用药物治疗。每千克饲料可添加维生素C 100～300毫克;或每千克饲料添加杆菌肽锌40毫克,同时添加维生素E及亚硒酸钠,可以增强机体的免疫和抗自由基系统的功能。

第三节　鹅场卫生消毒

消毒的目的是消灭环境中的病原微生物,预防传染病的发生或阻止传染病的蔓延,因此是一项重要的防病措施。鹅场除了确保引进健

康鹅、严防禽兽串入鹅舍和杜绝外来人员进入等基本防护条件外，更重要的是做好消毒灭源工作，为饲养创造良好的饲养环境。

一、消毒

(1)建立消毒池。在鹅场进出口设置与门同宽、长 3～5 米的消毒池，并且保持消毒池内消毒药物(2%的火碱水)浓度与消毒液量，以便对进出人员、车辆进行消毒。

(2)设立消毒间。饲养场的工作人员、饲养人员在进入饲养区前，必须在消毒间更换工作衣、帽和鞋，穿戴整齐后进行紫外线消毒 10 分钟，再经消毒池进入饲养区。

(3)鹅舍门前出入口应该设立消毒槽，门内设置消毒缸(盆)，饲养员在饲喂前先将洗净的双手放在盛有消毒液的消毒盆内浸泡消毒几分钟。

(4)道路的消毒。饲养场通往各栋鹅舍的道路也要每隔几天用消毒剂喷洒，采用定期的消毒和临时性的消毒。

(5)定期对鹅舍及设备用具消毒。鹅舍的用具和饲槽消毒后，必须固定在饲养人员各自管理的鹅舍内，不准相互通用，同时饲养人员也不能互相串舍。

二、防腐消毒药

(一)防腐消毒药的概念

防腐药是指能抑制病原微生物生长繁殖的药物；消毒药是指能迅速杀灭病原微生物的药物。两者之间并无严格界限，消毒药在低浓度时能抑菌，而防腐药在高浓度时也能杀菌；因此一般总称为防腐消毒药。

防腐消毒药与其他抗菌药不同，它们对于病原体与机体组织并无明显的选择性，在防腐消毒的浓度下，往往也能损害动物机体，甚至产生毒性反应。故通常不做全身用药，主要用于杀灭或抑制动物体表、器械、排泄物及周围环境的病原微生物。

（二）防腐消毒药的作用机理

1. 使菌体凝固或变性

此类药物多为原浆毒，能使微生物原浆蛋白凝固变性而死亡。如酚类、醇类、醛类、酸类和重金属盐等。

2. 改变菌体胞浆膜的通透性

某些防腐消毒药能改变细胞膜表面张力，增加其通透性，引起胞浆内物质漏失，水向菌体内渗入，使菌体破裂或溶解。如新洁尔灭或洗必泰等。

3. 干扰病原体的酶系统

有些防腐消毒药通过氧化还原反应损害酶的活性基团，或因其化学结构与菌体内代谢产物相似，竞争或者非竞争地同酶结合，抑制酶的活性，引起菌体死亡。如重金属盐类、氧化剂及卤素类。

4. 影响防腐消毒药作用的因素

（1）药物的浓度和作用时间　药物浓度越高，作用时间越长，效果越好，但对组织的刺激性越大；反之，则达不到消毒目的。故使用时，应选用适当的浓度和作用时间。

（2）温度　在一定范围内，药物温度越高，杀菌力越强，一般是每增加 10℃，抗菌活性增加 1 倍。

（3）有机物　有机物能与防腐消毒药结合，使其作用减弱，或机械性保护微生物而阻碍药物的作用。因此，在使用消毒药物前，必须将消毒场所彻底打扫干净。

（4）微生物的特点　不同种的微生物及微生物的不同发育期，对药物的敏感性是不同的，如病毒对碱类敏感，而对酚类耐受；生长繁殖旺盛期的细菌对药物敏感，而具有芽孢的细菌则对其有强大的抵抗力。

（5）药物之间的相互拮抗　两种药物混合时，常会出现配伍禁忌，

使药效降低。如阳离子表面活性剂和阴离子表面活性剂共用可以使消毒药物失效。

(三)防腐消毒药的分类和应用

1. 主要用于周围环境、用具、器械的消毒药

(1)甲酚

理化性质　又名煤酚,为无色或淡黄色澄明液体,有类似苯酚的臭味。

作用与应用　由植物油、氢氧化钾、煤酚配制的含煤酚50%的肥皂溶液为煤酚皂溶液(来苏儿)。杀菌力强于苯酚2倍,对一般病原菌具有较强的抗菌作用,对芽孢和病毒的作用不可靠。5%～10%的溶液用于浸泡用具、器械及厩舍、场地、病畜排泄物的消毒。1%～2%的溶液用于皮肤及手的消毒。0.5%～1%的溶液用于冲洗口腔或直肠黏膜。因本品有特殊酚臭,不宜用于屠宰场或乳牛场消毒。

(2)甲醛溶液

理化性质　甲醛在室温下为无色气体,具有强烈刺激性气味。在水中以水合物存在,40%的甲醛溶液,即福尔马林,为无色液体。久置能生成三聚甲醛而沉淀混浊。常加入10%～15%甲醇,以防止聚合。

作用与应用　有较强的杀菌作用,对细菌繁殖体、芽孢、真菌和病毒均有效。由于本品刺激性太强,多用于畜舍、衣物、器械的消毒。2%福尔马林溶液用于器械消毒(浸泡1～2小时)。10%福尔马林溶液用于固定解剖标本。10%～20%福尔马林溶液可治疗蹄叉腐烂、坏死杆菌病等。空间消毒可用40%甲醛溶液15～20毫升/米^3,加等量水,然后加热使甲醛挥发。熏蒸消毒必须有较高的室温和相对湿度,一般室温应不低于15℃,相对湿度为60%～80%,消毒时间为8～10小时。

(3)氢氧化钠

理化性质　又名苛性钠,为白色粉末或干块。易溶于水和醇,水溶液呈碱性反应。易潮解,在空气中易吸收二氧化碳形成碳酸盐。应密封保存。

作用与应用　本品为一种强碱，对细菌繁殖体、芽孢、病毒均有强大的杀灭力，对寄生虫卵也有杀灭作用。2%的热溶液，用于细菌（如鸡霍乱、鸡白痢等）或病毒（如口蹄疫、猪瘟、鸡新城疫等）污染的畜舍、场地、车辆等消毒。5%的热溶液常用于炭疽芽孢污染场所的消毒。

注意事项　本品对机体有腐蚀性，消毒厩舍时，应驱出畜禽，隔半天以水冲洗饲槽、地面后方可让畜禽进入。且消毒人员应佩戴橡皮手套，穿胶鞋操作。

(4)氧化钙

理化性质　又名生石灰，为灰白色块状物。本身并无杀菌作用，其与水混合后变成熟石灰（即氢氧化钙）才起作用。

作用与应用　本品对一般细菌有一定程度的杀菌作用，但对芽孢、结核杆菌无效。常用10%～20%的混悬液消毒厩舍、墙壁、畜栏、地面、病畜排泄物及人行通道，也可直接将生石灰撒在阴湿的地面、粪池周围及污水沟等处。由于生石灰可从空气中吸收二氧化碳，形成碳酸钙而失效，故不宜久贮。熟石灰也宜现用现配。

(5)过氧乙酸

理化性质　又名过醋酸，为无色液体。易溶于水、酒精和醋酸。易挥发，有刺激性酸味。45%浓度以上时剧烈碰撞或遇热易爆炸，在低温下分解缓慢，故采用低温(3～4℃)保存。市售为20%过氧乙酸溶液。

作用与应用　为强氧化剂，具有高效、快速和广谱杀菌作用，其气体和溶液具有较强的杀菌作用。对细菌、病毒、霉菌和芽孢均有效。0.05%的溶液2～5分钟可杀死细菌。1%的溶液10分钟可杀死芽孢，在低温下仍有效。常用0.5%的溶液喷洒、消毒畜舍、饲槽、车辆等。0.04%～0.2%的溶液用于耐酸塑料、玻璃、搪瓷和橡胶制品的短时间浸泡消毒。5%的溶液2.5毫升/米^{3}喷雾消毒密封的实验室、无菌室、仓库等。0.3%的溶液30毫升/米^3，用于带鹅消毒。此外，还适用于畜禽舍内的熏蒸消毒，一般每立方米用1～3克，稀释成3%～5%的溶液，加热熏蒸（室内相对湿度宜在60%～80%），密闭门窗1～2小时。

注意事项　稀释液不能久贮，应现用现配。本品能腐蚀多种金属，并对有色棉织品有漂白作用。因蒸气有刺激性，消毒畜禽舍时，畜禽不宜留在室内。

(6)二氯异氰脲酸钠

理化性质　又名优氯净，为白色或微黄色粉末。具有氯臭，含有效氯60%～64%。性质稳定，室内保存半年仅降低有效氯含量0.16%。易溶于水，但水溶液稳定性差，宜现用现配。

作用与应用　是新型高效消毒药，对细菌繁殖体、芽孢、病毒、真菌均有较强的杀灭作用。广泛用于鱼塘、饮水、食品、牛奶加工厂、车辆、厩舍、蚕室、用具的消毒。消毒浓度以有效氯计算，鱼塘0.3毫克/升水，饮水消毒0.5毫克/升水；食品、牛奶加工厂、厩舍、蚕室、用具、车辆50～100毫克/升水。应用时，注意事项同漂白粉。

(7)百毒杀

理化性质　又名癸甲溴铵溶液，是一种双链季铵盐类高效表面活性剂。为无色无味液体，能溶于水，性质稳定。不受环境酸碱度、水质酸度、粪污、血液等有机物及光热的影响。可长期保存，适应范围广。

作用与应用　低浓度能杀灭畜禽的主要病原菌、病毒和部分虫卵，有除臭和清洁作用。常用0.05%的溶液进行浸泡、洗涤、喷洒等，消毒厩舍、孵化室、用具、环境。将本品1毫升加入10 000～20 000毫升水中，可消毒饮水槽和饮水。

2.主要用于皮肤、黏膜的消毒药

(1)碘

理化性质　为灰黑色有金属光泽的结晶。常温下能挥发，微溶于水，易溶于碘化钾溶液，溶于酒精(1∶13)及甘油(1∶30)。

作用与应用　有强大的消毒作用，能杀死细菌、芽孢、霉菌和病毒。2%～5%的碘酊用于手术部位、注射部位的消毒，亦用于皮肤霉菌病。碘甘油涂布口腔黏膜，用于口炎、咽炎。

制剂与用法

碘酊　5%碘酊用于手术部位等消毒；浓碘酊用作皮肤刺激药，用于慢性腱炎、关节炎等;2%碘酊用于饮水消毒,在1升水中加5～6滴,能杀死病菌和原虫。

碘甘油　1%碘甘油用于鹅痘的局部涂擦;5%碘甘油用于治疗黏膜的各种炎症。

复方碘溶液(卢戈氏液)　用于治疗黏膜的各种炎症,或向关节腔、瘘管等内注入。

(2)硼酸

理化性质　为白色粉末或微带光泽的鳞片。溶于冷水,易溶于沸水、醇及甘油中。

作用与应用　有较弱的抑菌作用,无杀菌作用,但刺激性较小。2%～4%的溶液可冲洗各种黏膜、创面、眼睛,30%的硼酸甘油用于涂抹口腔及鼻黏膜的炎症等。硼酸磺胺粉(1∶1)可用于擦伤、褥疮、烧伤等的治疗。

3.主要用于创伤的消毒药

这里主要介绍苯扎溴铵。

理化性质　又名新洁尔灭。本品常温下为黄色胶状体,低温时可能逐渐形成蜡状固体。臭芳香,味极苦。易溶于水或乙醇,水溶液呈碱性,振摇时产生多量泡沫。性质稳定,可保存较长时间效力不变。无刺激性,耐热,对金属、橡胶、塑料制品无腐蚀作用。

作用与应用　为季铵盐类阳离子表面活性剂,有杀菌和去垢效力。对多数革兰氏阴性菌和阳性菌,接触数分钟即能杀死。对病毒效力差。不能杀死细菌芽孢、结核杆菌和绿脓杆菌。0.05%～0.1%的溶液可用于外科手术前洗手(浸泡5分钟),0.1%的溶液用于皮肤消毒、霉菌感染以及器械消毒(煮沸15分钟,再浸泡30分钟),0.01%溶液用于创面消毒。忌与碘、碘化钾、过氧化物、肥皂等合用。

三、养鹅环境的消毒方法

(一)鹅舍的消毒

鹅舍的消毒通常是指鹅舍空闲的时候(即鹅群被全部销售或者屠宰后鹅场没有鹅的时期)对鹅舍进行的消毒。正确的消毒程序是先对环境进行彻底的清扫,除去杂物、灰尘,将垫草运往处理场地发酵或者焚烧,一般不再用作垫草。对鹅舍内的饲养工具、料槽、水槽等先用清水浸泡刷洗,然后用消毒药水浸泡好喷雾消毒。对鹅舍地面、墙壁、支架、顶棚等各个部分,能刷洗的地方要先洗刷晾干,再用消毒药水喷雾消毒,这种消毒间隔3～5天再进行一次。在下一批鹅群进场前2天再进行一次彻底消毒。

新加入的垫草,应该经太阳充分暴晒,不含霉菌、螨及其他昆虫,垫草应该干燥。

(二)孵化环境的消毒

孵化环境的消毒包括孵化室、孵化器及其附属设施的消毒。消毒效果受孵化室总体设计的影响。总体设计不合理,可以造成传染病原的相互传播,一旦某一环节被污染,则难以控制疫病流行。在出入孵化室通道上通常要设立消毒池、洗澡间、更衣室,工人及工作人员进出必须更衣、换鞋、洗澡、洗手消毒、戴口罩和工作帽。在雏鹅售出后、上蛋前,都必须进行全面彻底的消毒,所有设施,如孵化器、蛋盘、出雏盘、雏鹅箱、蛋箱、门窗、墙壁等都应该进行彻底的清理和消毒。

(三)种蛋的消毒

种蛋产出后及入孵前均应进行消毒,常用的种蛋消毒方法有如下几种:

(1)熏蒸消毒法　多采用福尔马林(甲醛溶液)、高锰酸钾混合熏蒸法。福尔马林是含40%的甲醛，带有强烈刺激性气味的液体。福尔马林在高锰酸钾的作用下，甲醛气味会急剧产生，通过熏蒸来消毒。每立方米空间，在瓷器内盛15克高锰酸钾，然后加入30毫升福尔马林；烟熏20～30分钟，调节温度20～30℃，相对湿度75%～80%，封闭半小时。

注意事项：①上述药物对24～96(120)小时的胚胎有不利影响，消毒时避免对此阶段的种蛋进行消毒。②消毒药应采用陶瓷容器盛放。顺序为先加高锰酸钾，再加福尔马林。③种蛋从蛋库移入孵化场消毒室，其壳上凝有水珠，熏蒸时对胚胎不利。因而消毒室应该提高室温，使水珠蒸发后再进行消毒。④熏蒸消毒时要关闭门窗、进出气孔、风机。消毒后开启风机排出熏蒸气体。

(2)氯消毒法　在通风处将种蛋浸入含有活性氯1.5%的漂白粉溶液中3分钟。

注意：应在通风处操作。

(3)新洁尔灭消毒法　将5%的新洁尔灭溶液50倍稀释即成0.1%的溶液，用喷雾器喷洒在种蛋表面即可，也可以用1∶5 000浓度喷洒或擦拭孵化器具。

(4)紫外线消毒法　将种蛋放在紫外线灯下40～80厘米的地方，开灯照射10～20分钟，可杀灭种蛋表面细菌。

(5)碘溶液消毒法　取碘片10克和碘化钾15克，溶于1 000毫升水中，再加入9 000毫升水，配成0.1%的碘溶液。将种蛋浸入1分钟，取出晾干。消毒液浸泡种蛋10次后，碘浓度减少，可延长浸泡时间到1.5分钟，或添加部分碘溶液。

(6)高锰酸钾消毒法　以0.2%的高锰酸钾溶液浸泡种蛋1分钟，取出晾干。

(7)百毒杀喷雾消毒法　每10升水中加入50%的百毒杀3毫升，喷雾或浸泡种蛋进行消毒。

(8)过氧化氢(双氧水)消毒法　5%过氧化氢浓度是完全消除蛋壳表面微生物的最低浓度，如酌加稳定剂，其有效期更长，还可以提高孵

化率。

(9)过氧乙酸消毒法　一般可按每立方米浓度为 20%过氧乙酸 80～100 毫升,再加高锰酸钾 8～10 克,进行熏蒸消毒。消毒后排出气体。

(四)育雏室的消毒

育雏室是雏鹅患传染病非常容易的一个环节,对育雏室的消毒应该和孵化室一样,每批雏鹅售出后都必须对所有饲养工具、饲槽、饮水器等进行清洗、消毒,对室内外附属设施必须清洗干净,晾干后用消毒药水喷洒消毒,新的雏鹅进入前还必须进行一次熏蒸消毒,确保雏鹅不受感染。育雏室的进出口也必须设立消毒池、洗澡间、更衣室,工作人员进出必须严格消毒,并戴上工作帽和口罩,严防带入病菌。

(五)饮水的消毒

一般鹅场或专业户,应建立自己的饮水设施,如小型水池等。按容积计算,每立方米中加入漂白粉 6～10 克,搅拌均匀,可减少水源污染的危险。此外,还应防止饮水器或水槽的饮水污染,最简单的办法是升高饮水器或水槽,并随日龄的增加不断调节到适当的高度,保证饮水不受粪便污染,防止病原和内寄生虫的传播。

第四节　鹅病诊断技术

一、鹅病诊断的基本方法

对于出现临床表现的鹅群,利用人的感官直接对它们进行客观的观察和检查,结合流行病学调查,即构成了临床诊断鹅病的基本方法。

主要包括问诊、视诊、触诊、听诊和嗅诊。

(一)问诊

问诊是临床诊断的重要内容之一,即向饲养者询问了解与疾病相关内容,遇到群发病还要深入现场进行流行病学调查。通过调查,为诊断疾病提供可靠的依据。调查了解应从以下几个方面进行。

(1)了解疾病发生的时间和经过。由此可以推测该病属于急性还是慢性,如急性传染病和某些中毒病的特征都是突然发生,疾病的经过常较严重,而营养代谢病一般呈慢性经过。

(2)了解疾病的主要表现。如食欲不振或废绝、下痢、打喷嚏、瘫痪、麻痹、抽搐等,了解了主要症状,可以推断疾病的大致所属范畴,为鉴别诊断提供了前提。

(3)了解发病后是渐加重还是减轻。由此可以分析疾病发展的趋势,如营养代谢病,开始症状较轻,若缺乏的营养得不到及时补充或补充不当,则日益加重。

(4)了解鹅发病后治疗情况。了解鹅发病后用何种药物治疗,用药剂量、方法、次数及疗效,均可为诊断提供有价值的参考。如鹅的球虫病,虽然用抗球虫药——氯苯胍、克球粉等治疗,但却未见明显疗效。因为氯苯胍、克球粉等抗球虫药主要作用于球虫的第一代裂殖体,也就是无性繁殖阶段,若已拉血便,使用这类药物则效果不佳。再如雏鹅的大肠杆菌病,伴有呼吸道症状,若用红霉素治疗,则无效果,改用土霉素、氟哌酸等服用,如果用药次数少,且剂量不足,或因鹅群普遍饮水、食欲减低,口服往往也不能达到预期的效果,此时则应该配合庆大霉素等抗生素注射才能奏效。

(5)了解邻近鹅舍或同一鹅舍中,鹅群是否同时发生类似疾病。据此可以推断该病是群发,还是单个发生及有无传染性。如果仅有个别或者少数发病,首先要考虑传染病,如禽霍乱、鹅副黏病毒病等。若是同一鹅舍和邻近鹅舍,所有的鹅同时发病,则应考虑中毒病;若是同一鹅群出现不同程度发病,则应考虑营养代谢病。

(6)了解疾病传播速度的快慢。如果疾病在短时间内迅速传播,造成流行或疾病在短时间内发生并出现死亡,则提示可能是急性传染病或某些中毒病,如鸭瘟、小鹅瘟、副黏病毒病,以及鹅采食喷洒农药的饲草、蔬菜等引起的急性中毒。若是在较长时间内不间断地出现,则考虑是慢性病或者是寄生虫病,如慢性副伤寒、鹅绦虫病、鹅棘口吸虫病、鹅裂口线虫病等。

(7)了解发病率、死亡率和有无年龄差别。这些情况的了解,对一些疾病的鉴别诊断也起着重要的作用。如鹅副黏病毒病其不同日龄均可发病,且发病率、死亡率都较高;而小鹅瘟则是日龄较小的发病率和死亡率较高,2 月龄以上的鹅很少发病,即使感染发病,死亡率也不高,成年鹅则不发病。

(8)了解鹅患病时,其他畜禽是否也发病。如禽霍乱,不但能引起鹅发病死亡,也能引起鸡、鸭、鸽子、鹌鹑等其他禽类发病死亡。

(9)了解病史。鹅群曾经患过什么病,其发病经过和结果如何,与本次疾病有无相同之处,通过了解来分析本次疾病与过去疾病的联系。例如雏鹅大肠杆菌病,即使治愈,若受不良因素(气候、环境、温度等)的影响,10～20 天后仍旧可能复发。鹅的绦虫病,在驱虫后,若不采取必要措施,改善放养环境,仍然可以重复感染。

(10)了解防疫情况及实际效果。防疫制度及贯彻的情况如何,鹅饲养场有无消毒设施,病死鹅的处理等,这些对分析疫情有一定的实际意义。预防接种实施情况如何,应着重了解小鹅瘟、鹅副黏病毒病、禽霍乱等主要传染病的接种情况如何,包括接种的时间、方法和密度,并查明疫苗的来源、运输及保管的方法等,以估计实际接种的效果,有利于情况分析及诊断的参考。如某养鹅户饲养 1 000 只雏鹅,1 日龄接种小鹅瘟疫苗,但是在 25 日龄鹅群陆续发病死亡,并出现典型的小鹅瘟病变。这可能与雏鹅接种免疫时存在较高水平的母源抗体,抑制活疫苗在体内复制,因而不能达到足够的免疫刺激效果,若有小鹅瘟强毒感染,则可能引起发病。

(11)了解鹅舍的结构、设施及鹅群的饲养管理、饲养密度和卫生环境等状况。鹅舍尤其是育肥鹅舍，其位置、结构、设施、光照、通风等条件均与某些疾病的发生有一定联系。如阴雨连绵的季节缺乏光照或光照不足则易缺乏维生素D，而影响钙磷的吸收，以致引发多种疾病，造成肥育仔鹅发育受阻；通风不良容易引发鹅流行性感冒、大肠杆菌病；饲养密度过大，环境卫生差，垫料潮湿容易感染球虫病、大肠杆菌病、曲霉菌病。

(12)了解饲料的种类、组成、质量、调制方法及贮存情况。这些情况的了解常为某些营养代谢性疾病、消化系统疾病或中毒病和寄生虫病提供病因性诊断启示。如产蛋种鹅长期饲喂单一的饲料或某些营养成分缺乏的饲料，常常是孵出的雏鹅营养不良的根本原因，多会引起佝偻病、白肌病、维生素缺乏等营养代谢性疾病，并容易继发感染一些传染病，或种蛋出现受精率、孵化率下降。

(二)视诊

视诊是接触病鹅或病鹅群进行客观观察的重要步骤，也是检查观察病鹅在自然状态下的行为的一种诊断方法。

(1)观察鹅群的整体状态，如鹅营养状况、生长发育情况、体质的强弱等。

(2)观察精神状况、体态、姿势和运动行为等，如精神是否萎靡，敏感性是否增高，两翼是否下垂，行动是否迟缓，两肢外形和位置正常与否，有无神经症状等病理性异常行为。

(3)观察羽毛、皮肤、眼睛有无异常，如羽毛有无光泽，是否脱落、断裂，有无体外寄生虫，羽毛覆盖皮肤的状况如何，皮肤衍生物(喙、脚部、蹼和其他部位)着色情况以及皮肤和皮肤衍生物有无创伤、炎症等。

(4)观察某些生理活动有无异常，如呼吸动作有无喘息、呼吸困难、喷嚏、咳嗽，采食、吞咽有无异常，嘴角有无流涎水，观察鼻腔有无渗出液阻塞，检查眼睛时观察有无结膜炎、角膜炎、晶状体混浊以及排粪状况(颜色、粪量、有无未消化谷物等)如何。

具体的详见临床体征诊断要点。

(三)触诊

触诊是以自己的手或者应用简单的检查用具接触鹅的体表及某些器官,根据感觉有无异常来判断病情所使用的一种诊断方法。一般用于检查皮肤表面的温度(鹅正常体温为40～41.3℃)和局部病变(肿物)的温度、大小、内容物性状、硬度、疼痛反应等。如产蛋母鹅的肿物位于腹下,且内容物不定,一般经按压可还纳,则提示有疝(赫尔尼亚)的可疑。又如关节肿大,且有热痛感,则提示关节有炎性肿胀。

用手触摸鹅胸部也可以感觉鹅的营养状况。生长发育良好的鹅,胸部较平、肌肉丰满;而胸骨如刀脊状,肌肉瘠薄的则提示可能患慢性消耗性疾病,或是慢性寄生虫病,或是慢性传染病等。用手指伸进泄殖腔内,还可以检查触摸产蛋母鹅有无产蛋及有无蛋滞留现象,临床上主要用于产蛋鹅难产的检查。

(四)听诊

听诊在家畜是借助听诊器来听取畜体内深部器官(如心脏、胃肠)发出的声响,来推测其内部有无异常的一种重要诊断方法;而对于鹅在一般情况下,则要直接通过人的耳朵来感觉判断鹅呼吸动作中有无发出异常声音,如有呼吸道症状则出现甩鼻音、喘鸣音,即呼嘶、呼噜、嘎嘎等异常粗厉的呼吸音或啰音。有时临床上还可以通过听其叫声来判断鹅的健康状况。

(五)嗅诊

嗅诊是通过人的鼻子嗅闻检查鹅舍尤其是雏鹅舍和肥育仔鹅舍内及周围的环境有无刺鼻的有害气体,以及鹅的垫料、饲料和分泌物、排泄物有无异常的气味,以便客观地了解鹅的饲养管理、环境卫生状况,为诊断群发性疾病提供可靠的依据。如鹅舍内闻有刺鼻的粪臭,提示有可能鹅群患呼吸道疾病或肠道疾病;饲料、垫草有霉味则提示鹅可能患曲霉菌病;粪便带有腥臭味则提示可能患球虫病等。

二、鹅病临床诊断要点

鹅病诊断要点的掌握，常可为诊断疾病提供重要的依据。临床诊断要点可分为临床体征诊断要点和临床剖检诊断要点两大类。

(一)临床体征诊断要点

临床体征诊断要点就是通过掌握鹅的主要临床症状及表现的基本特征来诊断疾病，以此缩小疾病可能存在的范围，其要点大致从以下几个方面入手：

1. 营养状况

健康鹅群整体生长发育基本一致。如果整群生长发育偏慢，则可能饲料营养配合不全面或者因饲养管理不善所致。若出现大小不均匀，则表明鹅群可能有慢性疾病存在。

2. 精神状态

健康鹅站立有神，敏感性强，翅膀收缩有力，紧贴体躯，尾羽上翘，行走有力，采食敏捷，食欲旺盛。如果体温高，精神萎靡，缩颈垂翅，离群独居，闭目呆立，尾羽下垂，食欲废绝，常见于临床症状明显期的某些急性、热性传染病，如小鹅瘟、鸭瘟、鹅副黏病毒病、急性型禽霍乱；体温正常或偏高，精神差，食欲不振，临床上见于某些慢性传染病和寄生虫病以及某些营养代谢病，如慢性鸭瘟、慢性禽副伤寒、鹅绦虫病、吸虫病、硒或维生素 E 缺乏症等；精神萎靡，体温下降，缩颈闭目，蹲地伏卧，不愿站立，临床上见于濒死期的病鹅。

3. 运动行为

行走摇晃，步态不稳，见于临床症状明显期的急性传染病和寄生虫病等。两肢行走无力，并有痛感，行走间常呈蹲伏姿势，临床上见于鹅佝偻病或骨软症以及葡萄球菌性关节炎等。两肢交叉行走或运动失调，跗关节着地，常见于雏鹅维生素 E 和维生素 D 缺乏症；两肢不能站

立、仰头蹲伏呈观星姿势，临床上见于雏鹅维生素 B_1 缺乏症。两肢麻痹、瘫痪、不能站立，常见于雏鹅维生素 B_2 缺乏症。企鹅样立起或行走，临床见于母鹅严重的卵黄性腹膜炎。

4. 呼吸动作

气喘、咳嗽、呼吸困难，临床上见于某些传染病，如鹅曲霉菌病、禽李氏杆菌病、禽链球菌病、鹅流行性感冒、禽霉形体、大肠杆菌病等，也可见于某些寄生虫病，如鹅支气管杯口线虫病。

5. 神经症状

扭颈，出现神经症状，临床上见于某些传染病，如鹅副黏病毒病、小鹅瘟、雏鹅霉菌性脑炎、禽李氏杆菌病、鹅螺旋体病等，亦可见于某些中毒病和某些营养代谢病，如维生素 A 缺乏症、维生素 B_1 缺乏症等。

6. 声音

健康鹅叫声响亮，而患病鹅则叫声无力。若叫声嘶哑，临床上见于鹅疾病晚期的病例，如慢性鸭瘟、鹅流行性感冒、鹅结核病、鹅的禽流感以及鹅副黏病毒病等，也见于某些寄生虫病，如寄生在鹅气管内的舟形嗜气管吸虫病以及寄生在鹅气管和支气管内的支气管杯口线虫病。

7. 羽毛

羽毛是鹅皮肤的衍生物，具有保温、散热、防水及防止外界损伤的作用。健康的成年鹅羽毛紧凑、平整、光滑。若羽毛蓬松、污秽、无光泽，临床上见于慢性传染病、寄生虫病和营养代谢病，如禽副伤寒、大肠杆菌病、鸭瘟、慢性禽霍乱、鹅绦虫病、吸虫病、维生素 A 和维生素 B_1 缺乏症等。羽毛稀少，常见于烟酸、叶酸缺乏症，也可见于维生素 D 和泛酸缺乏症。羽毛松乱或脱落，临床上见于鹅 B 族维生素缺乏症和含硫氨基酸不平衡。头颈部羽毛脱落见于泛酸缺乏症。羽毛脱落也可见于 70～80 日龄鹅的正常换羽引起的掉毛。羽毛断裂或脱落多见于鹅外寄生虫病，如羽虱和羽螨。

8. 腹围

腹围增大，临床上见于肥育仔鹅的腹水综合征，产蛋鹅的卵黄性腹膜炎，有时亦见于产蛋鹅的腹底壁疝。腹围缩小，常见于慢性传染病和寄生虫病，如慢性禽副伤寒、慢性鸭瘟、鹅裂口线虫病、鹅绦虫病等疾病。

9.喙

喙色泽淡，常见于慢性寄生虫病和营养代谢病，如鹅绦虫病、吸虫病、鹅裂口线虫病、幼鹅硒或维生素E缺乏症。喙色泽发紫，常见于小鹅瘟、禽霍乱、鹅卵黄性腹膜炎、维生素E缺乏症等疾病。喙变软、易扭曲，常见于幼鹅钙磷代谢障碍、维生素D缺乏症以及氟中毒。

10.脚、蹼

脚、蹼干燥或有炎症，常见于B族维生素缺乏症，也可见于内脏型痛风病，以及各种疾病引起的慢性腹泻。脚、蹼发紫，常见于卵黄性腹膜炎、维生素E缺乏症，亦可见于小鹅瘟等。跖骨软、易折，临床上见于佝偻病、骨软症以及氟中毒引起的骨质疏松；脚蹼趾爪卷曲或麻痹见于雏鹅维生素B_2缺乏症，也可见于成年鹅维生素A缺乏症。

11.关节

关节肿胀、有热痛感、关节囊内有炎性渗出物，常见于葡萄球菌和大肠杆菌感染，也可见于慢性禽霍乱、禽链球菌病等。跖关节和趾关节肿大(非炎性)，临床上见于营养代谢病，如钙磷代谢障碍和维生素D缺乏症等。

12.头部

头部皮下胶冻样水肿，常见于鸭瘟，亦可见于慢性禽霍乱。头颈部肿大，临床上有时见于因注射灭活苗位置不当引起的肿胀，也偶尔见于外伤感染引起的炎性肿胀。

13.眼睛

眼球下陷，临床上常见于某些传染病、寄生虫病等因腹泻引起机体脱水所致，如鹅副黏病毒病、禽副伤寒、大肠杆菌病、鹅绦虫病、棘口吸虫病以及某些中毒病等。眼结膜充血、潮红、流泪、眼睑水肿，临床上见于禽霍乱、嗜眼吸虫病、禽眼线虫病以及维生素A缺乏症。眼睛有黏

性或脓性分泌物，常见于鸭瘟、禽副伤寒、大肠杆菌性眼炎以及其他细菌或霉菌引起的眼结膜炎。眼结膜有出血斑点，临床上见于禽霍乱、鸭瘟等。眼结膜苍白，常见于鹅剑带绦虫病、膜壳绦虫病、棘口吸虫病、住白细胞虫病以及慢性鸭瘟等。眼睛有黏液性分泌物流出，使眼睑变成粒状，则见于雏鹅生物素及泛酸缺乏症等。角膜混浊，流泪，见于维生素 A 缺乏症；角膜混浊，严重者形成溃疡，临床上见于慢性鸭瘟，也见于嗜眼吸虫病。瞬膜下形成黄色干酪样小球、角膜中央溃疡，临床上见于曲霉菌性眼炎。

14. 鼻腔

鼻孔及其窦腔内有黏液性或浆液性分泌物，常见于鹅流行性感冒、鹅曲霉菌感染、大肠杆菌病、霉形体病，也见于棉籽饼中毒等。鼻腔内有牛奶样或豆腐渣样物质，则见于维生素 A 缺乏症。

15. 口腔

口腔流出水样混浊液体，临床上见于鹅裂口线虫病、鹅副黏病毒病、鸭瘟等。口腔流涎，见于鹅误食喷洒农药的蔬菜或谷物引起的中毒，也偶见于鹅误食万年青引起的中毒。口腔流血，临床上见于某些中毒病，如鹅敌鼠钠盐中毒。口腔内有刺鼻的气味，常见于有机磷及其他农药中毒，如有机磷农药中毒具有大蒜气味。口腔黏膜有炎症或有白色针尖大的结节，见于雏鹅维生素 A 缺乏症和烟酸缺乏症，也见于鹅采食被蚜虫或蝶类幼虫寄生的蔬菜或青草引起的口腔炎症。口腔黏膜形成黄白色、干酪样假膜或溃疡，严重者甚至蔓延至口腔外部，嘴角亦形成黄白色假膜，临床上见于鹅霉菌性口炎，即鹅口疮。

16. 肛门和泄殖腔

肛门周围有炎症、坏死和结痂病灶，常见于泛酸缺乏症。肛门周围有稀粪沾污，临床上见于禽副伤寒、大肠杆菌病、鹅副黏病毒病、鸭瘟等。泄殖腔黏膜充血或有出血点，临床上见于各种原因引起的泄殖腔炎症，如前殖吸虫病、鹅副黏病毒病等，有时也见于禽霍乱。泄殖腔黏膜出血，有假膜结痂或形成溃疡，临床上见于典型的鸭瘟。泄殖腔黏膜肿胀，充血、发红或发紫以及肛门周围组织发生溃烂脱落，临床上见于禽隐孢子虫病、鹅前殖吸虫病、鹅淋球菌病和慢性泄殖腔炎，严重的泄殖腔炎可引起肛门外翻、泄殖腔脱垂。

17. 粪便

大便拉稀，临床上见于细菌、霉菌、病毒和寄生虫等病原引起鹅的腹泻，如禽副伤寒、小鹅瘟、绦虫病、吸虫病等，也见于某些营养代谢病和中毒病，如维生素 E 缺乏症、有机磷农药中毒、误食万年青中毒以及采食寄生在蔬菜、青草的蚜虫、蝶类幼虫引起的中毒等。大便呈石灰样，临床上多见于鹅痛风病，也可见于维生素 A 缺乏症和磺胺药中毒等。大便拉稀，带有黏液状并混有小气泡，临床上见于雏鹅维生素 B_2 缺乏症，或采食过量的蛋白质饲料引起的消化不良以及小鹅瘟等。大便稀，带有黏稠、半透明的蛋清或蛋黄样，临床上见于卵黄性腹膜炎（蛋子瘟）、输卵管炎、产蛋鹅的前殖吸虫病等。大便拉稀、呈青绿色，临床上见于鹅副黏病毒病、慢性禽霍乱等。大便拉稀，呈灰白色并混有白色米粒样物质（绦虫节片），临床上见于鹅绦虫病。大便拉稀，并混有暗红或深紫色血黏液，临床上见于鹅球虫病、鹅裂口线虫病，有时亦见于禽霍乱。大便呈血水样，临床见于球虫病，有时也偶见于磺胺药中毒以及呋喃丹中毒和敌鼠钠盐中毒。

18. 鹅蛋

鹅蛋的蛋壳薄，临床上见于禽副伤寒、大肠杆菌病、鹅副黏病毒病、鸭瘟以及维生素 D 和钙磷缺乏症等疾病，也见于夏季热应激引起蛋壳变薄。鹅蛋无蛋黄，临床上见于异物（如寄生虫、脱落的黏膜组织、小的血块等）落入输卵管内，刺激输卵管的蛋白分泌部位，使其分泌出蛋白包住异物，然后再包上壳膜和蛋壳而形成的，也见于输卵管太狭窄，产出很小的无蛋黄的畸形蛋。双黄蛋，临床上偶见于食欲旺盛的产蛋鹅，这是因为两个蛋黄同时从卵巢放出，同时通过输卵管，也同时被蛋白壳膜和蛋壳包上而形成体积特别大的双黄蛋。双壳蛋，即具有两层蛋壳的蛋，临床上见于鹅产蛋时受惊后输卵管发生逆蠕动，蛋又退回蛋壳分泌部，刺激蛋壳腺再次分泌出一层蛋壳，而使蛋具有两层蛋壳。

(二)临床剖检诊断要点

1.皮肤

皮肤苍白，临床上见于各种因素引起的内出血，如脂肪肝综合征和禽副伤寒引起的肝脏破裂。皮肤暗紫见于各种败血性传染病，如禽霍乱、鹅副黏病毒病等。胸腹部皮肤呈暗紫或淡绿色，皮下呈胶冻样水肿，见于肥育仔鹅维生素E及硒缺乏症，皮下水肿还见于禽李氏杆菌病。皮下出血，见于某些传染病，如禽霍乱、鹅流行性感冒等。胸部皮下化脓或坏死，临床上见于鹅外伤引起皮肤感染葡萄球菌、链球菌或其他细菌所致。

2.肌肉

肌肉苍白，临床上常见于各种原因引起的内出血，如脂肪肝综合征等，也见于住白细胞虫病。肌肉出血，多见于硒及维生素E缺乏症和维生素K缺乏症。肌肉坏死，常见于维生素E缺乏症。肌肉中夹有白色芝麻大小的梭状物，见于葡萄球菌、链球菌等细菌感染引起的肉芽肿。肌肉表面有尿酸盐结晶，则见于内脏型痛风。

3.胸腺

胸腺肿大、出血，临床上见于某些急性传染病，如鸭瘟、禽霍乱，也见于某些寄生虫病，如住白细胞虫病。胸腺出现玉米大的肿胀，多见于成年鹅的结核病。胸腺萎缩，见于营养缺乏症。

4.气管、支气管、喉头

气管、支气管、喉头有黏液性渗出物，常见于鹅流行性感冒、曲霉菌病、霉形体病、鹅副黏病毒病、鸭瘟等。气管和支气管内有寄生虫，见于鹅舟形嗜气管吸虫和支气管杯口线虫。

5.肺、气囊

肺瘀血、水肿，临床上见于急性传染病，如禽霍乱、禽链球菌病、大肠杆菌性败血症等，也见于棉籽饼中毒。肺实质有淡黄色小结节，气囊有淡黄色纤维素渗出或结节，临床上见于雏鹅曲霉菌病；肺及气囊有灰黑色或淡绿色霉斑，临床上见于青年鹅或成年鹅曲霉菌病。肺有淡黄色或灰白色结节，还见于成年鹅的结核病。肺肉变或出现肉芽肿，见于大肠杆菌病和沙门氏菌病。胸、腹气囊混浊，囊壁增厚或者含有灰白色或淡黄色干酪样渗出物，常见于霉形体病、鹅流行性感冒、大肠杆菌病、禽流感、禽副伤寒、禽链球菌病、衣原体病等。

6. 胸腔

胸腔积液，临床上见于肥育仔鹅腹水症和敌鼠钠盐中毒。

7. 心包、心肌

心包积液或含有纤维素渗出，常见于禽霍乱、鸭瘟、禽流感、大肠杆菌病、禽李氏杆菌病、鹅螺旋体病、衣原体病以及某些中毒病，如食盐中毒、氟乙酰胺中毒、磷化锌中毒等。心包及心肌表面附有大量的白色尿酸盐结晶，常见于内脏型痛风。心冠脂肪出血或心内外膜有出血斑点，临床上见于禽霍乱、鹅流行性感冒、鸭瘟、大肠杆菌性败血症、食盐中毒、棉籽饼中毒、氟乙酰胺中毒等。心肌有灰白色坏死或有小结节或肉芽肿样病变，临床上见于禽李氏杆菌病、大肠杆菌病、禽副伤寒等。心肌变性，临床上见于维生素 E 和硒缺乏症、住白细胞虫病等。心肌缩小、心肌脂肪消耗或心冠脂肪变成透明胶冻样，这是心肌严重营养不良的表现，常见于慢性传染病，如结核病、慢性副伤寒以及严重的寄生虫感染等。

8. 腹腔

腹腔内有淡黄色或暗红色腹水及纤维素渗出，临床上见于肥育仔鹅腹水综合征、大肠杆菌病、慢性禽副伤寒、住白细胞虫病等。腹腔内有血液或凝血块，常为急性肝破裂的结果，如成年鹅副伤寒、鹅脂肪肝综合征等。腹腔中有一种淡黄色的黏稠的渗出物附着在内脏表面，常为卵黄破裂引起的卵黄性腹膜炎；病原多见于大肠杆菌，有时也见于沙门氏菌和巴氏杆菌。腹腔器官表面有许多菜花样增生物或有很多大小不等的结节，临床上见于大肠杆菌性肉芽肿、成年鹅的结核病等。腹腔中，尤其在内脏器官表面有一种石灰样物质沉着，是鹅内脏型痛风特征性的病变。

9.肝脏

肝脏肿大，表面有灰白色斑纹或有大小不等的肿瘤结节，常见于淋巴白血病（有些病例肝脏的重量比正常的重量增加2～3倍）。肝脏肿大，并出现肉芽肿，临床上见于大肠杆菌病。肝脏肿大，瘀血，表面有散在的或密集的坏死点，常见于急性禽霍乱、禽副伤寒、大肠杆菌病、衣原体病、螺旋体病、鹅流行性感冒、禽李氏杆菌病、禽链球菌病等，有时也见于鸭瘟、小鹅瘟、鹅副黏病毒病等。肝脏肿大，有出血斑点，临床上见于鹅螺旋体病、禽霍乱、磺胺药中毒等，也见于鸭瘟早期的肝脏病变。肝脏肿大，呈青铜色或古铜色或墨绿色（一般同时伴有坏死小点），常见于大肠杆菌病、禽副伤寒、禽葡萄球菌病、禽链球菌病等。肝脏肿大、硬化，表面粗糙不平或有白色针尖状病灶，临床上见于慢性黄曲霉毒素中毒。肝脏萎缩、硬化，多见于腹水症晚期的病例和成年鹅的黄曲霉毒素中毒。肝脏肿大，有结节状增生病灶，则见于成年鹅的肝癌。肝脏肿大，表面有纤维蛋白覆盖，临床上见于衣原体病、大肠杆菌病等。肝脏肿大，呈淡黄色脂肪变性，切面有油腻感，多见于脂肪肝综合征，也见于维生素E缺乏症和鹅流行性感冒以及住白细胞虫病。肝脏呈深黄色或淡黄色，常见于一周龄以内健康的雏鹅，也见于一年以上健康的成年鹅。

10.脾脏

脾脏肿大，表面有大小不等的肿瘤结节，临床上见于淋巴白血病（有的脾脏大如鸽蛋）。脾脏有灰白色或黄色结节，则见于成年鹅结核病。脾脏肿大，有坏死灶或出血点，临床上见于禽霍乱、禽副伤寒、衣原体病以及鹅副黏病毒病和鹅流行性感冒等。脾脏肿大，表面有灰白色斑驳，常见于禽李氏杆菌病、淋巴白血病、大肠杆菌性败血症、螺旋体病、禽副伤寒等。

11.胆囊、胆管

寄生于鹅胆管内的寄生虫，临床上见于后睾吸虫。胆囊充盈肿大，临床上见于急性传染病，如禽霍乱、禽副伤寒、小鹅瘟、鸭瘟等，也见于某些寄生虫病，如鹅的后睾吸虫病。胆囊缩小，见于慢性消耗性疾病，如鹅绦虫病、吸虫病等。胆汁浓、呈墨绿色，常见于急性传染病。胆汁少、色淡或胆囊黏膜水肿，见于慢性疾病，如严重的肠道寄生虫感染和营养代谢病。

12.肾脏、输尿管

肾脏肿大、瘀血，临床上见于禽副伤寒、链球菌病、螺旋体病、鹅流行性感冒等，也见于食盐中毒。肾脏显著肿大，有肿瘤样结节，临床上见于淋巴白血病，也偶见于大肠杆菌引起的肉芽肿。肾脏肿大，表面有白色尿酸盐沉着，输尿管和肾小管充满白色尿酸盐结晶，是内脏型痛风的一种常见病变，也见于禽副伤寒、鹅肾球虫病、维生素A缺乏症、磺胺药中毒以及钙磷代谢障碍等疾病。输尿管结石，临床上多见于痛风以及钙磷比例失调。肾脏苍白，临床上见于雏鹅的禽副伤寒、住白细胞虫病、严重的绦虫病、吸虫病、球虫病以及各种原因引起的内脏器官出血等。

13.卵巢、输卵管或睾丸、阴茎

卵子形态不整、皱缩干燥和颜色改变及变形、变性，临床上常见于禽副伤寒、大肠杆菌病，也偶见于慢性禽霍乱等。卵子外膜充血、出血，临床上见于产蛋鹅急性死亡的病例，如禽霍乱、禽副伤寒，以及农药、灭鼠药中毒。卵巢形体显著增大，呈熟肉样菜花状肿瘤，临床上见于卵巢腺癌。寄生于输卵管的寄生虫，常见于前殖吸虫。输卵管内有凝固性坏死物质（凝固或腐败的卵黄、蛋白），临床上见于产蛋母鹅的卵黄性腹膜炎、禽副伤寒、禽流感等。输卵管脱垂于肛门外，常为产蛋鹅进入高峰期营养不足或是产双黄蛋、畸形蛋所致，也见于久泻不愈引起的脱垂。一侧或两侧睾丸肿大或萎缩、睾丸组织有多个小坏死灶，临床上偶见于公鹅沙门氏菌感染。睾丸萎缩变性，则见于维生素E缺乏症。阴茎脱垂、红肿、糜烂或有绿豆大小的小结节或者坏死结痂，临床上多见于鹅大肠杆菌病，也见于淋球菌病，有时也见于阴茎外伤感染所致。

14.食道

食道黏膜有许多白色小结节，临床上见于维生素A缺乏症。食道黏膜有白色假膜和溃疡（口腔、咽部均出现），临床上见于白色念珠菌感

染引起的霉菌性口炎。食道下段黏膜有灰黄色假膜、结痂，剥去假膜可出现溃疡，常为鸭瘟特征性的病变。食道下段黏膜有出血斑也见于鹅呋喃丹中毒。

15.腺胃和肌胃

寄生在肌胃内的寄生虫有鹅裂口线虫。腺胃黏膜及乳头出血，临床上见于鹅副黏病毒病，亦见于禽霍乱。腺胃与肌胃交界处有出血点，则见于螺旋体病。肌胃内较空虚，其角质膜变绿，常见于慢性疾病，多为胆汁返流所致。肌胃角质溃疡(尤其在肌胃与幽门交界处)，临床上常见于鹅裂口线虫病。肌胃角质层易脱落，角质层下有出血斑点或溃疡，临床上见于鹅副黏病毒病、鸭瘟、禽李氏杆菌病、住白细胞虫病。

16.肠管

剖检时要注意肠道蠕虫寄生的位置及虫体的数量。寄生于鹅肠道的蠕虫有绦虫、吸虫和线虫。剑带绦虫、膜壳绦虫、蛔虫、棘口吸虫寄生于十二指肠和空肠；纤细背孔吸虫和异刺线虫寄生于盲肠，也见卷棘口吸虫寄生于盲肠；前殖吸虫多寄生于直肠，有时也见纤细背孔吸虫寄生于直肠。小肠肠管增粗、黏膜粗糙，生成大量灰白色坏死小点和出血小点，临床上见于鹅球虫病。小肠黏膜呈急性卡他性或出血性炎症，黏膜深红色或有出血点，肠腔有多量黏液和脱落的黏膜，临床上见于急性败血性传染病，如禽霍乱、禽副伤寒、禽链球菌病、大肠杆菌病等，以及早期的小鹅瘟病变，也见于某些中毒病如呋喃丹中毒、氟乙酰胺中毒等。肠道黏膜出血，黏膜上有散在的淡黄色假膜结痂，并形成出血性溃疡，临床上见于鹅副黏病毒病。肠壁生成大小不等的结节，临床上见于成年鹅的结核病。肠道黏膜坏死，常见于慢性禽副伤寒、坏死性肠炎、大肠杆菌病，以及维生素 E 缺乏症等。肠管某节段呈现出血发紫，且肠腔有出血黏液或暗红色血凝块，临床上见于肠系膜疝或肠扭转。肠管膨大，肠道黏膜脱落，肠壁光滑变薄，肠腔内形成一种淡黄色凝固性栓塞，临床上见于典型的小鹅瘟病变。盲肠内有凝固性栓塞，临床上见于慢性禽副伤寒。盲肠黏膜糜烂，临床上见于雏鹅的纤细背孔吸虫病。盲肠出血，肠腔有血便，黏膜光滑，临床上见于磺胺药中毒。

17. 胰腺

胰腺肿大、出血或坏死，滤泡增大，临床上见于急性败血性传染病，如禽霍乱、禽副伤寒、大肠杆菌性败血症等，也见于某些中毒病，如鹅氟乙酰胺中毒、敌鼠钠盐中毒、呋喃丹中毒等。胰腺出现肉芽肿，则见于大肠杆菌、沙门氏菌引起的病变。胰腺萎缩，腺细胞内空泡形成，并有透明小体，临床上见于维生素 E 和硒缺乏症。

18. 盲肠扁桃体

盲肠扁桃体肿大、出血，临床上见于某些急性传染病和某些寄生虫病，如禽霍乱、禽副伤寒、大肠杆菌病、鹅副黏膜病毒病、鸭瘟、鹅球虫病等。

19. 法氏囊

法氏囊内的寄生虫，多为前殖吸虫。法氏囊肿大、黏膜出血，临床上见于某些传染病和寄生虫病，如鸭瘟、隐孢子虫病、前殖吸虫病，有时也偶见于鹅副黏病毒病、严重的绦虫病等。法氏囊缩小，临床上见于营养缺乏症。

20. 脑

小脑软化、肿胀，有出血点或坏死，临床上见于雏鹅维生素 E 缺乏症。脑及脑膜有淡黄色结节，常见于雏鹅曲霉菌感染。大脑呈树枝状充血及有出血点，并发生水肿或坏死，临床上见于雏鹅脑型大肠杆菌病和沙门氏菌病。

21. 甲状旁腺

甲状旁腺肿大，临床上见于缺磷、缺钙及缺乏维生素 D 引起的雏鹅佝偻病和成年鹅的骨软症。

22. 骨和关节

后脑颅骨软薄，临床上见于雏鹅佝偻病和雏鹅维生素 E 缺乏症；胸骨呈 S 状弯曲，肋骨与肋软骨连接部呈结节性串珠样，常见于缺钙、缺磷或缺乏维生素 D 引起的雏鹅佝偻病或者严重的绦虫感染而导致的鹅骨软症。跖骨软、易折，常见于佝偻病、骨软症，也见于肥育仔鹅饲喂含氟磷酸氢钙造成的骨质疏松。关节肿胀、关节囊内有炎性渗出物，

常见于雏鹅葡萄球菌、大肠杆菌、链球菌感染，也见于鹅慢性禽霍乱。关节肿大、变形，临床上见于雏鹅佝偻病和生物素、胆碱缺乏症，以及锰缺乏症等，也见于关节痛风。

第五节　常见的鹅胚胎病

家禽卵细胞最大的特征是体积大，细胞膜的结构复杂。家禽的胚胎在发育过程中除了必须从卵内获得贮存的营养物质外，还必须有适宜的外界温度条件。如果忽视了母禽合理的饲养管理工作，致使种蛋缺乏必要的营养成分，就会造成各种营养性的胚胎病；如果忽视了实施防病灭病的卫生措施，致使种蛋存在着各种病原微生物，就会造成各种传染性（内源性）胚胎病；如果忽视了种蛋的合理保管和孵化工作的完善，也会造成各式各样的胚胎病。威胁着雏禽正常生长发育的许多疾病，实际上在胚胎发育阶段就已开始。胚胎病不但会降低胚胎的抵抗力，使孵出的幼雏产生各种先天性疾病，而且往往会造成胚胎的死亡，降低出雏率。事实说明，在鹅只的饲养过程中，由于胚胎的各种疾病所引起的孵化率降低、死胚、雏鹅生长发育停滞和死亡，造成的经济损失是十分巨大的。因此，有必要提高对鹅的胚胎病这一知识领域的认识，在鹅病防治中，除了研究鹅只本身疾病的防治方法外，还必须对鹅体的前身——胚胎所发生的各种疾病，进行必要的研究，预防各种胚胎病的发生，这是鹅病防治工作中不可缺少的一环。

一、营养性胚胎病

母鹅对营养物质的需求量尤其大，一方面是为了维持自身的健康生长和正常的产蛋量，另一方面还必须为所产的蛋贮存充足的营养物质。因此，母鹅是否用全价料饲养、代谢是否正常、蛋内是否有效地贮存营养物质，是鹅胚胎是否正常生长和发育的重要影响因素。任何一种因素出现问题，都有可能使胚胎出现营养性疾病，从而影响胚胎的发育，降低种蛋的出雏率，甚至导致幼鹅的各种先天性疾病的发生。

（一）维生素 A 缺乏或过量引起的胚胎病

1. 维生素 A 缺乏

胚胎呈现的症状出现在孵化的第一周，胚胎头部和躯干已形成，但血管分化和骨骼的发育受阻。头和脊柱畸形，胚胎的错位发生率增加，死胎率增加。有资料说明，母鹅每千克日粮含维生素 A 为 450 微克时，胚胎死亡率为 10%；含 120 微克时，死亡率为 15%；含 60 微克时，死亡率为 31.7%；含 30 微克时，死亡率为 100%。

存活的胚胎发育缓慢，胚体软弱。眼干燥，呼吸道、消化道和泌尿道的上皮角化，肌肉和皮下水肿，贫血。经常出现痛风，容易在肾脏、肠系膜、胸膜、心包膜、卵黄囊及其他器官表面出现白色尿酸盐沉积，尤其是肾肿大，肾小管充满白色尿酸盐。

当怀疑胚胎维生素 A 缺乏时，可对种蛋的蛋黄、孵化中的胚胎或雏鹅的肝脏进行测定。若低于正常含量（2～5 国际单位/克），则为维生素 A 缺乏。

2. 维生素 A 过量

维生素 A 过量对胚胎可产生毒性作用，导致胚胎死亡和降低孵化率。

3. 预防

在母鹅饲料中补充维生素 A。在生产实践中，当发现维生素 A 缺乏症时，其添加量可增加一倍以上。同时要防止饲料放置过久或发霉，致使饲料中的维生素 A 被氧化破坏。

（二）维生素 B_1 缺乏引起的胚胎病

在鹅群的饲养过程中，常常由于饲料不是全价而缺乏维生素 B_1（硫胺素），一般情况下，对母鹅的产蛋量影响似乎不大，但产出的种蛋

在孵化过程中，胚胎就会不同程度地出现维生素 B_1 缺乏症。当孵化到第 4～5 天时，胚胎发育明显减慢，逐渐衰竭，死亡增多，有的胚胎虽然已到期啄壳，却无法出壳而死亡；有些胚胎则延长孵化期才出壳；部分胚胎即使能出壳，在育雏期间表现出特征性神经症状并在早期陆续发病死亡。

缺乏维生素 B_1 的种鹅群，应调整日粮的配合，增加含维生素 B_1 较丰富的饲料，如糠麸类及青料，或每只母鹅注射盐酸硫胺素 0.5 毫升（每毫升含盐酸硫胺素 50 微克），或每只喂给复合维生素 B 溶液 0.5 毫升。倘若发现刚孵出的雏鹅群中出现大批雏鹅发生维生素 B_1 缺乏症时，可对同一来源或同一批的孵化蛋，在孵化前从气室内注入 0.05～0.1 毫升维生素 B_1 溶液，有助于雏鹅顺利出壳，并可大大减少出壳雏鹅的发病率。

（三）维生素 B_2 缺乏引起的胚胎病

维生素 B_2（核黄素）缺乏是影响鹅胚孵化率的常见营养性胚胎病之一。日粮中缺乏核黄素仅数天母鹅群即有反应，尤其由于热应激、疾病或其他因素影响鹅的采食量时，更增加病的严重程度。

缺乏维生素 B_2 的胚胎主要表现为侏儒胚，发育不均匀，头大（头部皮下水肿），脚短小，关节变形，趾弯曲，下颌和腹部皮下水肿，羊水黏稠度增高，卵黄稠密。肾脏常沉积尿酸盐结晶。即使能孵出，幼雏绒毛卷曲，脚、颈麻痹，甚至瘫痪。

缺乏维生素 B_2 的种鹅群，在饲料中应给予维生素 B_2 正常需要量。在每千克饲料中加入维生素 B_2 3 毫克，或在种蛋入孵前向气室内注射 0.05 毫克核黄素。

（四）维生素 D 缺乏引起的胚胎病（胚胎黏液性水肿病）

植物性饲料不含维生素 D，而日光中的紫外线可以促使禽类皮肤所含的 7-脱氢胆固醇转化为胆钙化醇，即维生素 D，这是禽类获取维生素 D 的主要来源。在阴雨季节和冬季，缺乏光照，日粮中又缺乏维生

素 D_3，常导致本病的发生。

种鹅缺乏维生素 D 时，母鹅产薄壳蛋和软壳蛋的数量增加，新鲜蛋内的蛋黄可动性增大。出雏率降低。胚体皮肤出现极为明显的浆液性大囊泡状水肿，即胚胎黏液性水肿病，皮下结缔组织弥漫性增生。由于发生水肿，胚胎的发育受阻，出现明显的足肢短小。在孵化早期因维生素 D 缺乏而死亡的胚胎，心脏发育不全。存活而出壳的胚胎有的出现关节变形、脑积水等症状。

预防本病，应加强母鹅的饲养管理，日粮中应补充丰富的维生素 D_3，在含有足量的维生素 D_3 的日粮中，钙和磷也需要保持一定的比例，钙与磷的最适合的比例为 2∶1。过量的维生素 D 也会使孵化率降低，长期大量使用时会引起中毒。

（五）维生素 E 缺乏引起的胚胎病

在一般情况下，种禽的日粮中维生素 E（β-生育酚）有足够的含量，较少发生缺乏症。种禽日粮中补充适量的维生素 E 可使其后代提高免疫应答能力。

发病的特征是肢体出血、水肿，头肿大，单侧眼或两侧眼突出，晶状体混浊，玻璃体出血，眼角膜出现云雾状斑点，甚至失明。出雏率明显降低，常在 4～7 天或 25～28 天发生胚胎死亡。存活至出壳的雏鹅出现失明，呆滞，骨骼肌发育不良，胃肠道弛缓，成活率降低。

缺乏维生素 E 的种禽，应保证日粮中含有足量的维生素 E，同时添加抗氧化剂，防止维生素 E 的氧化损失。在日粮中加入 0.3%～0.5% 豆油也可解决维生素 E 缺乏的问题。

二、传染性胚胎病

当胚胎感染各种病原微生物（细菌、病毒和霉菌）之后就有可能发生各种传染性胚胎病。这往往是造成死胚和降低出雏率的主要原因。按病原微生物的感染途径不同可分为内源性感染和外源性感染两

大类。

内源性感染是指由母体直接传递的胚胎感染。由于母禽患某种传染病,或长期携带病原微生物,当这些病原微生物侵入卵巢和输卵管时,则可在卵形成过程中传给胚胎,导致胚胎产生各种病变,甚至引起死亡,或者胚胎不死而带病原体出壳,而成为垂直传播。如副伤寒、支原体、病毒性肝炎、链球菌病等。

外源性感染是指病原体从外界环境污染蛋壳,并通过破损的或不破损的蛋壳侵入蛋内。当蛋壳表面严重污染并具备了适宜病原微生物繁殖的温度和湿度时,病原微生物可穿透蛋壳、抵抗蛋白内的抗微生物因素,在蛋内繁殖,短时间内造成蛋的腐败或感染发病;由于蛋黄不含有蛋白内抗微生物因素,贮存日久的蛋,蛋内溶菌酶的活性下降,蛋白收缩,系带溶解,卵黄变稀下沉,促使卵黄膜与内壳膜直接接触,病原微生物更容易侵入卵黄中繁殖而使蛋发生腐败或感染;在蛋的收集、储藏和运输的过程中,在不卫生的孵化器内及其他被污染了而又有机会与蛋接触的一切用具中,各种病原微生物都有可能侵入蛋内。

发生传染性胚胎病而死亡的胚胎,常见有以下病变:胚液、卵黄及蛋白均呈混浊,变成黑色或污绿色,散发出硫化氢恶臭味或其他异味;胚体表皮充血、出血、水肿;肝及其他内脏器官坏死等。

传染性胚胎病的确诊,若只靠临诊症状和病理变化作出确诊结论,往往容易误诊。必要时应尽量采用综合分析、病原分离和鉴定等实验室检查方法,才能作出正确的诊断。

(一)禽流感

本病是由 A 型禽流感病毒引起的传染病,在禽类中广泛流行。近年来已证实鹅也广泛流行禽流感。能否引起鹅胚胎病,未见有详细资料报道。下面的资料可以帮助大家对认识禽流感能否引起禽类胚胎病,提供一些依据。

多年的实践证实受感染的母鸡的产蛋量下降,所产的蛋中带有病毒,可引起胚胎感染和早期死亡。胚胎受禽流感病毒感染后,生长发育受阻，到孵化后期，全胚重量比正常胚明显减少。在感染后第5天，死亡率达最高点。死胚可见其躯体和内脏器官有广泛的出血区，发育异常。胚胎畸形以头部和躯干部骨骼的发育不全为主要特征。

禽流感病毒能否引起鹅的胚胎病，从上述禽流感病毒能引起鸡胚胎病这一事实中得到启示：禽流感病毒能引起多种禽类发病和死亡，同是禽类的鹅感染了禽流感病毒之后，也能明显地引起产蛋大幅度下降，并可从卵黄膜中分离到禽流感病毒。把禽流感病毒接入鹅胚中能引起鹅胚死亡，胚体全身皮肤充血出血，死亡胚重量比同一日龄的正常胚明显减轻。从这一事实中，说明禽流感病毒引起鹅的胚胎病的可能是存在的，目前只不过尚没有更详细资料报道罢了。因此禽流感能否通过蛋传播，其可能性不能排除。

诊断：禽流感病毒在胚胎的尿囊液及卵黄囊膜中存在，因此，鹅胚、鸡胚可以用于病毒分离鉴定。血凝及血凝抑制试验等方法可用于本病的诊断。

（二）鹅痘

鹅痘病毒属于痘病毒科禽痘病毒属。鹅痘是具有较高传染性的疾病，通常在喙和皮肤的表皮和羽囊上皮出现增生和炎症过程，最后形成结痂和脱落。

鹅痘病毒能妨碍胚胎发育，在胚胎尿囊膜上形成一种灰白色、坚实、局灶性的痘疱病灶，中央为一坏死区，局灶性病变互相融合而成为弥漫性大片痘斑，尿囊膜高度水肿。

诊断：发现胚胎的典型病变，可作为诊断的一大依据。有必要进一步确诊时，可以通过病毒的分离鉴定。至于鹅感染痘病毒之后，能否引起鹅胚发病，尚未见报道。

（三）鹅传染性法氏囊病

传染性法氏囊病的病原是属于双RNA病毒的传染性法氏囊病病毒，以往主要是发生于鸡，近年来，国内已有鹅、鸭发生本病的报道。鹅

群的发病率为10%左右,死亡率约5%。目前尚未见本病可以经蛋垂直传播的报道。

诊断:采集鹅法氏囊病料,经处理后接种鸡胚或鹅胚尿囊膜上,死亡胚的尿囊膜水肿,有痘斑样病灶。受感染的胚体皮肤充血、出血,肝脏色泽不均,呈花斑样。

(四)鹅的鸭瘟

本病的病原是鸭瘟病毒,引起鹅发生一种急性、败血性传染病。主要通过接触传染,迄今为止,尚未见可经蛋垂直传播的报道。

母鹅受感染后其产蛋量出现大幅度下降,种蛋的受精率和孵化率也比正常低。病毒可在鹅胚上增殖。将病毒接种于鹅胚尿囊膜上或尿囊腔中,死亡胚体的尿囊膜充血、出血、水肿,有灰白色坏死斑点,胚体水肿出血,肝脏有出血和坏死病灶。

(五)副伤寒

引起本病的病原体,是沙门氏菌属中多种有鞭毛能运动的病原菌。鹅的胚胎常发生副伤寒病。患病和病愈的鹅是本病的主要传染来源。母鹅感染本病后可以经蛋垂直传播。

病菌可以侵入母鹅的卵巢、输卵管及卵子中,鹅蛋受污染后,在湿度和温度适宜的情况下,病菌也能进入蛋内。感染沙门氏菌的鹅胚胎,在不同的时间内可发生死亡。能存活出壳的病雏也可带毒,形成垂直传播,成为雏鹅先天性传染病。

这种带菌胚胎的死亡率有时高达85%～90%。胚胎的病变主要是尿囊膜水肿、充血、出血和坏死。急性死亡时,以内脏器官出血为主。病程稍长的胚胎,肝脏色泽不均,边缘钝圆并有灰白色的坏死灶。脾肿大,心脏和肠偶有点状出血。

诊断:取胚胎的肝、脾、心、胆汁等病料,容易分离出沙门氏菌。

(六)大肠杆菌病

本病的病原菌是埃希氏大肠杆菌,广泛存在于鹅场环境及鹅肠道中,本菌不少血清型在一定的条件下可以对鹅致病,对养鹅业的威胁极大。

患病母鹅常发生卵巢和输卵管炎,所产鹅蛋中含有大量的致病性大肠杆菌;由于环境或孵化器污染大肠杆菌,沾污蛋壳而侵入胚胎,在蛋白的溶菌酶活性降低时,大肠杆菌迅速繁殖,造成胚胎发病和死亡。

感染大肠杆菌的胚胎,可以在孵化的早期、后期或出壳前死亡。死亡的胚胎呈现为卵黄吸收不良、呈黄绿色黏稠状,胚体皮肤广泛出血。能存活出壳的雏鹅常出现心包炎、肝周炎,有些雏鹅还出现腹膜炎和脐炎。

诊断:分离病原菌作进一步鉴定。

(七)脐炎

鹅的胚胎和刚出壳的雏鹅的脐部,容易感染各种病原微生物(如各种化脓性葡萄球菌、链球菌、变形杆菌、大肠杆菌等)而发生炎症。

本病的病理变化是脐环发炎,脐环周围呈现炎性水肿,局部皮下充满胶样浸润及黏液,有时还有出血性浸润;病灶附近的腹壁皮下结缔组织水肿,呈紫红色,且有坏死灶;脐环常被卵黄囊或凝块栓子所堵塞;卵黄呈青绿色或污褐色;出壳雏鹅卵黄吸收不良,腹部胀大而下垂;有时脐环被干固的痂皮所掩盖,其未封闭的孔道则为凝乳块状物所堵塞。

诊断:分离病原菌作进一步鉴定。

(八)曲霉菌病

鹅胚胎易感染曲霉菌。由于产蛋巢、孵房和孵化器被曲霉菌污染,再加上室内通风不良,湿度较高,有利于曲霉菌的繁殖并形成菌丝。菌丝穿过蛋壳的微细小孔侵入蛋内,并在蛋内进行繁殖,在蛋壳的内膜产生黑点(此为曲霉菌的菌落,仔细观察还可见到菌丝)。死亡胚胎的胎

膜水肿，有时见有出血，内脏器官有浅灰色小结节。霉菌还能引起蛋的腐败，致使蛋的内容物出现蓝色的斑点。这种蛋在孵化后期破裂时，容易污染同期孵化的蛋并造成较大范围的污染。由于大量霉菌繁殖的结果，常使胚体的鼻孔和耳道被菌丝所堵塞。

诊断：分离病原菌作进一步鉴定。

（九）绿脓杆菌感染

鹅胚常受绿脓杆菌污染，在孵化过程中，可出现死胚。其主要的病变是出血性败血症，胚体出血，皮下水肿。肝、肺及脾呈深褐色、柔软、松弛。

诊断：分离病原菌作进一步鉴定。

三、种蛋保存不当与孵化技术不善引起的胚胎病

（一）种蛋保存不当引起的胚胎病

新鲜种蛋孵化率高。种蛋保存时间越长，则孵化率越低。母鹅产下的种蛋，应尽快送到种蛋贮藏室保存。在没有低温设备的情况下，种蛋在夏季的保存时间不宜超过 3～5 天，如天气炎热，气温在 30℃以上时尽管种蛋保存 2～3 天，也会使孵化率降低。在春、秋季节不宜超过 5～7 天，即使在冬季低温条件下也不宜超过 10 天。

种蛋在孵化前保存时间过长，致使胚胎在发育过程中常发生下列几种病理性变化：

种蛋保存过久，使蛋失去了大量的水分，导致蛋白的 pH 改变，卵黄膜和卵系带变脆。胚盘处于潜伏状态，并经历了衰老的过程，卵裂球丧失分裂的能力。保存时间过长的种蛋在孵化过程中，胚胎生长大大减慢，分化延缓。

具有以上状况的胚胎容易发生死亡，即使能孵出雏鹅，其发育也迟缓，体质变弱，绒毛短少。

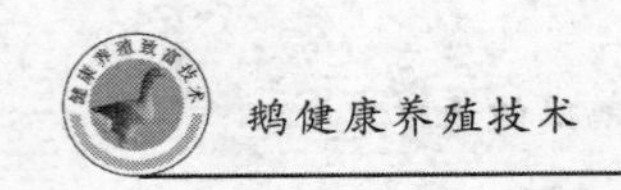

(二)孵化温度过高引起的胚胎病

在孵化过程中，温度过高，容易引起胚胎发生各种病变和死亡，或出现明显的畸形。孵化早期，当温度过高时，容易使胚胎的心脏和血管过劳而导致出血，发生所谓“血圈蛋”的死亡现象，或胎膜的发育异常，如胎膜皱缩，常与脑膜连接在一起，呈现头部畸形，多数胚胎于出雏前几天死亡。倘若温度略高于正常，由于胚胎发育过快，因而造成胚胎异位和内脏器官（胃、肠、肝和心）向外，腹腔不能闭合，甚至引起死亡。孵化第一周内，胚胎在高温的影响下，死亡率增高。倘若在孵化的整个过程温度过高时，容易使胚胎心脏缩小，卵黄吸收不良，出雏时间提早，幼禽小而弱，绒毛发育不良。倘若在孵化中短时间内强烈高温，容易使胚胎的血管破裂，引起胚胎迅速死亡。其主要变化是尿囊血管充血，皮肤及肝脏有点状出血或弥漫性出血。倘若在孵化后期温度过高时，会降低酶系统的活性，容易使胚胎生长受到抑制，还会妨碍体热的散发，并聚集有害的代谢产物，导致胚胎死亡。

(三)孵化温度过低引起的胚胎病

在孵化过程中温度过低，则胚胎发育迟缓。低温致死界限较宽，如果持续时间短，危险性较小。

倘若温度过低的时间较长，容易使胚胎生长迟缓，心脏扩张，肠内充满卵黄物质和胎粪，啄壳和出壳受阻，出雏延迟，孵出的幼雏弱小，不能站立，腹部胀大，下痢。还可见到胚体颈部呈现黏液性水肿，并有液状的蛋白残留，卵黄黏稠。

(四)孵化湿度过大或过小引起的胚胎病

鹅胚胎具有水禽的生物学特性，孵化时要求稍高的湿度，然而胚胎在不同发育阶段，对湿度有不同的要求。

在孵化初期，鹅胚需要维持65%～70%的相对湿度。维持一定的湿度是为了减少蛋内水分的蒸发，有利于胚胎发育中形成羊水和尿囊

液。在孵化的中期，尿囊形成后，胚胎需经尿囊排出大量水分和代谢产物，因此，需要适当地减少湿度，以利于蛋内水分的散发，便于代谢产物的排出。在孵化后期，出雏前几天，当胚胎散发大量体热时，为了避免胎膜因干燥而与蛋壳粘连，造成雏禽出壳困难，此时应适当增大湿度。

在孵化全过程中，若湿度过大，由于胚胎吸收了较多的辐射热，从而阻碍体热的散发，同时也阻碍蛋内水分的正常蒸发。这种情况对孵化中期的胚胎所造成的危害更大。此时尿囊液蒸发缓慢或不充分，过多的水分占据了蛋内的空隙，影响胚胎的正常发育，从而导致出雏缓慢，孵出的幼雏肚脐大，生存力差，衰弱。有些胚胎的尿囊湿润，羊水黏稠，呈胶冻样，出壳的雏禽体表常为黏性液体所黏附，或由于胚液迅速凝固并在雏鹅表面形成薄膜，妨碍其呼吸，造成窒息死亡。湿度过大还有利于各种霉菌的繁殖，从而增加了胚胎外源性感染的机会；反之，湿度过小，导致蛋内水分过分蒸发，加快胚胎的发育，从而影响胚胎呼吸，同时也容易使胚胎与胚膜粘连，这种情况不但出雏困难，而且孵出的幼禽弱小，绒毛枯而短。

在孵化期间，必须保持合适的湿度，才能保证胚胎的正常发育。特别在出雏前，适当的湿度能与空气中的二氧化碳互相作用而产生碳酸，使蛋壳中的碳酸钙转变为碳酸氢钙，从而使蛋壳质地变脆，有利于破壳。

（五）孵化时通气不良引起的胚胎病

胚胎离开空气就不能生存。胚胎在发育过程中，不断进行气体代谢，尤其在孵化中期和后期，必须吸进大量氧气，排出二氧化碳。因为在孵化初期，物质代谢很低，需要氧气量甚少，胚胎只通过卵黄囊血液循环利用卵黄内的氧气。孵化中期，胚胎代谢逐渐加强，对氧气的需要量也逐渐增加，随着尿囊的形成，胚胎可以通过气室、蛋壳上的气孔而直接利用空气中的氧气，加强了气体代谢。临出壳前，胚胎从尿囊呼吸转为用肺呼吸，则需要更多氧气，才能保证胚胎的存活。供给新鲜空气，是维持胚胎生命和正常发育的先决条件。因此，要求孵化器内气体中的二氧化碳的含量不得超过0.2%～0.5%，倘若含量达到1%时，胚胎发育迟缓，容易导致胚位不正，即胚体的足肢朝向蛋的钝端，而头部位置则相反，造成雏鹅在蛋的锐端啄壳，如果氧气供应不足，就会引起胚胎窒息而死亡。当壳膜气体的通透性降低，或由于蛋壳的细孔被破损蛋流出的内容物与尘埃所堵塞时，也可能造成胚胎的窒息死亡。

(六)孵化时翻蛋不当引起的胚胎病

人工孵化要在孵化期间仿效自然孵化进行翻蛋。翻蛋的目的，在于使种蛋定时转动，变动位置，调节温度，使蛋内受热均匀，并获得新鲜空气，有利于胚胎发育。由于蛋黄的脂肪含量较高，比重轻，易于上浮，而胚胎又位于蛋黄之上，如长期不翻蛋，胚胎容易与蛋壳膜粘连变干，可引起胚胎大批死亡。孵化中期以后，尿囊和卵黄囊也有与蛋壳膜粘连的现象，也能引起大批死亡。

当蛋的倾斜度不够，垂直地进行孵化时，尿囊沿蛋壳内表面生长，蛋白不能连接覆盖其表面，也会引起胚胎死亡。

以上所述的温度、湿度、通气和翻蛋等因素，彼此之间不但有着密切的联系，而且互相影响。如通气良好，就促使孵化器内热量的散发以及水分的蒸发而排出孵化器外，从而使温度和湿度降低；相反，如果通气不良，会导致温度和湿度的增高。温度高，水分蒸发量多则湿度大，通气也缓慢；温度低，水分蒸发少则湿度小，通气也加速。湿度大，水蒸气吸收大量热能，温度增高，通气也缓慢；湿度小，气流加速则湿度降低。由此说明，其中任何一个因素发生变化都会直接影响其他因素的改变。

四、鹅胚胎病的预防原则

鹅胚胎病的防制必须坚持“预防为主”的指导思想。构建科学的、严密的操作规程，认真调控孵化过程中，内外环境的各种因素，这是防制胚胎病的关键。

①提高种鹅的饲养管理和卫生防疫水平，提高种蛋的质量。

②做好种鹅的防疫工作，及时接种必要的疫苗，提高机体的免疫力和对不良因素的抵抗力，使胚胎具有良好的遗传素质和发育基础。

③禁止用发生过急性疾病康复不久或慢性传染病的鹅所产的蛋进行孵化。

④严格执行鹅蛋入孵前的操作规程，避免病原污染蛋壳。

⑤正确使用消毒剂，做好消毒工作。

第六节　鹅的几种传染病

一、鹅禽流感

鹅流行性感冒(简称鹅禽流感)，是由A型流感病毒中的某些致病性血清亚型毒株所引起的鹅只的全身性或呼吸器官性传染病。主要的临诊症状为两脚发软，共济失调，拉黄绿色稀粪，头、下颌、颈等皮下水肿，眼结膜潮红、出血，鼻腔黏膜充血、出血，曲颈歪头，有些病例表现则以呼吸道症状为主，母鹅产蛋量下降。病理变化以消化管、黏膜、心肌、心内膜充血、出血为主。本病常引起大批鹅只死亡，造成巨大损失。

(一)临诊症状

由于禽流感病毒的致病力不同，引起鹅只的临诊症状亦有所差异。

1. 最急性型

患鹅突然发病，食欲废绝，精神高度沉郁，不食不喝，蹲伏地面，头下垂，很快倒地，两脚作游泳状摆动，不久就死亡。

2. 急性型

这一病型的症状最为典型。患鹅突发性出现症状，精神沉郁，羽毛

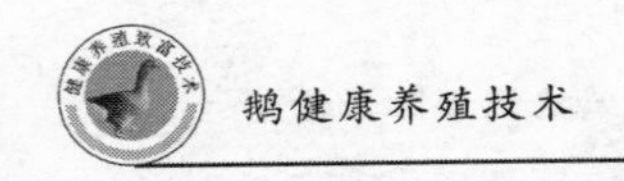

松乱，双翅下垂。食欲减退并逐渐废绝，身体蜷缩，昏睡，反应迟钝。

患鹅两脚发软，不愿走动或站立不稳，或后退倒地，常伏地不起。若强行驱赶则表现共济失调，若强赶下水则只漂浮在水面上，很快就挣扎上岸，蹲伏沉睡。

患鹅出现神经症状，曲颈歪头，并左右摇摆或频频点头，甚至将喙接触地面昏睡。有部分患鹅突然盲目地向前冲，碰到障碍物之后立即倒地，或站起来之后又倒退，这样反复两三次后，或倒地衰竭而告终，或倒地挣扎之后出现呼吸困难，最终因窒息而死。

部分患鹅头部、下颌皮下明显水肿，因而出现头颈肿大。早期眼眶湿润、有泪水，随后红肿，眼结膜充血，有出血点或出血斑。眼泪呈红色，俗称“血泪”。眼睛周围羽毛黏着分泌物，呈黑褐色，后期见眼角膜混浊呈灰白色（俗称眼生白膜）。有些病例的瞬膜有出血点或出血斑。严重病例瞎眼。部分患鹅鼻孔流出鲜红色血液或分泌物中带血。病鹅下痢，拉黄白色或黄绿色水样稀粪。

产蛋母鹅感染禽流感病毒之后，只表现为产蛋下降，破蛋、小蛋数量增加。产蛋率下降不等——10%～80%或更多，死亡率很低。而近年来种鹅患病后的症状和其他日龄的患鹅基本相似，死亡率可达30%～80%。产蛋率急剧下降，在发病后1～2天内大幅度降蛋，甚至出现完全停蛋。能耐过的种鹅经1～1.5个月才能恢复产蛋，有些患鹅甚至绝蛋。患鹅的病程不一。成鹅（包括成鹅以前各个生长阶段）为4～10天，母鹅一般为4～7天。

3. 亚急性型

患鹅表现以呼吸道症状为主，一旦发病，很快波及全群。病鹅出现呼吸急促，鼻流浆液性分泌物，呼吸时发出啰音，咳嗽，2～3天后大部分患鹅呼吸症状减轻。发病期间，病鹅食欲减少，若在发病早期经及时治疗，有明显效果，症状迅速减轻或消失，食欲基本恢复正常。只留下少数病鹅转为慢性，经常咳嗽。病程较长者，死亡率3%～10%不等。母鹅患病后主要以降蛋为主，死亡率较低。

(二)病理变化

头部肿大的病例,可见头部及下颌皮下呈胶冻样水肿,呈淡黄色或浅绿色脂肪胶性浸润。眼结膜充血、出血,瞬膜充血或有出血点。颈上段肌肉出血。鼻黏膜充血、出血和水肿,鼻腔充满血样黏液性分泌物。喉腔黏膜有不同程度的出血,并有大小不等的凝血块。气管黏膜充血、出血,分泌物增多。

严重病例可见腺胃分泌物增多,部分病例黏膜出血。腺胃与肌胃交界处有出血点或出血带。肠黏膜充血、出血,尤以十二指肠为甚,并有局灶性出血斑或出血性溃疡病灶。直肠后段黏膜及泄殖腔黏膜充血、出血。盲肠扁桃体出血。

心冠脂肪和心肌有出血点或出血斑。多数病例心肌有灰白色坏死斑或呈白色条纹状变性或坏死,心内膜有出血斑或条纹状出血。颅顶骨和脑膜严重出血,脑组织充血、出血。肝脏瘀血、肿大,有时可见有出血点或出血斑,或呈条纹状出血,部分病例肝被膜下有大小不等的血肿。肾稍肿大、充血和出血。胰腺有出血斑和褐色坏死灶。脾脏稍肿大、瘀血和出血。多数病例肺瘀血、出血或有水肿。

产蛋母鹅卵泡破裂于腹腔中,卵巢中的卵泡充血、有出血斑、变形、变黑、变白和皱缩。输卵管黏膜充血、出血,输卵管腔中有黏稠或凝固蛋白。腹腔中常可见到新鲜无异味的卵黄液。

(三)流行病学资料

据以往的资料记载,鹅仅是禽流感病毒的带毒者,并不引起发病;而现有的资料表明,由于禽流感病毒存在于自然界及从患病鹅体内不断排出,然后陆续不断通过鹅体继代,病毒不断引起母鹅肿头流泪,产蛋下降,死亡率极低。接着引起雏鹅大量发病,并造成一定范围内的大流行,死亡率很高。接踵而来的是仔鹅、成鹅,最后是产蛋母鹅也发生大流行,并引起大批鹅只死亡,给养鹅业带来莫大的损失。

有资料表明,从发病鹅分离出来的禽流感 H5N1 亚型病毒株对鹅的致病力很低，在做鹅体回归试验时，只引起发病，不引起鹅只死亡或只有极低的死亡率。然而将这些病毒接种鸡，却属高致病性毒株，引起100%的试验鸡死亡。以后逐步在鹅群中不断呈水平传播，其毒力不断增强，且可引起鹅群发生大流行，并出现极高的死亡率。在某些地方还可形成特大流行。还有资料表明，鹅发生禽流感时，主要是以 H5N1 为主。目前已发现 H7 亚型在局部地区流行。虽然目前尚未见有其他有致病力血清亚型毒株（如 H1N1、H1N2、H1N8 及 H4N6 等）引起鹅群发病的明确记载，但这只是时间的问题。在鸡、鹅、鸭及猪的饲养场地交错复杂的情况下，加上某些人为的因素，禽流感的这些血清亚型毒株，极有可能横向相互感染，致病力可逐步增强。在某一发病禽种的体内，经常可以同时分离出两种或两种以上具有一定致病力的禽流感血清亚型毒株，这是值得注意的动向，也是造成特大流行严峻形势的不可忽视的因素。

不同品种、日龄的鹅均可感染本病。雏鹅的发病率可高达100%，死亡率可达40%～90%。其他日龄的鹅群，发病率为60%～90%，死亡率一般为30%～80%。

本病常与鹅的副黏病毒合并感染，在这种情况下，其死亡率最高达70%～80%，个别鹅群可达90%以上。若与大肠杆菌病或鸭疫里默氏杆菌病合并感染，发病率及死亡率更高。若由禽流感低致病力毒株引起的鹅流感，其发病率虽高，但死亡率较低。若此时继发大肠杆菌病和鸭疫里默氏杆菌病，死亡率可达10%～20%。

主要的传染途径是呼吸道，也可由被污染的水源、羽毛、肉尸、排泄物、饲料及用具经消化道感染。在鹅群附近发生禽流感的鸡、鸭群，也是重要的传染来源。到目前为止，还没有足够的资料证明本病可以通过蛋垂直传播，但不能排除其可能性。

本病一年四季均可流行，以冬春季节为主。由于各地养鹅习惯不同，一般多在第二批鹅蛋孵出的鹅开始较大规模的流行。在某些地区，8～10 月，即使气温达到 32～37℃高温的环境中，也有鹅群发病，但发病率和死亡率不高，在3%～5%和10%～20%。大批发病和死亡常见

于10～12月及第二年的1～4月。

(四)实验室诊断

1.病料的采取及处理

从具有典型病变的病鹅尸体采取喉、气管的分泌物,肝、脑、脾及肾等组织样品。将样品研磨后加入生理盐水或灭菌PBS液,制成1∶(5～10)的悬浊液,经3 000转/分离心30分钟,吸取上清液,按每毫升加入青霉素、链霉素各1 000国际单位,混合后置4～8℃冰箱中感作2～4小时。经无菌检验,无菌生长者作为病毒分离材料。

2.病毒分离

取上述病毒接种材料(1∶10),接种10～11日龄无特定病原体(SPF)鸡胚或非免疫鸡胚,每胚于尿囊腔接种0.1～0.2毫升,置37℃温箱中继续孵育,弃去18小时以前死亡的鸡胚,收集18～48小时死亡的鸡胚液,进行无菌检查,同时进行红细胞凝集试验。若胚液清而无菌,能凝集鸡红细胞,胚体皮肤充血、出血,则可继代。若初次分离收集的胚液,血凝试验为阴性,用尿囊液盲传3代,仍不出现血凝阳性,则可弃去。如出现血凝活性时再进一步检验。

3.血清学鉴定

将上述收获的鸡胚液用血凝试验和血凝抑制试验,证实流感病毒的血凝活性和排除鸡新城疫病毒。简单的方法是取1滴1∶10稀释的正常鸡血清(最好是SPF鸡)和1滴鸡新城疫阳性血清,分别滴于洁净的瓷板上,然后各加1滴有凝血活性的鸡胚尿囊液,混匀后各加1滴5%的鸡红细胞悬液,若2份血清均出现血凝现象,就说明尿囊液中不含有鸡新城疫病毒,可以继代并作一步鉴定;如与新城疫阳性血清出现血凝抑制现象,则表明尿囊液中含有新城疫病毒。

首先琼脂凝胶扩散试验检测新分离病毒是否属A型禽流感病毒。其操作方法是用已知的禽流感阳性血清和阴性血清与待检抗原及已知的禽流感琼扩抗原,在琼脂凝胶中进行双扩散。在30℃作用24～48小时,已知抗原与阳性血清之间会出现明显的白色沉淀线,若待检抗原与阳性血清间也出现沉淀线，并与邻近的阳性抗原和阳性血清的沉淀线相连，即可判定为阳性反应。表明待检抗原属 A 型禽流感病毒。但不能分辨病毒的亚型。

第三是用红细胞凝集抑制试验进行禽流感病毒的亚型鉴定。这项工作需要一定的条件或只有专门的检验室才能进行。

第四是采集鹅群发病初期(急性期)和相隔 10～15 天的双相血清，用红细胞凝集抑制试验检测其抗体水平变动情况，如后者抗体水平比前者的增高两个滴度以上，则可判定为鹅群已感染禽流感病毒。

(五)鉴别诊断

由于禽流感病毒引起鹅群发病的流行特点、症状及病理变化与其他一些鹅病极为相似，特别是某些疾病的混合感染或继发感染，往往使病情更为复杂，缺乏典型病状和病变，给诊断带来困难，或容易发生误诊，因此，必要的鉴别诊断十分重要。

1. 与鹅副黏病毒病的鉴别

鹅禽流感的特征是全身器官以出血为主；而鹅副黏病毒病的特征是以脾脏肿大，并有灰白色、大小不一的坏死灶，肠管黏膜有散在性或弥漫性大小不一、灰白色的纤维素性结痂病灶为主。

2. 与鹅巴氏杆菌病的鉴别

鹅巴氏杆菌病的病原体是禽多杀性巴氏杆菌，其主要病理变化的特征是肝脏有散在性或弥漫性针尖大小、边缘整齐、灰白色并稍突出于肝表面的坏死灶；而鹅禽流感的肝脏以出血为特征，无灰白色坏死灶。

(六)防制

预防和控制鹅禽流感的方法，中心的问题是防止病毒的最初入侵，这在大、中型禽场较易操作，对于广大养鹅专业户认真操作起来比较困难。因鹅群不大，有些鹅群还要经常放牧。因此，预防鹅禽流感只能加强饲养管理，搞好环境卫生，增强鹅体的抗病力以及做好免疫接种，提高鹅体对鹅禽流感的免疫力。

1.防止发生并发症

由于鹅群容易发生鸭瘟、巴氏杆菌病、小鹅瘟、大肠杆菌病及鸭疫里默氏杆菌病等,因此必须做好这些常见病的免疫接种工作。

由于禽流感病毒在鹅体内复制过程中,可借助于鹅的肠管或呼吸道细菌分泌的蛋白酶进行复制,鹅体内的致病菌越多,对禽流感病毒的复制就越有利。因此,控制细菌的感染,减少细菌分泌的蛋白酶,就能减轻患鹅的症状,提高机体抵抗力,战胜禽流感病毒。

建议:选用恩诺沙星等抗菌药物与抗病毒药物同时使用。

2.切实做好消毒工作

被有致病性的禽流感病毒感染的鹅只及其排泄物和鼻分泌物等是禽流感病毒的传播者和携带者。由于禽流感病毒在粪便中的有机物保护下可存活较长时间,因此,对鹅舍、养鹅设备及地面等,应先进行清洗或用去污剂清洁,除去病毒表面的有机物,然后选择有效的消毒剂进行消毒。可选用0.5%～1%的二氯异氰脲酸钠、3%～5%的甲酚、2%～5%氢氧化钠、0.1%～0.2%过氧乙酸、1%～5%苯酚、福尔马林(熏蒸)和0.5%的雅可生等消毒药进行消毒。

3.疫苗免疫

防制禽流感的主攻方向,应该是全面贯彻执行综合性防疫措施与疫苗接种相结合。目前在疫区普遍使用禽流感油乳剂灭活苗,是防制禽流感的有效手段。禽流感病毒的亚型多,易变异,且亚型之间又无交叉免疫,但可以在不同的地区使用适合该地区的单价或多价油乳剂灭活疫苗,它能使鹅体产生相应的免疫应答。接种疫苗不但可以减少鹅群的发病率和死亡率,而且还可以保持母鹅稳定的产蛋量。低致病性或中等以下致病性禽流感毒株引起的禽流感发病鹅群,使用油乳剂灭活疫苗或组织灭活疫苗,可以降低疫病的严重程度,减少死亡。疫苗虽然不能从群体中消灭病毒,但是不注射疫苗更加不能消灭群体中的禽流感病毒,还会给禽流感病毒在鹅体中不断继代创造更有利的条件。实践经验告诉人们,在禽流感流行地区,尽快检出其流行株的血清亚型,对受威胁的健康鹅群和可疑健康群及时注射疫苗(最好是注射多价疫苗),完全可以主动地控制疫情的扩展,减少损失。

(1)免疫程序　雏鹅在 7～10 日龄首免,在颈部背侧的下 1/3 正中处皮下注射多价禽流感灭活疫苗,15 天以后产生坚强的免疫力。肉鹅注射一次即可。倘若疫苗效价偏低(尤其是 H5 亚型)时,首免 15 天之后应再注射一次。要留种的鹅群应在 2 月龄时进行二免,产蛋前 15～20 天进行三免。以后每隔半年,在鹅群停蛋时再免疫一次。

在鹅禽流感流行地区,当注射疫苗后尚未产生坚强的免疫力时,往往有部分鹅只因感染禽流感病毒而发病。此时可注射禽流感抗血清或超高免蛋黄液,或使用抗病毒药物,进行积极治疗,不但不会影响疫苗的免疫效果,而且能很快控制疫情。试验资料表明:10 日龄雏鹅注射禽流感油乳剂灭活疫苗之后 7～10 天开始产生免疫力,保护率可达 70%～80%,12 天保护率为 85%～90%,15 天保护率可达 95%以上,到 21 天血凝抗体可达高峰。免疫 180 天,血凝抑制(HI)抗体效价开始下降,但攻毒后的保护率仍可达 100%。

按正常疫苗剂量免疫鹅只之后,禽流感 HI 抗体效价不像新城疫(ND)疫苗免疫之后上升那么高,特别是禽流感 H5 亚型更低,但攻毒后可 100%保护。随着抗原量的增加,HI 抗体效价相对升高。

(2)注意事项　禽流感油乳剂灭活疫苗免疫接种以颈部背侧下1/3 正中处皮下为宜。切勿进行腿部肌肉注射。雏鹅注苗后有一定的应激反应,部分鹅只表现精神较差,食料有所减少,1～2 天内即可恢复。产蛋母鹅注苗后部分鹅可能会出现短期产蛋减少现象,因此应在产蛋前或停蛋期注射疫苗。免疫接种的抗原剂量应根据不同血清亚型的抗原性而定。一般而言,鹅只免疫之后,抗体的效价高低与抗原量成正比。疫苗的免疫效果还与疫苗所含的禽流感血清亚型是否相应有关。若疫苗中只含 H5 亚型,如果感染 H7 亚型,则无效。鹅群免疫接种之后,抗体的消长时间不尽一致,同样存在着免疫抑制因素。

(七)治疗

由于高致病性禽流感属于重大烈性传染病,我国规定为一类动物

传染病，目前尚无有效的药物能够治疗禽流感，一般不采用治疗的方法。按照国家规定，凡是确诊为高致病性禽流感，要立即封锁疫区，对病禽进行扑杀，进行无害化处理，环境进行彻底消毒。这样，可以尽快扑灭疫情，消灭传染源，减少经济损失。

二、鹅副黏病毒病

鹅副黏病毒病是由鹅副黏病毒引起的各种年龄鹅只的一种急性病毒性传染病。其主要症状是精神沉郁，食欲减退，体重迅速减轻，拉水样稀粪，并出现扭颈、转圈等神经症状。病理变化特征是脾脏和胰腺呈现灰白色坏死灶。消化管黏膜有坏死、溃疡和结痂。发病率和死亡率均可高达98%，是养鹅业的大敌。

（一）临诊症状

本病自然感染的潜伏期为3～5天，日龄小的雏鹅为2～3天，日龄大的鹅为3～6天。病程一般为2～5天，雏鹅为1～2天，日龄较大的鹅为2～4天。人工感染的潜伏期为2～3天，病程为1～4天。患鹅脚软，离群，常蹲伏或单脚提起，行动蹒跚，不愿下水，即使人为强赶其下水，也只浮在水面，随风飘浮，很快挣扎上岸蹲伏。

患病雏鹅下痢，拉白色或灰白色稀粪，随着病情发展，排出黄色、暗红色、绿色或墨绿色水样粪便。病的后期，部分患鹅呈现阵发性扭颈、转圈和头向后仰等神经症状。倘若在水面上发作，则向一侧旋转，且越转越快，当转到筋疲力尽时则慢慢地停下来，甚至因衰竭而死亡。部分患鹅可出现甩头、咳嗽，并随着呼吸而发出啰音等呼吸道症状。耐过的病鹅经7～10天，可逐步康复，但生长受阻。产蛋母鹅感染本病后，除了发病死亡外，鹅群产蛋率大大下降。

（二）病理变化

肝脏肿大，质地较硬，表面有数量不等、大小不一的灰黄色坏死灶。

脾脏瘀血肿大 1～2 倍，表面和切面布满粟粒或芝麻大、灰白色的坏死灶，有的坏死灶融合成绿豆大小的坏死斑。胰腺肿胀出血，表面有灰白色、光滑、切面均匀的坏死点，或融合成大片的坏死斑。

肠管浆膜表面有黄白色结节。剖开肠管，可见到肠管黏膜具有特征性的出血、坏死、溃疡和结痂等病变。十二指肠、回肠、盲肠、直肠和泄殖腔黏膜有散在性或弥漫性、大小不一的出血斑点和白色或黄白色坏死灶，或呈弥漫性淡黄色纤维素性结痂，剥离开痂皮后呈现出血面或溃疡灶。部分病例在食管下段黏膜也有散在性粟粒大、灰白色纤维性结痂。腺胃及肌胃黏膜充血和出血。个别患鹅腺胃黏膜上有大小不等的坏死性溃疡。

心肌变性。胸肌、腿肌出血，皮下脂肪及毛孔出血。喉气管黏膜出血，支气管内充满黄色干酪样物。肺出血、脑充血。

(三)实验室诊断

1.病料的采取及处理

取脾或脑组织，将病料研磨成浆，加入灭菌生理盐水或 PBS 液，制成1∶5 的悬浮液，按每毫升加入青霉素、链霉素各 2 000 国际单位，反复冻融 3 次，3 000 转/分离心 30 分钟，吸取上清液，作无菌检查。无菌生长者，冻结保存作为病毒分离材料。

2.分离病毒

用 10～11 日龄未经新城疫免疫鸡群所生的鸡胚或 SPF 鸡胚，每胚尿囊腔接种 0.2 毫升。每天照蛋 4 次，24 小时前死亡的胚废弃，将 24～72 小时内死亡鸡胚冷冻后收获其胚体，病变典型、澄清的胚液加入抗生素，置低温冻结保存。传代毒株接种鹅胚，可在 48 小时致死。

3.病毒鉴定

先做红细胞凝集试验，测定胚液是否存在血凝性病毒，若阳性者再进行红细胞凝集抑制试验。方法是用已知的抗鹅副黏病毒血清检测被检病毒。倘若已知抗血清能抑制被检病毒，且不被已知阴性血清所抑制(用已知鹅副黏病毒作为阳性对照)时，即可确定被检病毒为鹅副黏

病毒。

4.动物回归试验

选用健康易感的10～11日龄雏鹅，用上述分离毒1∶10稀释，每只肌肉注射0.1～0.2毫升，经3～5天发病死亡，并出现与天然病例同样的典型病变特征，且用鸡胚能回收到病毒。

（四）鉴别诊断

1.与鹅禽流感的鉴别

本病与鹅禽流感有一定的差别，所以不难鉴别。参见鹅禽流感鉴别诊断部分。倘若本病与鹅禽流感混合感染时，病变复杂些，必须用血清学和病毒分离才能进行鉴别。

2.与鹅的鸭瘟的鉴别

这两种病在病理变化上由于差别较大，比较容易鉴别，鹅的鸭瘟的肝脏、食管及泄殖腔的特征性病变是鹅副黏病毒病所没有的。这是重要的鉴别要点之一。

3.与鹅巴氏杆菌病的鉴别

鹅的巴氏杆菌病的病原是多杀性巴氏杆菌。病鹅肝脏的坏死点灰白色、针尖大、边缘整齐、微凸出于肝表面；而鹅副黏病毒是由副黏病毒引起，病鹅内脏出现的坏死与巴氏杆菌引起的坏死不相同。此病毒又能凝集鸡的红细胞，并能被特异性抗血清所抑制。

（五）预防

（1）鹅副黏病毒属于禽副黏病毒Ⅰ型基因Ⅶ型毒株。该毒株对鸡和鹅均有致病力。因此，鸡群必须与鹅群严格分开饲养，避免疫病相互传播。

（2）鹅场要严格执行卫生防疫制度，加强消毒工作，做好生物安全措施。

（3）购进雏鹅，可立即注射抗鹅副黏病毒病高免血清或卵黄抗体，作为预防本病的被动免疫。20天后再注射一次。

(4)雏鹅免疫:种鹅群经免疫后所生的蛋孵出的雏鹅具有一定的母源抗体,初次免疫是在7～10日龄,用鹅副黏病毒油乳剂灭活苗,接种剂量为颈部皮下0.5毫升/只。倘若种鹅未经免疫接种所产的蛋孵出的雏鹅,则无母源抗体。首免应在2～7日龄。2个月后再免疫一次。

(5)留种的鹅群在7～10日龄进行首免,2月龄时二免,产蛋前2周进行三免,母鹅第二个产蛋周期结束时进行四免。

(六)治疗

鹅群一旦发生鹅副黏病毒病,应立即将病鹅隔离,死鹅烧毁或深埋。鹅群立即按下列方案进行治疗:

(1)把抗生素和干扰素或干扰素诱导剂加入高免血清或高免蛋黄液进行肌肉注射,每千克体重1毫升。有必要时隔1周再注一次。

(2)在饲料中加入B族维生素和维生素C。

(3)注射鹅副黏病毒组织灭活疫苗。由于鹅副黏病毒病常与鹅禽流感混合感染,因此,在进行免疫接种和治疗时,最好用鹅禽流感-鹅副黏病毒二联油乳剂灭活苗或二联抗血清或卵液,效果更理想。

三、小鹅瘟

小鹅瘟是由鹅细小病毒引起的小鹅和雏番鸭的一种急性、亚急性、高度接触性传染病。患病小鹅的临诊症状是精神沉郁,食欲减少或废绝,严重下痢,呼吸困难和死亡率高,有时呈现神经症状。病变的主要特征是肠管黏膜发生浮膜性纤维素性肠炎,在小肠中段和后段肠腔常形成"腊肠状"的栓子,堵塞肠腔。本病传播迅速,给养鹅业造成严重的经济损失。

(一)临诊症状

本病的潜伏期与感染雏鹅的日龄密切相关,2周龄内雏鹅无论是自然感染还是人工感染,其潜伏期为2～3天。本病病程随发病雏鹅的

日龄不同而不同，据此可分为最急性型、急性型和亚急性型。

1. 最急性型

常发生于1周龄内的雏鹅，发病、死亡突然，传播迅速，发病率100%，病死率高达95%以上。雏鹅表现精神沉郁后数小时内即出现衰弱、倒地、两腿划动并迅速死亡。死亡雏鹅喙端、爪尖发绀。

2. 急性型

常发生于1～2周龄内的雏鹅。患病雏鹅症状明显，表现为全身委顿，食欲减退或废绝，喜蹲伏，渴欲增强，严重下痢，排灰白色或青绿色稀粪，粪中带有纤维碎片或未消化的饲料，临死前头多触地、两腿麻痹或抽搐。病程2天左右。

3. 亚急性型

多发生于2周龄以上的雏鹅，常见于流行后期。患病雏鹅以精神沉郁、拉稀和消瘦为主要症状。少数幸存者在一段时间内生长不良。病程一般为3～7天，甚至更长。

(二)病理变化

1. 最急性型

死于这种病型的雏鹅，由于发病日龄小，病变不明显，只见小肠前段黏膜肿胀、充血和出血，在黏膜表面覆盖着大量浓厚淡黄色黏液，呈现急性卡他性出血性炎症。

2. 急性型

随着日龄的增大和病程的延长，在肠管出现较为明显和典型的病理变化。肠管扩张，肠腔内含有数量不等的污绿色稀薄液体，并混有黄绿色食物碎屑，但黏膜无可见病变。患鹅肠管出现典型的病变，尤其是小肠部分的变化最典型。多数病例在小肠的中、下段，特别是在靠近卵黄囊柄的肠管膨大，比正常肠管增大2～3倍。质地坚实，形如腊肠状。从膨大部分与不肿胀肠管的交界处，可明显看到肠道被阻塞的现象。膨大的肠段有的病例仅有一段，有的病例可见到2～3段，每段膨大部长短不一。将膨大部的肠管剪开，见肠腔内充塞着灰白色或淡黄色的凝固的栓子状物，这种栓子状物干燥，质地硬而脆，两端较细，将肠腔完全堵塞。栓子状物的切面上可见其中心为深褐色干燥的肠内容物，外表包裹着一层厚的纤维素性渗出物和坏死物。有些栓子状物表面有大小不等的红点或红斑(类似出血点)，这是由于肠壁的毛细血管破裂或血管通透性增大，红细胞渗出后沾在栓子状物表面。有些病例的这种干燥栓子状物剪开后，在其中心干燥内容物中间，又有一条小的干燥栓子状物。将其剪开，见中心又是深褐色的干燥内容物。取出肠管内的栓子状物后，见肠壁变薄，内壁平滑，呈苍白色，不见肠黏膜有出血或溃疡。上述病变俗称"腊肠粪"，是小鹅瘟一个具有特征性的病理变化。发病雏鹅日龄在10天以上者多见，日龄愈大，病程愈长的病例，这种病变愈典型。

3. 亚急性型

肠道栓子病变更加典型。

(三)流行病学资料

各种品种的鹅对本病有极高的敏感性，也能引起雏番鸭发病死亡。其他禽类尚未见有发生小鹅瘟的报道。

本病发生于出壳后3～25日龄的雏鹅。但在本病的流行高峰期，35～45日龄的鹅也有发病死亡，但病程较长，且病状较轻。日龄愈小的雏鹅对本病的易感性愈高。最高的发病率和死亡率出现于10日龄前后的雏鹅，死亡率最高可达95%～100%，一般为40%～80%。本病发病率的高低，一方面取决于被感染的雏鹅的日龄；另一方面在很大程度上取决于当年留种母鹅群的免疫状态(受小鹅瘟病毒感染的程度)。因此，不同母鹅群的后代，对本病的易感性也有很大的差异。本病的传染来源主要是患病的雏鹅。其分泌物与排泄物污染了饲料、饮水、垫草、食槽和水盆等，使被污染物成为本病的传染媒介。被本病病原体所污染的孵房(炕房)，也是本病重要的传染媒介。如果说本病最初的传染媒介有可能是带有病毒的种蛋的话，那只能是指母鹅场或孵房被小鹅瘟病毒所污染，致使种蛋的蛋壳表面沾有本病的病毒而言，因为目前

尚未发现鹅蛋内带毒而造成垂直传播的证据。

本病的传染途径，在自然情况下主要是消化道。在高度集中孵化以及密集饲养的地区，小鹅瘟的流行常呈一定的周期性。在没有大规模的孵房而行分散或小规模孵化的地区，在同一鹅群中，既有新母鹅，又有老母鹅，年龄有大有小，这些具有不同免疫状态的母鹅所产的种蛋孵出的雏鹅，具有不同程度的免疫力，对本病的易感性就有所不同，其发病率和死亡率的高低，同样是取决于患病雏鹅的日龄和母鹅群免疫的程度。这种地区所流行的小鹅瘟没有明显的周期性，每年都有一定规模的流行，死亡率平均为40%～60%，而在新疫区则可达95%以上。

本病的流行有明显的季节性，但这种季节性却因各地种鹅产蛋季节、育雏的习惯以及母鹅群免疫程度的不同而有所差异。不同地区的母鹅群产蛋季节虽有所不同，雏鹅发病的时间有迟有早，但一般都以第二批蛋孵出的雏鹅发病率和死亡率最高。

(四)实验室诊断

1.病料的采取及处理

取患病死亡或临死病例的肝、脾病料作1：(5～10)稀释，经3 000转/分离心30分钟，取上清液，按每毫升上清液各含1 000国际单位的剂量加入青霉素和链霉素。经细菌检验，无菌生长，置冰箱冻结保存作为病毒分离的接种材料。

2.病毒分离

选用无母源抗体的12～14日龄鹅胚，每只胚于尿囊腔接种0.2毫升。置37℃温箱孵育，每天照蛋一次(孵育72小时之后，每天照蛋3次)，取96～144小时死亡的鹅胚，冷冻后吸取尿囊液，应无菌生长，与鸡红细胞做凝集试验，应无凝集作用。死亡胚体的头、颈、下颌、背及脚等的皮肤出血和水肿，绒毛尿囊膜水肿，尤以下颌部的出血和水肿明显。

3.血清学鉴定

可用中和试验、琼扩试验和酶联免疫吸附试验(ELISA)等方法。

但以确诊本病为目的，可进行保护试验。即取5～10只5日龄左右的易感雏鹅，每只皮下注射1.5～2毫升抗小鹅瘟血清，血清注射后6～12小时，再皮下注射待检含毒尿囊液(1∶10稀释)0.1毫升。结果，试验组应得到全部保护，对照组应该于2～5天全部死亡或死亡80%。据上述结果可确诊为小鹅瘟。

如果一时找不到合适的雏鹅，可直接用鹅胚作中和试验。方法是：第一组用1∶5上述待检含毒的胚液或组织悬液接种材料1份，加2份正常鹅血清；第二组取上述待检接种材料1份，加2份抗小鹅瘟血清。各盛于无菌带塞的瓶内，充分混合后，置于30℃恒温箱感作1小时，然后各接种12～14日龄鹅胚5只(每胚于尿囊腔接种0.2毫升)。如果第一组鹅胚于5～6天内死亡，胚胎病变明显，胚液无细菌生长，而第二组鹅胚有80%～100%不死(或即使有个别死亡，但胚体无病变，胚体增大或长出绒毛)，即可确诊为小鹅瘟。

(五)鉴别诊断

1.与鹅球虫病的鉴别

鹅球虫可以引起6～7日龄雏鹅、仔鹅发生球虫病，尤以10～24日龄鹅多呈急性型疾病。该病的发病率可达13%～100%，致死率为6%～97%。剖检虽常见到与小鹅瘟相类似的“腊肠粪”，但球虫病例肠管扩张，肠腔中充满血液和脱落的黏膜碎片。肠壁增厚，肠黏膜表面粗糙并有带血的黏液覆盖，同时有较大面积的充血区和弥漫性或点状出血。血便、肠黏膜出血、灰白色结节及肠腔内血性分泌物的特征性病变可作为鉴别诊断的依据，再取肠道黏膜及肠内容物作涂片镜检，可见到大量的球虫卵囊。注射抗小鹅瘟血清无效，用球虫药治疗有效。

2.与雏鹅腺病毒性肠炎的鉴别

根据程安春(1998)的报道，3～30日龄的雏鹅发生一种腺病毒性肠炎，其症状、病理变化与小鹅瘟极为相似。用小鹅瘟疫苗及抗小鹅瘟血清进行预防和治疗均无效。其死亡高峰期为10～18日龄，发病率为30%～100%，死亡率为25%～75%，有时可高达100%。该

病的病理变化也形成“腊肠样”栓子，与小鹅瘟的病变极为相似，所不同的是“腊肠样”栓子比小鹅瘟的长，常为15～30毫米或更长，而且在小肠前段、中段、后段都可形成，而小鹅瘟的“腊肠粪”则只在卵黄囊柄前后形成。

（六）防制

1. 主动免疫

（1）种鹅的主动免疫　母鹅群定期进行小鹅瘟鸭胚化GD弱毒疫苗注射，使雏鹅获得有效的天然被动免疫力。

母鹅在产蛋前15天，用1∶100稀释的小鹅瘟鸭胚化GD弱毒疫苗或鹅胚化弱毒疫苗1毫升进行皮下或肌肉注射（若用冻干苗，则按瓶签头份）。种母鹅在免疫后15天至6个月内所产的蛋可留作种用，这种蛋孵出的雏鹅可以获得天然被动免疫力，能抵抗小鹅瘟强毒攻击。种鹅免疫后4～6个月，所产的蛋孵出的雏鹅的保护率有所下降，种母鹅应该进行再次免疫。

为保证出壳雏鹅不受小鹅瘟病毒的感染，孵房及孵化器在使用前应用福尔马林熏蒸消毒，每立方米体积用14毫升福尔马林、7克高锰酸钾和7毫升水混合后封闭熏蒸消毒24小时。种蛋先用0.1%新洁尔灭溶液或用50%百毒杀（作3 000倍稀释）的溶液洗涤并消毒。入孵当天，再用福尔马林熏蒸消毒半小时。

（2）雏鹅的主动免疫　未经免疫的种鹅群或种鹅群免疫后经4～6个月以上所产的蛋孵出的雏鹅群，在出壳后24小时内，应用小鹅瘟鸭胚化GD弱毒疫苗作1∶（50～100）稀释进行免疫，每只雏鹅皮下注射0.1毫升。免疫后7天内，严格隔离饲养。

2. 被动免疫

在本病的流行地区或已被本病的病毒污染的孵房或炕房，雏鹅出壳后立即皮下注射抗小鹅瘟高免血清，可预防和控制疫情发展。同源抗血清可作为预防和治疗用，而异源抗血清在体内由于具有抗血清的功能，同时又具有抗原作用，可以使机体产生抗体，因此不宜用作预防，只能供发病雏鹅群作治疗用。

(七)治疗

各种抗生素和磺胺类药物对本病均无治疗和预防作用。小鹅瘟的流行面很广,养殖户从市场购买的鹅苗来自四面八方,很难掌握其母源抗体的水平。因此,在买回雏鹅的第一时间就应立即注射抗小鹅瘟血清或高免蛋黄液。每只胸部皮下注射 1 毫升,其保护率可达 90%以上。到 20～25 天时再注射一次,每只注射 2 毫升。

对已感染小鹅瘟强毒的雏鹅群,当早期出现少数死亡病例时,部分患鹅出现症状,食料减少。在这种情况下,每只雏鹅皮下注射抗小鹅瘟血清 1.5～2 毫升,其保护率可达 80%～85%。如果在抗血清中加入干扰素,效果更好。同时在饲料中加入抗病毒药,连用 3～5 天,效果也不错。

抗小鹅瘟高免蛋黄液也有一定的预防和治疗效果。雏鹅出壳后或发病早期立即皮下注射 1～1.5 毫升/只,隔 5～7 天再注射 2～2.5 毫升/只。

为了提高上述方法的预防和治疗效果,应注意搞好鹅舍的清洁卫生,加强消毒,降低饲养密度,在饲料中加入多种微量元素和维生素,提高鹅体的抵抗力。

四、鹅的鸭瘟

鸭瘟是由鸭瘟病毒引起的鸭、鹅和天鹅等雁形目禽类的一种急性、热性和败血性传染病。鹅可以感染鸭瘟,又称鹅的鸭瘟或鹅鸭瘟。任何品种、性别和年龄的鹅均能感染发病。病的临诊特征是肿头流泪,两脚发软,排绿色稀粪和体温升高。主要病变是肝有不规则的、大小不等的灰白色坏死灶,在坏死灶的中央有鲜红色出血点,或在坏死灶的周围有红色的出血环。泄殖腔黏膜有出血、水肿和坏死。食管黏膜有灰黄色假膜覆盖或有溃疡灶。鹅群感染鸭瘟病毒后,在疫区可迅速传播,广

泛流行，发病率和死亡率都很高，呈地方性流行或散发。

(一)临诊症状

鹅感染鸭瘟病毒后的潜伏期，一般为 2～4 天，出现明显症状后约经 1～5 天死亡。其典型的症状是：

肿头流泪——约有 30%的患鹅可出现此症状。病鹅眼结膜充血、水肿，部分病例眼结膜外翻，瞬膜上常见有出血点。大多数病鹅流泪，眼睑水肿，眼睑周围的羽毛沾湿。眼有分泌物，初为浆液性，继而黏稠或成脓样，上、下眼睑粘连，眼睑周围常见分泌物干燥凝结成污秽的结痂。部分病鹅头部肿大或下颌水肿，故俗称"大头瘟"或"肿头瘟"。

体温升高——病初体温升高至 42.5～44℃，呈稽留热。精神沉郁，低头缩颈，食欲减退，饮水增加，羽毛松乱，离群独处。

两脚发软——患鹅翅膀下垂，常伏地不愿移动，如强行驱赶，则步态摇摆不稳，走几步之后又立即伏地，也不愿下水游泳，如强行驱赶其下水，病鹅则只漂浮于水面上，或挣扎着上岸蹲伏，严重时则完全不能行走和站立。

严重下痢——患鹅严重下痢，拉绿色或灰白色稀粪。肛门周围的羽毛被沾污并形成结块。泄殖腔黏膜充血、出血和水肿，严重时黏膜松弛外翻。

呼吸困难——病鹅呈现呼吸困难，张口呼吸，常伴有湿性啰音，有时可见病鹅呼吸时发出一种沉闷的声音。从病鹅鼻孔内流出浆液性分泌物，后变为黏性或脓性。有鼻塞音，叫声粗厉或嘶哑。

病的后期(出现病状后 4～6 天)，病鹅体温逐渐降至常温下，精神高度沉郁，不久因衰竭而告终。

急性病例的病程一般为 2～5 天，慢性病例一般在 1 周至 10 天。整个自然流行过程一般为 2～6 周，其发病率可达 90%以上。当年在本病大规模流行时的初发地区，鹅群死亡率达 90%以上，病程长短不一。若转为慢性，病鹅消瘦，生长发育不良，最具有特征性的症状是角膜混浊，甚至溃疡，多为一侧性。倘若双目失明，则采食困难，更易死亡。少数病鹅能耐过而康复。慢性病例常发生于种鹅群的成年鹅,有时并无特征性症状,但常为带毒者,这种病鹅是本病的传染来源。1周龄的雏鹅也有发生鸭瘟的病例,其症状基本上与大鹅所表现的症状相同,但临死前常出现明显的神经症状。产蛋母鹅群的产蛋量减少20%~60%,严重时甚至完全停产。

从自然感染的病例所取的病料进行病例复制,病鹅除了出现上述症状外,与患鸭瘟的病鸭所表现的症状有些差异。患鹅的病程长短不一,短者5~8天,长者15~20天。病的前期症状不明显,出现症状后,很快就死亡。有的整个病期都没有明显的临诊症状,但体重明显减轻,个别病例临死前仍有食欲。多数病例临死前从口流出淡黄色带有臭味的液体。

病鹅经常并发巴氏杆菌病。有些鹅群先发生巴氏杆菌病,然后继发鹅的鸭瘟,有些则相反,先感染鸭瘟,后继发巴氏杆菌病。倘若这两种病并发或继发,死亡率更高。

(二)病理变化

鹅鸭瘟的病理变化以全身性败血症为主要特征。具有诊断价值的变化是全身的浆膜、黏膜和内脏器官有不同程度的出血斑点或坏死灶,特别是肝脏的变化及消化道黏膜的出血和坏死更为典型。

肝脏有不同程度的肿大,边缘略呈钝圆,肝实质变脆,容易破裂。肝的表面有大小不等、边缘不整齐、灰白色坏死灶。有的病例在坏死灶的中央有一鲜红色的出血点;有些病例坏死灶的周围有红色的出血环;有些病例坏死灶的表面呈淡红色,即坏死灶"红染"。以上三种病变可在一个病例不同坏死灶中同时出现,也可能只出现其中一种病变或两种病变。肝脏的这种变化具有极其重要的诊断意义,因为到目前为止,尚未发现其他疾病具有上述典型的病变。

食管黏膜表面有草绿色或无色透明的黏液附着或覆盖着一种灰黄色或草绿色的假膜状物质。这种假膜物质常形成斑状结痂或融成一大片,与黏膜纵皱襞相平行而呈条索状。有些病例这种结痂性病灶呈圆

形隆起，其大小从针头大至黄豆大，外形比较整齐，其周围有时可见到紫红色的出血带。食管黏膜还同时出现大小不一的浅溃疡面和散在的出血点。幼鹅病例食管的独立病变较少，整片黏膜脱落反而多见，食管黏膜为薄层黄白色膜所覆盖。食管膨大部仅有少量黄褐色液体。食管与腺胃交界处，有一条灰黄色坏死带或出血带。泄殖腔的黏膜表面覆盖着一层绿色或褐色的块状隆起硬性坏死痂，不易刮落，用刀刮之，发出“沙沙”的声音，或者只见出血斑点和不规则的溃疡。

肠管黏膜发生急性卡他性炎症，尤以十二指肠、盲肠和直肠最严重。肠黏膜的集合淋巴滤泡肿大或坏死，类似“纽扣状”溃疡，在空肠前段和后段出现深红色环状出血带，且在肠管外表都明显可见。成鹅病例的卵黄囊柄呈红色，内含有灰白色的纤维素性核状物。

口腔黏膜（主要是舌根、咽部和上颌部黏膜）表面常有淡黄色的假膜覆盖。刮落后即露出鲜红色和外形不规则的浅溃疡面。

皮下组织常出现不同程度的淡黄色的炎性浸润，尤以头、颈、下颌为显著。切开肿胀皮肤即流出淡黄色透明液体。全身肌肉柔软松弛，常呈深红色或紫红色，大腿肌肉质地更为松软。

喉头及气管黏膜充血、出血。肺脏多数变化不明显。心冠沟脂肪、心外膜、心内膜以及心肌等处都见有不同程度的出血点。肌胃角质层下充血或出血。法氏囊黏膜充血，有针尖样的黄色小斑点病灶，到了病的后期，囊壁变薄，颜色加深，囊腔中充满白色的凝固性渗出物。胆囊扩张，充满浓稠的墨绿色胆汁。脾脏一般不肿大或稍肿大，部分病例有灰黄色坏死灶。肾肿大，有出血点。部分病例的胰腺呈淡红色或灰白色，偶见少数针头大小的出血点或灰色坏死灶。

产蛋母鹅的卵巢有明显病变。卵泡发生充血、出血、变形和变色，部分卵泡破裂，卵黄散布于腹腔中而引起卵黄性腹膜炎；有些卵泡变成暗红色，质地坚实，剪开见流出血红色浓稠的卵黄物质或完全变成凝固的血块；有的卵泡皱缩。输卵管黏膜充血和出血，在个别患病死亡病例的输卵管内还发现有完整的蛋。

(三)流行病学资料

20 世纪 60 年代初，首先在广东省发现鹅感染鸭瘟的少数病例。当时鸭群常发生鸭瘟，并形成较大面积流行，而邻近甚至同栏饲养的鹅群却不发病，或只有极少数鹅只发病。随着时间的推移，鸭瘟在鸭群中广泛流行，并引起大批死亡。鹅群鸭瘟病例也开始逐渐增加。至七八十年代初，鹅群已出现大批发病死亡例子，并形成地方性流行，使养鹅业受到严重的打击(而其他省份的鹅群很少甚至不发生鸭瘟)。到 80 年代后期 90 年代中期，广东鹅或鸭发生鸭瘟似乎逐步减少，而其他省份却有大量关于鹅群流行鸭瘟的报道。由 1995 年开始，广东又有关于鹅、鸭发生鸭瘟的报道，并逐年有所增加，大有"卷土重来"之势。

任何品种、年龄和性别的鹅都可感染发病，但发病率和死亡率有一定的差异。在本病流行期间，产蛋母鹅的死亡率最高。20 日龄以下的雏鹅一般较少发病，但也有 10～25 日龄雏鹅发生本病的报道。

鹅感染鸭瘟的传染来源主要是患病鹅和处于潜伏期的感染鹅，以及病愈不久的带毒鹅。被患鹅的排泄物污染的饲料、饮水、土壤、用具、运输工具和人员都能成为本病的传染媒介。

在自然条件下，可以通过消化道和呼吸道感染，也可以通过生殖道和眼结膜而感染。本病无明显的季节性，通常在春夏之交和秋季流行，其死亡率较为严重。在低洼潮湿的地区，饲养管理不善，缺乏维生素和矿物质等，均可诱发本病的发生。如不严格执行防疫措施，或引入病鹅或带毒鹅，均可引起本病的暴发。但在某一疫区本病经过严重流行之后(其发病率可达 100%，死亡率可达 90%以上)，鹅群即使发病，其发病率和死亡率会逐步减少。

(四)实验室诊断

1. 病料的采取及处理

采取即将死亡或刚死亡病例的肝及脾，研磨成浆，按 1∶5 加入生

理盐水及青霉素和链霉素(每毫升生理盐水各加 2 000 国际单位),反复冻融 3 次后离心,吸取上清液,做无菌试验。无菌生长者,冻结备用。

2. 分离病毒

初次分离病毒可用 9～14 日龄鸭胚或 13～15 日龄鹅胚,尿囊腔接种,经 4～10 天,部分鸭胚于 3～6 天可以死亡。胚胎体表充血并有小出血点,肝脏有特征性灰白色和灰黄色针头大小的坏死点,部分尿囊膜充血和水肿。鸭瘟病毒也可以在鸭胚成纤维细胞内复制和传代,并能在接种病毒后 2～6 天引起细胞病变,形成核内包涵体和小空斑。病毒的鉴定可送有关部门进行。

3. 动物回归试验

选用易感、健康的 1 日龄雏鹅,用含毒的胚液 1∶10 稀释,每只肌肉注射 0.1 毫升,通常在接种后第 3～12 天,可引起接种鹅发病、死亡,并出现特征性病变,而对照鹅则健活。倘若接种鹅不发病或不死亡(因为有些毒力较低的毒株可能不引起临诊症状),应收集接种病毒后存活的鹅血清作血清学检查,以确定是否存在特异性抗体,也可采取雏鹅盲传 1～2 代。

(五)鉴别诊断

鹅的鸭瘟最容易误诊为鹅霍乱,尤其是在这两种病经常流行的地区,更应注意鉴别诊断。

1. 与鹅霍乱的鉴别

(1)从流行病学特点鉴别　鹅霍乱的流行特点是发病急、病程短,流行期不长,多呈散发性,除鹅以外,鸭和鸡等多种禽类均可发病。鹅的鸭瘟相对地发病稍缓慢,流行期也比较长,以往多呈地方流行性,后来呈散发性,近年来大有“卷土重来”之势。鸭瘟不会引起鸡发病。

(2)症状鉴别　鹅霍乱除少数慢性病例外,一般不表现头颈肿胀现象;而鹅的鸭瘟病例则常表现出肿头流泪及瞬膜出血。鹅的鸭瘟病例食管和泄殖腔黏膜有结痂性或假膜性的病灶,肝脏有不规则、大小不等、灰白色的坏死灶,在坏死灶的中央有鲜红色的出血点或周围有出血环;而禽霍乱并无以上病变。禽霍乱病例的肺脏常有严重病变,呈现弥漫性充血、出血和水肿,病程稍长的往往会出现大叶性肺炎;而鸭瘟病例的肺脏并无此明显的变化,只有颈部皮肤呈现炎性水肿。

(3)药物的治疗效果鉴别　患禽霍乱鹅群应用抗生素或磺胺类药物都有良好的效果,而使用这些药物治疗鸭瘟则无效。

(4)镜检结果鉴别　采霍乱病鹅或刚死病例的心血或肝组织作涂片或印片,作革兰氏染色后镜检,可见到革兰氏染色阴性、两极浓染、两端钝圆的短杆菌。鸭瘟的病原体是病毒。

2.与鹅禽流感、鹅副黏病毒病的鉴别

禽流感病毒(特别是高致病性禽流感病毒的某些血清型毒株)及鹅副黏病毒也可以引起鹅发病,并引起气管黏膜、肌胃角质层下黏膜、肠黏膜(特别是十二指肠及直肠)充血、出血,并常形成溃疡病灶。这些极易与鸭瘟病例的病变产生混淆。然而,禽流感病毒和禽副黏病毒引起的疾病,绝对不可能出现鸭瘟病例的肝脏、食管及泄殖腔黏膜的特征性病变。

(六)防治

1.鹅群无疫病发生时的防制

在没有发生鸭瘟的鹅场或非疫区,也应做好预防工作,最主要的是杜绝病原的传入和进行合理的免疫接种。

(1)鹅场需要引进种蛋、种苗或种鹅时,应从非疫区的鹅场购进,确证种鹅已用鸭瘟疫苗进行免疫注射,近半年来未发生疫情。购进的种苗必须隔离饲养1个月,确属健康者才能混群。

(2)注射鸭瘟鸡胚化弱毒冻干疫苗。种鹅每年注射3次,15～20日龄鹅每只肌肉注射5羽份,由于日龄小,机体的免疫机构不完善,因此在30～35日龄时再作加强免疫,每只肌肉注射15羽份。后备种鹅于产蛋前每只肌肉注射20～30羽份,免疫后3～4天可产生免疫力,免疫期可达6个月。一般隔半年免疫一次。肉鹅免疫两次即可。

(3)加强饲养管理,增强机体抵抗力。雏鹅可以加喂微生态制剂以

及多种维生素和微量元素。

(4)执行卫生消毒措施。鹅场应经常保持清洁,定期消毒,运输用具、食槽等必须经常清洗和消毒,防止病原侵入和污染。

2.鹅群一旦发生鸭瘟时的防治

一旦发生鸭瘟,应立即采取严格的封锁、隔离和消毒等措施,并可进行紧急预防注射。

(1)对已发病的鹅群加强观察、检查,一旦发现病鹅,及时隔离。

(2)鹅群分小群饲养,停止放牧,以免扩大疫情。

(3)严禁将病鹅外调或出售,妥善处理好尸体、内脏、毛和污水等。场地要进行严格的消毒,以免散播病原。严禁在河道、池塘及交通要道剖杀病鹅。

(4)发病鹅群的场舍做好粪便的清理工作,用10%～20%石灰乳或5%漂白粉进行消毒。被污染的饲料要经高温处理。运输用具、食槽及饮水器用常用消毒剂进行消毒。

(5)对疫区内健康鹅群及尚未发病的假定健康群,应立即紧急接种疫苗。如能尽早及时注射疫苗,保护率较高。由于疫苗不是起治疗作用,已感染鸭瘟病毒的鹅只注射疫苗后,就有可能加速其发病或死亡。在实际操作过程中,往往在注射疫苗后的第二天,死亡鹅只的数量有不同程度的增加,以后逐日减少,1周左右鹅群死亡明显减少。7～10天疫情可以得到控制,但接种疫苗后仍需严格执行防制措施。

鹅的鸭瘟病常与禽巴氏杆菌病并发或继发。因此,鹅群在紧急接种鸭瘟疫苗时,若已并发感染鹅霍乱,注射疫苗后就会出现较大的死亡。因此,注射鸭瘟疫苗前应对鹅群进行详细的观察和检查,若怀疑鹅霍乱可能存在时,应同时注射青霉素和链霉素(不能混入疫苗内,以免影响疫苗的效果),还应在饲料和饮水中混入抗生素及抗应激药物。发生鸭瘟的鹅群,及早进行治疗有一定效果,可减少经济损失:①每只成鹅肌肉注射鸭瘟高免血清,每只1毫升,体形较大的鹅只可注射2～3毫升。②肌肉注射干扰素,用适量生理盐水稀释。具体剂量按瓶签说明书。

五、鹅痘

鹅痘是由鹅痘病毒引起的鹅的以发生痘病变为特征的一种高度接触性传染病。临诊上表现在喙、皮肤的表皮和羽囊上皮发生增生和炎症，最后形成结痂和脱落。在禽痘中，鹅痘较为少见，近年来国内已见报道。

（一）临诊症状

病鹅最初由于局部皮肤的表皮和羽囊上皮发生增生与表皮下水肿，而在喙和皮肤（特别是腿部皮肤）出现灰白色的小结节（丘疹）。随后小结节很快增大，呈黄色，并和邻近的结节互相融合，形成干燥、粗糙、棕褐色的大结痂，并突出在皮肤表面或喙上。把痂剥去，露出出血病灶。若良性经过3～4周后，痂自然脱落而自愈，遗留下一个平滑浅色痘痕。结痂数量有多有少。患鹅症状一般比较轻微，没有全身症状。如果结痂数量多，布满头部无毛部分和喙等处，甚至影响食料的情况下，病鹅出现精神沉郁，食欲减少或停止食料和饮水，体重减轻，最后因体弱衰竭而告终。

（二）病理变化

在没有其他细菌并发感染的情况下，患鹅除喙和腿部皮肤呈典型痘病变外，其他器官无肉眼可见的变化。

（三）流行病学资料

鹅虽然可发生痘病，但一般并没有鸡发生鸡痘那么严重。鹅痘一年四季都能发生，尤其多流行于秋冬季节（因为这种季节饲养数量大，发病数量多）。鹅痘的传染途径，主要是通过皮肤或黏膜受损伤口侵入体内。蚊子（库蚊属和伊蚊属）能传带病毒。因此，夏秋季由于蚊子较多，往往可成为鹅痘流行的一个重要传染媒介，此时发病的鹅只以种鹅

为主，也有部分“反季节”的早鹅。蚊子吸吮过病鹅的血液可以带毒10～30天。

（四）实验室诊断

1. 病料的采取及处理

取痘痂或痘病灶，将病料先置于含有青霉素、链霉素各1 000国际单位/毫升的灭菌生理盐水中浸泡30～60分钟，取出后剪碎、研磨，用灭菌生理盐水制成1∶5悬液，低速离心30分钟，取上清液按每毫升加入青霉素、链霉素各2 000国际单位，经细菌培养，无细菌生长者冻结备用。

2. 病毒分离

取上述处理的病料，接种于9～12日龄鸡胚的绒毛尿囊膜上，每胚0.1～0.2毫升，37℃孵育5～7天，可见绒毛尿囊膜水肿和增厚，并有大小不等的灰白色痘斑样增生性病灶。一般初次分离病毒大多可以成功，倘若病变不够典型，可传代。

3. 动物回归试验

取上述分离的绒毛尿囊膜磨碎后接种易感鹅，可以涂擦在划破的喙或头部无毛处的皮肤上，如有痘病毒存在，接种3～5天后，可见接种部位出现痘斑，即可确诊。若有必要，可取痘斑做病理切片，检查包涵体，也有助于确诊。

（五）预防

由于鹅较少发生鹅痘，当只有极少数鹅只发病时，应立即隔离饲养或淘汰。在鹅痘流行的疫区，可以试用鸡痘弱毒活疫苗进行免疫接种，并加强鹅群的卫生管理，能有效地预防本病的流行和发生。

免疫程序和接种方法：雏鹅1周龄内（最好是1日龄）进行首免，在鹅翅内侧薄膜无血管处刺种1～2次，经4～6天，刺种部位出现“痘疹”，表示刺种成功。检查20～50只鹅，如果发现多数刺种部位不发生反应时，应考虑重新刺种。种鹅可在首免后3～4个月进行二免。

(六)治疗

口服土霉素,用0.5%(饲料含量)土霉素拌料喂3天,也可以试用抗病毒药。

患鹅痘斑不多时,一般不需进行治疗,可让其自然康复。如果痘斑多,且妨碍其视力或食料时,可以进行外科处理。用洁净的镊子,小心剥离痘斑或把痘斑用剪刀剪去,然后涂擦5%碘酊,有一定效果。剪下的痘斑含有大量痘病毒,应集中起来进行烧毁。

六、雏鹅腺病毒性肠炎

雏鹅腺病毒性肠炎,又称雏鹅新型病毒性肠炎,是由腺病毒引起的3～30日龄雏鹅的一种急性传染病。其主要的特征是发病急,死亡率高,小肠呈卡他性、出血性、纤维素性渗出性和坏死性肠炎。肠管黏膜上皮细胞坏死脱落,与渗出的纤维素形成假膜,将肠内容物包裹成为与小鹅瘟极为相似的"腊肠样"柱状物。

(一)临诊症状

本病的潜伏期3～5天,少数为4～5天。人工接种强毒,85%的潜伏期为2～3天。

1.最急性型

发病初期常无前驱症状,很快就出现极度衰竭而倒地,两脚作游泳状划动,接着就昏迷死亡。病程约为几小时至1天。多见于1周龄以内的雏鹅。死亡鹅只多有"角弓反张"状态。

2.急性型

精神萎靡,食欲减退,或者将啄得的饲料甩掉。当患鹅食欲废绝、渴欲大增时,则表现离群呆立,行动迟缓,体重迅速减轻。严重下痢是最常见的症状,排出淡黄绿色或灰白色假膜样或带有未消化饲料的稀粪。常见肛门周围的绒毛湿润,并沾有稀粪。患鹅呼吸困难,鼻分泌物

增加，常从鼻孔流出浆液性分泌物，鼻孔周围污秽。喙端及边缘发绀。临死前两脚麻痹不能站立，以喙触地昏睡，极度衰竭，或出现头颈扭转、抽搐等神经症状而死。病程为 3～5 天。多见于 8～15 日龄雏鹅。

3. 慢性型

表现精神萎靡，消瘦，行动迟缓，站立不稳和喜蹲卧。食欲不振或拒食。间歇性腹泻。最后因消瘦、营养不良和衰竭而死。病程较长，部分患鹅可以自愈，但在一段时间里生长发育受阻。多见于 15 日龄以后的雏鹅。

(二)病理变化

1. 最急性型

由于发病日龄小，病变不明显，只见小肠前段黏膜(尤以十二指肠为甚)呈现急性卡他性炎症，在黏膜表面覆盖大量浓厚淡黄色黏液，其他器官没有明显的变化。

2. 急性型

随着日龄的增大和病程的延长，肠管出现较为明显和典型的病理变化。小肠部分变化最为典型，在小肠中后段至盲肠开口处，可见肠管时有膨大，黏膜出现卡他性坏死性肠炎，肠黏膜上皮细胞坏死脱落，与纤维素性渗出物形成假膜，将肠内容物包裹成栓子，阻塞肠腔。有些病例的栓子在形成初期直径较细，约 0.2 厘米，长度可达 10 厘米以上。随着病程的延长，栓子的直径逐步增大，可达 0.5～0.7 厘米，长约 20 厘米。

其他器官变化不明显，有的病例肝脏稍为肿大，肾脏充血，肝脏和心脏表面有少量的小出血点。

(三)流行病学资料

本病是由腺病毒引起的一种鹅病，首先发现于四川，现已传播到广东、海南等地。主要发生于 3～30 日龄的雏鹅。3 日龄开始发病，5 日龄开始死亡，10～18 日龄达到高峰期，30 日龄以后基本停止死亡。成年鹅不发病。死亡率可达25%～75%，甚至100%。

在新发病地区，往往是局部地区的鹅群发病，死亡率约10%，不一定形成大流行，或只表现散发型。随着该病毒毒力的增强，传染的范围逐步扩大，发病率和死亡率逐步增高，并常与鹅细小病毒混合感染。

在自然情况下传染途径是消化道。本病的流行虽有明显的季节性，却因各地种鹅产蛋季节、育雏的习惯以及母鹅群受感染的程度不同而有差异。

(四)预防

对本病的预防，除采取一般性的防疫措施之外，主要的办法就是及时地接种疫苗。用CN40弱毒疫苗于种鹅开产前进行一次免疫接种，能使其后代雏鹅获得良好的天然被动免疫力，保护期长达5～6个月。

用CN40弱毒疫苗经口服免疫1日龄雏鹅，3日后即有85%雏鹅可获得免疫力，至第五天时，雏鹅即可获得坚强免疫力，免疫期可达30天以上。

由于雏鹅腺病毒性肠炎经常与小鹅瘟并发，因此，在种鹅开产前使用以上这两种病的二联弱毒疫苗，进行2次免疫，在5～6个月内所产的蛋孵出的雏鹅可获得保护。

(五)治疗

对1日龄雏鹅，每只皮下注射高免血清0.5～1毫升，可有效地防止该病的发生。

对已出现症状的患病雏鹅，每只皮下接种1～2毫升高免血清，治愈率可达60%～95%以上。

为了防止肠道内其他病毒或细菌的继发感染，使用高免血清防治的同时，可选用广谱的抗生素及倍量添加维生素 K_3 和其他多种维生素。

由于本病常与小鹅瘟同时并发，因此，在治疗或预防时，有条件的地方可使用抗小鹅瘟-雏鹅腺病毒性肠炎二联高免血清，效果更理想。

为了保证其治疗效果，在本病严重流行的地区，可隔 3～4 天再注射一次二联高免血清。

七、大肠杆菌病

鹅大肠杆菌病是指由致病性大肠杆菌的不同血清型菌株所引起的不同病型大肠杆菌病的总称。临诊上常见的病型有：卵黄性腹膜炎（俗称鹅蛋子瘟或鹅大肠杆菌性生殖器官病）、急性败血症、心包炎、脐炎、气囊炎、胚胎病及全眼球炎等。

大肠杆菌广泛存在于自然环境中，也是鹅只肠道的正常寄居菌之一，其中一些血清型属致病菌株。在正常情况下，大多数菌株是非致病性的，有些菌株是共栖菌，在一定的条件下可引起鹅只致病。随着养鹅业的发展，养鹅的数量及密度的增加，再加上环境的污染，大肠杆菌病已成为危害养鹅业的重要传染病之一。就当前的情况而言，凡养鹅数量较多、密度较大、管养水平较低、水塘及环境污染程度较大的鹅场及散养鹅群，均有本病发生。鹅大肠杆菌病常与鹅的鸭瘟病、鹅的鸭疫里默氏杆菌病、鹅巴氏杆菌病、鹅的禽流感等并发或继发感染，给养鹅业带来极大的经济损失。

本病临诊的病型多种多样，表现形式复杂，当前对养鹅业危害最大的是急性败血症和卵黄性腹膜炎以及生殖器官病。分述如下：

（一）临诊症状及病理变化

1.鹅大肠杆菌性急性败血症

各种年龄的鹅都可以感染，但以 7～45 日龄幼鹅易感。患病雏鹅精神沉郁，羽毛松乱，怕冷，常挤成一堆，不断尖叫。下痢，粪便稀薄、恶臭，带白色黏液或混有血丝、血块和气泡，一般呈青绿色或灰白色。肛门周围污秽，羽毛沾满粪便，干固后使排粪受阻。食欲减退或废绝，渴欲增加。呼吸困难，最后衰竭窒息死亡。死亡率较高。通常所称的鹅大肠杆菌病多数指这种类型。在特殊条件下，大肠杆菌可以突破血脑屏障侵入大脑，引起产蛋鹅发生脑型大肠杆菌病，患鹅表现沉睡或"半昏死"状态(即所谓睡眠病)。主要病变如下：

(1)纤维素性心包炎　心包腔积液，心包液常有纤维素性渗出物，心包膜混浊、不透明、增厚，呈灰白色，严重病例心包膜与心外膜粘连。有些病例心外膜粗糙，附着纤维素性渗出物。

(2)纤维素性气囊炎　表现为气囊膜增厚、混浊，表面附着纤维素性或黄白色干酪样渗出物。这种渗出物有时还会成片状填满整个气囊。

(3)纤维素性肝周炎　肝脏呈不同程度肿大，肝被膜表面有一层不同厚度的纤维素性薄膜覆盖，薄膜易于剥离。肝表面可见到边缘不整齐、暗灰白色、不突出的小坏死点。有些病例，肺充血、出血。

2.母鹅大肠杆菌性生殖器官病

本病是由一种致病性大肠杆菌引起的母鹅在产蛋期间发生的疾病，不但引起母鹅产蛋下降或停蛋，而且鹅只死亡率也较高。

根据患病母鹅病程的长短分为急性型、亚急性型和慢性型。

(1)急性型　患病母鹅体况良好，临诊症状不明显，死亡快速，死后只见泄殖腔常有软壳蛋滞留。

(2)亚急性型　患病母鹅初期精神沉郁，食欲减退，体温正常或升高。不愿行走，两脚紧缩，蹲伏地面，强赶下水，则常飘浮于水面上，或离群独处。行走时摇摆不定，呈企鹅步态。患病母鹅腹部膨大，产软壳蛋或畸形小蛋。肛门周围常沾有潮湿发臭的排泄物，并夹杂有蛋白、凝固蛋白或小块蛋黄样物质。患鹅失水，脚蹼干燥，眼球下陷，消瘦，最后衰竭而死。

(3)慢性型　病程长，严重下痢，其余症状与亚急性型相似。患病母鹅即使自然康复，也不能恢复产蛋性能。其主要病理变化在生殖器官。绝大多数病例发生大肠杆菌性输卵管炎和卵巢炎。多数病鹅输卵管内含有凝固卵黄和蛋白块，外观像煮熟样。有些卵泡变形，卵泡膜充血、皱缩，呈红褐色或黑褐色。有的卵泡变硬，或卵泡内呈现溶化、稀薄如水样的蛋黄物质。有些较大卵泡破裂后卵子落入腹腔，可见腹腔中

充满淡黄色腥臭的油脂状卵黄液和凝固的卵黄块。腹腔的脏器表面有卵黄粘连。

3.公鹅大肠杆菌性生殖器官病

主要表现为阴茎肿大。病的初期，阴茎严重充血，比正常肿大2～3倍，难以看清阴茎的螺旋状精沟。在阴茎表面可见芝麻大至黄豆大的黄色干酪样结节。严重病鹅阴茎肿大3～5倍，有黑色结痂，有一部分露在体外，表面有数量不等、大小不一的黄色脓性或干酪样结节，剥除结痂可见出血的溃疡面，阴茎不能回缩体内。这种病鹅虽丧失交配能力，但食欲和体重无异常。

(二)流行病学资料

雏鹅容易发生大肠杆菌性败血症，在自然条件下，大肠杆菌存在于健康鹅只的肠道内，当鹅只机体衰弱，消化系统的正常机能受到破坏，肠内微生物区系失调时，就能促使鹅只发病。本病的发生还与下列因素有关：饲料发霉、腐烂或太粗硬；日粮中营养成分不全，缺乏维生素和矿物质而造成雏鹅发育不良；饮水不清洁；鹅群密度过大；或由于病鹅的粪便污染环境，雏鹅吸入或食入病原菌而感染；在孵化时蛋壳表面污染病菌，并进入蛋内，感染胚胎。

当机体防御机能降低时，肠内的大肠杆菌就有可能进入肠壁血管，随着血液循环侵入内脏器官，造成菌血症。种蛋受到大肠杆菌污染时，容易引起胚胎发育不良，并造成死亡，或使母鹅发生卵黄性腹膜炎和输卵管炎。患本病的公鹅在交配时，容易使母鹅受感染而发病。

(三)实验室诊断

1.涂片染色镜检

雏鹅大肠杆菌性败血症，取病死（刚死）雏鹅的肝、脾脏组织；母鹅大肠杆菌性生殖器官病取腹腔蛋黄液、输卵管凝固蛋白、变形卵泡液；患病公鹅阴茎的结节病灶作为被检病料并制作印片或涂片。当分离出细菌之后，挑选典型菌落涂片、染色、镜检。确诊还需进行其他检验。

2.细菌分离培养

取病料直接接种于麦康凯琼脂平皿或伊红-美蓝琼脂平皿培养基，置37℃温箱培养24小时，由于大肠杆菌能分解培养基中的乳糖而产酸，因此在麦康凯平皿上菌落呈粉红色，在伊红-美蓝平皿上大多数菌株的菌落呈黑色并有金属光泽。确诊还需进一步作生化试验。

3.接种实验小动物

用大肠杆菌培养物经口感染豚鼠、家兔和小白鼠后，在良好的饲养条件下，不引起发病。当经皮下注射大剂量的纯培养物时，会产生局灶性炎症，有时会引起败血症而死亡。用大肠杆菌培养物注入豚鼠腹腔，也能因发生大肠杆菌性败血症而死亡。有条件时可作本动物回归试验。

由于大肠杆菌病相当普遍，而且经常与巴氏杆菌病、鸭疫里默氏杆菌病、小鹅瘟、鹅的鸭瘟病及禽流感等病并发或继发感染，使鹅的病情复杂化，症状及病变不典型，往往容易作出误诊。因此，必须掌握全面的资料，进行综合分析，不断积累经验，力求作出较为准确的诊断。

(四)预防

因各地养鹅的习惯及饲养管理方法有所不同，故预防鹅大肠杆菌病的一般措施只能因地制宜。由于放养鹅只的水域各异，有些水塘、河涌的水源较为清洁，故本病的发生较少。南方很多是放养在鱼塘，时间长了，水就受到不同程度的污染，这就成为预防大肠杆菌病难以克服的问题。再加上缺乏一整套的防疫卫生制度，鹅群放牧时流动性大，这是造成鹅大肠杆菌病广泛流行的重要原因。下面是预防鹅大肠杆菌病的几项措施。

(1)搞好孵房、孵化器及育雏室的清洁卫生，防止细菌污染蛋壳、进入胚胎造成胚胎受感染。放牧的水塘或水池应有一定的深度，防止污水和粪便流入池中，产蛋窝应保持清洁干燥，并定期进行消毒。

(2)药物预防对雏鹅有一定的效果，一般可在雏鹅出壳后开食时，饮水中加恩诺沙星，每升水中50～75毫克，或者用微生态制剂拌料，

7～10天为一疗程。

(3)免疫接种是预防鹅大肠杆菌病的重要手段。实践经验告诉我们,凡实施疫苗接种的鹅群,基本上能够获得95%以上的保护率。虽然各地大肠杆菌病流行菌株的血清型种类多而不同,如果应用多价油乳剂苗,基本上可以保证有相当广的覆盖面。国内已成功地研制出禽大肠杆菌多价(13个血清型)油乳剂灭活苗,免疫期为6个月。

免疫程序:用大肠杆菌(13个血清型)多价油乳剂灭活苗。雏鹅于7～10日龄,颈部皮下注射0.5毫升,如果是肉鹅,免疫一次即可。种鹅于7～10日龄首免;2月龄时进行二免,每只1毫升;产蛋前15～20天进行三免,每只1.5毫升;以后每隔半年免疫一次,每只1毫升。首免之后15天产生免疫力。

在产生免疫力之前,尽量避免鹅只接触被污染的水源。搞好鹅舍的清洁卫生,或每2～3天在饲料中投一次抗菌药物,至产生免疫力为止。

免疫失败的原因:

目前大肠杆菌疫苗除上述油乳剂灭活苗外,还有只含4～5个血清型的油苗、蜂胶苗。由于致病性大肠杆菌的血清型种类较多,疫苗所含的血清型与当地的流行株对得上号,则有效果;倘若对不上号,就会因免疫失败而造成不可估量的损失。还有采用“自家苗”免疫的办法,即采集发病鹅群中死亡病鹅的内脏或分离到的大肠杆菌制成大肠杆菌“自家苗”,用于鹅群的免疫。有免疫成功的例子,有免疫失败的惨重教训,也有某些上批鹅免疫成功,而下一批鹅则免疫失败的实例,总之是不稳定的。其理由是:从少数病鹅分离到的大肠杆菌菌株的血清型,不能完全代表整群病鹅的流行菌株,再加上等分离出菌株,制成疫苗,注射后还要等一段时间才能产生免疫力。在这段时间内,如果鹅群又有新的大肠杆菌血清型侵入,同样会发病。鹅群发生大肠杆菌病时,在不同时期可以有不同的流行株。因此,从同一个鹅群分离出来的大肠杆菌血清型也不能长期使用。

从长期使用13个血清型大肠杆菌油乳剂灭活苗的实践说明,免疫保护率可以达到95%以上，到目前为止，暂未出现免疫失败的例子。即使将来有一天出现免疫失败，那就可能是超出13个血清型的范围，只要分离出来，就成为14个血清型的疫苗了。事物是在不断地发生变化，只有不断进行总结、不断研究，才是解决问题的唯一出路。

(五)治疗

大肠杆菌对多种抗菌药物都敏感，如新霉素、氟哌酸、强力霉素等。但随着抗生素的广泛应用，耐药菌株也越来越多，而各地分离的菌株，即使是同一个血清型，对同一种药物的敏感性也有很大的差异。因此，在治疗之前最好用分离株做药敏试验，然后选用高度敏感的药物进行治疗，才能收到较好的效果。

在未做药敏试验之前，可先选用本场、本地区少使用的药物。最好是几种敏感药物交替使用，以防产生耐药性菌株。

新霉素：10克兑50千克水或每千克体重15～20毫克，饮2～3天。盐酸沙拉沙星：10克兑100千克水或10克拌40千克料，连用2～3天。

当种鹅群发生大肠杆菌性生殖器官病时，必须首先逐只公鹅进行检查，发现外生殖器官表面有病变的公鹅，马上隔离，或一律淘汰不留作种用，以防止继续传播本病。如果此时因淘汰种公鹅而影响受精率，可以采用人工授精。鹅舍及场地应进行清扫及消毒，放牧的水塘，可结合防治鱼病进行消毒。

喂给高质量、含菌量高的微生态制剂。种鹅食用这种微生态制剂之后拉出来的粪便，还含有大量有益的微生物，用生物竞争作用，对净化环境有一定作用。

八、鹅的鸭疫里默氏杆菌病

鸭疫里默氏杆菌病（又名鸭传染性浆膜炎、鸭疫里氏杆菌病、鸭疫综合征、鸭疫巴氏杆菌病）是由鸭疫里默氏杆菌引起的一种接触性传染

病。近年来国内学者证实，鹅群也发生本病，并在某些养鹅区广泛流行，给养鹅业造成很大的威胁。本病主要侵害2～8周龄雏鹅。临诊症状表现为精神沉郁，流泪，鼻分泌物增多，呼吸困难，下痢，共济失调和头颈震颤。病变特点是呈现纤维素性心包炎、肝周炎、气囊炎及脑膜炎。耐过的鹅生长迟缓。鹅场一旦传入本病，就成为灾难性鹅场，因为本病持续存在，连绵不断，引起不同批次的雏鹅感染发病，防不胜防，治不胜治，相当被动，是造成养鹅业经济损失最严重的疫病之一。

(一)临诊症状

本病的潜伏期1～5天，有时可达1周左右。潜伏期的长短往往与菌株的毒力、感染的途径以及应激等因素有关。在不同的鹅场，当鹅群受到本病侵袭时，所表现的病状及病型不尽相同，有的以急性型为主，而大多数鹅群则表现为亚急性型或慢性型。

1. 最急性型

此型病鹅常看不到任何明显的临诊症状而突然死亡。

2. 急性型

此型病例最常见。

(1)初期见病鹅闭目嗜睡，精神沉郁，羽毛松乱，少食或食欲废绝，离群独处等。

(2)病鹅缩颈、歪颈，头颈震颤、频频摇头，或嘴触地面。

(3)腿乏力，不愿走动或行动迟缓，蹒跚，共济失调甚至伏地不起；在病的后期发生瘫脚，完全站不起来。

(4)患鹅流泪，眼眶周围绒毛湿润并粘连，形如“戴眼镜”。鼻腔或窦内充满浆液性或黏液性分泌物，并常流出鼻孔四周，一旦干涸则使患鹅出现呼吸困难。同时出现频频咳嗽，打喷嚏。随着病程延长，部分病鹅的鼻腔和窦内充塞干酪样物。拉黄白色、绿色稀粪。

(5)濒死前出现神经症状，如摇头、点头，或头向后仰和两脚伸直呈“角弓反张”状态，两脚作前后摆动，尾部轻轻摇摆，然后出现抽搐，不久即死亡。部分病例呈阵发性痉挛，在短时间内发作2～3次后死亡。病程一般为 1～3 天,若无并发症,则可延至 4～5 天,4～5 周龄以上的雏鹅,病程可延至 1 周以上。若并发大肠杆菌病,病程缩短。

3. 亚急性型或慢性型

此型病例多数发生于日龄稍大及病程长达 1 周以上的雏鹅。主要表现精神沉郁,食欲不振,两腿无力,伏地或以跗关节着地,不愿走动。并常出现神经症状,痉挛点头,摇头摆尾,前倒后仰,歪头。遇到惊扰时,病鹅不断鸣叫,颈部扭曲,转圈或倒退。发育严重受阻,最后衰竭而死。

(二)病理变化

1. 最急性型

常见不到明显的肉眼病变。

2. 急性型

肝脏:肝脏肿大,表面覆盖一层灰白色或略为黄色的纤维素性薄膜。若未并发大肠杆菌病,则这层薄膜紧贴肝脏表面,往往使经验不足者忽略。若稍微留意观察,就可发现肝脏表面颜色稍为灰白色,小心从肝脏边缘挑起,则极易剥离,且见肝被膜光滑。若并发大肠杆菌病,则肝脏表面的纤维素性膜比较厚,呈灰白色稍带黄,更易剥离。

心脏:急性病例,见心包液明显增多,并出现数量不等的白色絮状的纤维素性渗出物,心包膜增厚混浊,呈灰白色或黄色。心外膜表面常可见沾上一层灰白色或灰黄色纤维素性渗出物。病程稍长的病例,心包液减少以至完全消失,心包腔内纤维素性渗出物干涸,以至心包膜与心外膜粘连,难以剥离。

气囊:气囊壁混浊增厚,气囊腔附有灰白色纤维素性渗出物,尤以颈、胸气囊为明显。严重病例可见气囊内有灰白色块状物。

其他器官的病变:脾常见肿大,呈红灰色斑驳状,或肿胀不明显,表面附有纤维素性薄膜。有些病例肺呈黑色或呈不同程度的间质性水肿。出现神经症状的病例,可见脑膜充血、水肿、增厚或有纤维素性渗出物附着。

3. 亚急性型或慢性型

有些病例常可见到单侧或两侧跗关节肿大，关节液增多。少数病例还可出现干酪性输卵管炎。输卵管明显膨大增粗，管中充满大量的干酪样物质。眶下窦有干酪样渗出物。

(三)流行病学资料

本病除引起鸭发病之外，在国外也有关于火鸡、鸡、鹅和某些野禽感染发病的报道。国内关于鸭的病例报道甚多。当前我国已有关于鹅的鸭疫里默氏杆菌病的报道。在近年来，鹅感染本病的病原菌后的发病率和死亡率在某些地区很高。国内学者已经从实践总结出防治本病的较为有效的方法。在自然条件下，1～8 周龄的鹅均易感，日龄愈小的雏鹅对本病的易感性愈高。急性型病例主要发生于 4～8 周龄的小鹅，8 周龄以上的鹅一般较少发病，耐过鹅生长发育不良。1 周龄以内的雏鹅较少发生本病，究其原因，有些学者认为有可能是因为雏鹅体内存在母源抗体。有些学者却认为本病的潜伏期为 3～5 天，有时可长达 1 周左右，即使雏鹅一出壳就感染本病病原体，也要经过 3～5 天潜伏期之后才发病或出现死亡。因此，在 1 周内出现发病和患本病而死亡的雏鹅相对较少。但随着病例的增加，患病雏鹅不断排菌，逐步扩大传染，从第二周开始，发病和死亡的雏鹅数量逐步增加，症状和病变逐步典型。在一些饲养条件较差或存在较为复杂的应激因素的鹅场，1 周龄以内雏鹅发生本病的例子确实存在，但与 2～3 周龄雏鹅的发病率和死亡率相比，当然少得多，往往容易被忽略。况且不同母鹅群的后代也不可能存有较为一致的母源抗体。死亡率的高低一方面取决于鹅场生物安全条件的好坏、发病的季节、菌株毒力的大小和雏鹅日龄；另一方面取决于雏鹅群发生本病时是否有并发症的存在。死亡率一般为 3%～30%，有并发症存在的情况下，死亡率可高达 50%～80%。一般情况是新疫区雏鹅群发生本病后，其死亡率明显高于老疫区。然而，当老疫区环境污染程度严重，背景性疾病多种多样时，鹅群一旦发生本病后，其死亡率往往高于新疫区。

本病多发生于低温、阴雨和潮湿的冬春季节；其余季节偶有发生，即使发病，发病率和死亡率也相对较低。本病常与大肠杆菌病、禽霍乱、沙门氏菌病、葡萄球菌病和链球菌病等并发或继发感染。

本病主要经呼吸道和损伤的脚蹼皮肤伤口感染。本病的发生、流行及危害程度与鹅群所受到的应激因素有密切关系。可通过被污染的饮水、饲料、尘土及飞沫经消化道传染。而育雏室的饲养密度大、卫生条件不良、饲料中缺乏维生素和微量元素等都是诱发和加剧本病发生和流行的因素。到目前为止，还未证实本病可以垂直传播，但不能忽视可以经被病原污染的蛋壳而传播的可能性。

(四)实验室诊断

1.涂片染色镜检

取患病死亡鹅的血液、肝脏和脾脏等病料印片或挑选典型菌落制作涂片，用瑞氏染色法染色镜检，可见大多数菌体呈两极浓染的小杆菌。用印度墨汁或姬姆萨染液染色，可见菌体有荚膜。本菌为革兰氏阴性小杆菌，菌体呈多形性，单个、成双或短链状排列，部分呈椭圆形，偶见呈长丝状。菌体大小为(0.2～0.5)微米×(0.7～6.5)微米，呈长丝状菌体可长达11～24微米。无鞭毛，不运动。

2.细菌分离培养

病料必须采自急性期且未使用过抗生素或刚死亡的病例。取其脑和心血，接种于胰蛋白酶大豆琼脂或巧克力琼脂平板培养基上。初次分离时，放在二氧化碳培养箱或蜡烛缸内(含5%～10%的二氧化碳)，37℃培养24～48小时，见菌落表面光滑，稍突起，圆形，直径1～2毫米，呈奶油状，部分菌株的菌苔黏稠。若在没有二氧化碳的环境中培养，也可长出菌落，但菌落较小，呈露珠状。

3.病原菌生化反应特点

本菌生化反应最大的特点是不能利用碳水化合物(少数菌株例外)。靛基质试验、甲基红试验、尿素酶试验和硝酸盐还原试验均为阴性。不产生硫化氢。液化明胶、过氧化氢酶试验阴性。

4. 动物回归试验

为了确定分离菌的致病性，可以将细菌分离培养物经肌肉接种2～3周龄的健康小鹅（来自未发生过本病的鹅场，未接种过鸭疫里默氏杆菌疫苗、未注射和未服过抗菌药物），观察是否出现本病特征性的临诊症状及病理变化。同时接种豚鼠、家兔和小白鼠，本菌可以致死豚鼠，但不能致死家兔和小白鼠。从死亡的动物尸体又可分离出本菌，即可作出确诊。

（五）鉴别诊断

1. 与大肠杆菌病的鉴别

大肠杆菌可引起不同的病型，如眼炎型、败血型、关节型、卵黄性腹膜炎型、脐型等，需要与本病鉴别的是大肠杆菌病的败血型。鹅大肠杆菌病肝呈现肿大、出血，并有灰白色、边缘不整齐的坏死点；也可呈现肝周炎、心包炎和气囊炎。但肝脏表面的纤维素性渗出物形成的薄膜比较厚，容易剥离。也常表现腹膜炎，尤其是种鹅常发生大肠杆菌性卵黄性腹膜炎，剖开腹腔可嗅到大肠杆菌繁殖过程中的特殊气味。大肠杆菌可发生于各个生长阶段的鹅，在临诊症状上不引起头颈震颤、歪颈等神经症状。鹅的鸭疫里默氏杆菌病与大肠杆菌病经常混合感染。至于病原菌的鉴别可参考本书有关部分，这两种菌体在形态、培养、生化及对小动物的致病性等方面，有很大的区别，极易鉴别。

2. 与鹅多杀性巴氏杆菌病的鉴别

巴氏杆菌能引起各种日龄鹅发病，尤其是成年鹅、青年鹅，其发病率比幼龄鹅高，而鸭只发病较少。这一流行病学特点是具有重要鉴别意义的。巴氏杆菌病常发病急，死亡快。主要病变是全身脂肪、浆膜及黏膜出血，尤其心冠沟脂肪、十二指肠黏膜有出血点。肝脏见有灰白色、针尖大、边缘整齐、稍突出于肝表面的坏死点。这是鹅巴氏杆菌病的特征性病变，并无鸭疫里默氏杆菌病的“三炎”（心包炎、气囊炎、肝周炎）病变。有必要时可进行病原菌的鉴别。

本病的发生和流行，一方面与应激因素的存在有着非常密切的关系；另一方面是与其他疾病的并发感染。以上两种因素同时存在时，就会诱发和加剧本病的发展，并造成大批鹅只死亡。因此，预防本病的发生以及一旦发病之后，就必须采取正确的防治策略，才能收到应有的效果。

（六）预防

（1）加强饲养管理。注意补充维生素和微量元素。改善育雏室的卫生条件，清除地面的粗砂石及锐利异物，防止雏鹅脚蹼底面受损伤。

（2）做好冬春季的保暖工作，尤其是育雏阶段室温的科学控制，尽量减少应激因素的刺激。

（3）切忌育雏阶段饲养密度过大，保持鹅育雏室的通风良好，鹅舍地面应保持干燥，勤清扫粪便，加强消毒。

（4）不少鹅场由于从疫区引进带菌种蛋和带病种苗而导致了本病的发生，这是沉痛的教训。

（5）进行疫苗接种是预防策略中最有效的措施。由于本病原菌有多种血清型，且不能交叉免疫，而本病在流行过程中可能出现多种血清型混合感染，因此，在应用疫苗时就必须选用同型菌株的疫苗，以确保最佳的免疫效果。在缺乏条件确诊本病流行菌株血清型的情况下，明智的做法是掌握科技信息，选购本病的多价疫苗进行免疫，才能保证免疫效果。

目前国内已研制成鸭疫里默氏杆菌病甲醛灭活苗、铝胶灭活苗、油乳剂灭活苗和鸭疫里默氏杆菌-大肠杆菌二联油乳剂灭活疫苗及组织灭活疫苗。

甲醛灭活苗需两次免疫。铝胶灭活苗在10日龄免疫后1周即可检出抗体，第二周达到高峰，但随后即迅速下降至较低水平，需在30日龄时进行二次免疫。

油乳剂灭活疫苗效果最好。目前的产品有含1、2型及2个非1非2型菌株的疫苗。肉鹅在4～7日龄于颈部皮下注射，约15天后产生免疫力（在没有其他传染病流行或同时做好大肠杆菌病及禽流感的免

疫接种的基础上)，鹅群的发病率大大降低，肉鹅的出栏率达 95%以上。由于本病常与大肠杆菌并发感染，只注射鸭疫里默氏杆菌病油乳剂灭活苗，往往效果不稳定。因此，明智的做法是采用本病与大肠杆菌病二联油乳剂灭活苗，多年来的实践证明这种二联苗效果良好。组织灭活苗效果也不错，注射后 4～5 天产生免疫力，但免疫期较短。鹅只发病后也可进行注射，可以起到制止死亡的作用。

综上所述，可按如下程序免疫：

1 日龄雏鹅在饮水中加入维生素 B，连用 7～10 天，以提高机体抵抗力。肉鹅于 4～7 日龄在颈部皮下注射鸭疫里默氏杆菌-大肠杆菌二联油乳剂灭活苗。父母代种鹅，可在产蛋前进行第二次免疫。一方面是为了提高子代雏鹅的母源抗体水平，另一方面是为了提高种鹅抵抗大肠杆菌病的免疫力。为了加强疫苗的免疫效果，建议在注射疫苗前两天开始至注疫苗后的第五天，在饲料中加喂多种维生素，特别是维生素 E 和维生素 C。油苗切忌腿部肌肉注射，以避免注射部位的肌肉出现硬结而影响雏鹅的正常活动和肉的品质。

(七)治疗

(1)已暴发本病的鹅群，可采用如下方案进行治疗，以减少损失：①硫酸新霉素饮水，按 0.01%～0.02%连饮 3 天。饮前停水 1 小时，增加饮水器。②磺胺二甲基嘧啶按 0.3%的比例拌料，连服 3 天。加喂维生素 B 饮水，以提高食欲。

(2)发病初期，对未发病群注射鸭疫里默氏杆菌病组织灭活苗，每只胸部皮下注射 0.5 毫升，4～5 天后产生免疫力。在产生免疫力之前，用氟苯尼考或盐酸二氟沙星进行预防或治疗。5%的氟苯尼考按 0.2%的比例混料，连喂 5 天。严重者用 5%的注射液按每千克体重 0.8 毫升(即每千克体重 40 毫克)胸部皮下注射，每天 1 次，连用 2 次。

盐酸二氟沙星拌料，每 40 千克料用 5 克，或按 0.015%～0.02%，每天 1 次，连用 3 天。喂完抗菌药物之后，为了调整肠道微生物区系的平衡，应喂微生态制剂。

第七节　鹅场废弃物处理

一、鹅场废弃物处理的意义

鹅场废弃物的处理是控制鹅场环境卫生的重要环节，也是保持和促进鹅场生态良性循环不可缺少的部分。废弃物的科学处理，不仅直接影响到鹅场的卫生防疫，还能减少公害，改善生态环境，同时也可以收到很好的经济效益。所谓鹅场的废弃物，主要是指鹅的粪便(尿)、各种污水、死鹅，以及孵化场的蛋壳、死胚等养鹅生产的副产物。鹅场废弃物富含氮、磷和各种有机物，极易腐败，通常还带有病原微生物，并且产量很大，如果处理不当，将对水(地面水及地下水)、土壤和空气等环境因素造成很大污染。鹅粪中还含有有毒物质，如硝酸盐、药物残留及重金属污染问题。鹅场废弃物还是蚊蝇滋生的良好环境，如果处理不好，将导致蚊蝇泛滥成灾，形成公害。我国集约化养鹅的发展由于缺乏经验，资金短缺，尤其是认识不足，没有把废弃物处理作为养鹅业的一个重要环节列入鹅场建设计划，因此鹅场废弃物处理必须与开发利用相结合，变害为利，变废为宝，不仅能提高养鹅业的社会效益，也可增加经济效益，使鹅场废弃物的处理向无害化、科学化发展。

二、鹅粪的处理

鹅的相对采食量大，消化能力较差，因此，粪便产量很大。对鹅粪进行适当的加工处理，既可以制成优质肥料，还可作为能源加以利用，变废为宝。鹅粪是由饲料中未被消化吸收的部分以及体内代谢废物，与消化道黏膜脱落物和分泌物，肠道微生物及其分解产物等共同组成

的。在实际生产中收集到的鹅粪中还含有在喂料及鹅采食时洒落的饲料、脱落的羽毛、破蛋等，其中的有机物含量非常高，作为有机肥料使用的价值也很高。在采用地面垫料平养时，收集到的则是鹅粪与垫料的混合物。

（一）鹅粪的用途

1. 鹅粪作肥料

鹅粪中含有大量的氮、磷、钾等成分。鹅粪中其他一些重要微量元素的含量也很丰富，作为肥料也始终是鹅粪的主要用途。鹅粪作为肥料使用时必须考虑两个方面的因素：一是鹅粪中的主要营养元素含量及其利用率；二是拟施肥土壤的养分需要。如果鹅粪使用量以氮素平衡为基础来确定，则磷和钾的供给量一般都会超过谷类作物需要量；鹅粪中微量元素的含量很高。鹅粪经干燥或好氧发酵后还可以用于园艺生产中，成为一种新兴的优质复合肥和土壤调节剂，对农林生产有着积极的影响。

2. 鹅粪作为能源

在我国能源不足是制约生产发展和生活水平提高的主要因素之一。利用鹅粪创造新能源制作沼气，是解决某些地区能源供求矛盾的一条新途径。沼气是在厌氧环境中，有机物质在特殊微生物作用下生成的混合气体，其主要成分是甲烷，占60%～70%。沼气可用于鹅舍采暖和照明、职工做饭、供暖等，是一种优质生物能源。一只产蛋鹅每日所产生的鹅粪经过适当的发酵过程，可产生6.48～12.96升沼气。在采用垫料平养、高床笼养等饲喂方式时，由于清粪间隔较长，只要舍内通风良好，饮水器不漏水，那么收集到的鹅粪都比较干燥。如果鹅粪含水率在30%以下，可以直接用作燃料来供热，每千克鹅粪的发热量约为2.98焦。

（二）鹅粪的处理方法

鹅饲养场中，对鹅粪进行处理的方法很多，每一种方法都有各自特点。根据处理的方法不同可以分为物理学处理、生物学处理和化学处理等。

1. 物理学处理

该方法是比较简单的、原始的处理方法，主要是对鹅粪进行脱水干燥处理。新鲜鹅粪的主要成分是水，通过脱水干燥处理使其含水量降到15%以下。这样，一方面减少了鹅粪的体积和重量，便于包装运输；另一方面，可以有效抑制鹅粪中微生物的活动，减少营养成分（特别是蛋白质）的损失。脱水干燥处理的主要方法有高温快速干燥、太阳能自然干燥、鹅舍内干燥、微波干燥等。

（1）高温快速干燥　采用以回转圆筒烘干炉为代表的高温快速干燥设备，可在短时间（10 分钟左右）将含水率达 70%的湿鹅粪迅速干燥至含水量仅 10%～15%的鹅粪加工品。采用的烘干温度以机器类型不同有所区别，主要在 300～900℃。在加热干燥过程中，还可做到彻底杀灭病原体，消除臭味，鹅粪营养损失量小于 6%。烘干设备的附属设备有除尘器，有的还有除臭设备。热空气从烘干炉中出来后，经密闭管道进入除尘器，清除空气中夹杂的粉尘。然后，气体被送至二次燃烧炉，在 500～550℃高温下作处理，最后才能把符合环保要求的气体排入大气中。

（2）太阳能自然干燥　这种处理方法采用塑料大棚中形成的“温室效应”，充分利用太阳能来对鹅粪进行干燥处理。专业塑料大棚长度可达 60～90 米，内有混凝土槽，两侧为导轨，在导轨上安有搅拌装置，湿鹅粪装入混凝土槽，搅拌装置沿着导轨在大棚内反复行走，并通过搅拌板的正反向转动来捣碎、翻动和推送鹅粪。利用大棚内积蓄的太阳能使鹅粪中的水分蒸发出来，并通过强制通风排除大棚内的湿气，从而达到干燥鹅粪的目的。在夏季，只需要约 1 周的时间即可把鹅粪的含水量降低到 10%左右。

在利用太阳能作干燥时，有的采用一次干燥的工艺，也有的采用发酵处理后再干燥的工艺。在后一种工艺中，发酵和干燥分别在两个槽中进行。鹅粪从鹅舍铲出后，直接送到发酵槽中。发酵槽上装有搅拌

机，定期来回搅拌，每次把鹅粪向前推进2米。经过20天左右，将发酵的鹅粪送到干燥槽中，通过频繁的搅拌和粉碎，将鹅粪干燥，最终可获得经过发酵处理的干鹅粪产品。这种产品用作肥料时，肥效比未经发酵的干燥鹅粪要好，使用时也不易发生问题。这种处理方法可以充分利用自然能源，设备投资较少，运行成本也很低。但是，本法受自然气候的影响大，在低温、高湿的季节或地区，生产效率较低；而且处理周期过长，鹅粪中营养成分损失较多，处理设施占地面积较大。

(3)鹅舍内干燥　这种处理方法的核心就是直接将气流引向传送带上的鹅粪，使鹅粪在产出后得以迅速干燥。这种方法也可以把鹅粪的含水率降至35%～40%，必须同其他干燥方法结合起来，才能生产出能长期保存的优质干燥鹅粪。

(4)微波干燥　微波是指波长很短的无线电波，微波具有热效应和非热效应。其热效应是由物料中极性分子在超高频外电场作用下产生运动而形成的，整个加热过程比常规加热过程要快数十倍甚至数百倍。其非热效应是指在微波作用过程中可使蛋白质发生变性，因而可达到杀菌灭虫的效果。但由于微波的脱水率不太高，因此，要求在作微波处理前将鹅粪摊晒，将含水率降至35%左右，故使微波处理方法的应用受到一定限制，而且一次性投资也较高。

2.生物学处理

鹅粪的生物学处理就是利用各种微生物的生命活动来分解鹅粪中的有机成分的方法。微生物处理主要是发酵处理，在发酵过程中形成的特殊理化环境也可基本杀灭鹅粪中的病原体。堆肥处理实质上就是发酵处理，根据肥堆内氧气的情况，可分为好氧型和厌氧型。

(1)好氧型堆肥　是指富含氮的有机物如鹅粪与富含碳的有机物秸秆等在好氧、嗜热性微生物的作用下变为腐殖质、微生物及有机残渣的过程。在堆肥发酵过程中，大量无机氮被转化为有机氮的形式固定下来，形成了比较稳定、一致且基本无臭味的产物，即以腐殖质为主的堆肥。好氧型堆肥发酵需要的主要条件有：提供足够的氧气，一般要求在堆肥混合物中有25%～30%的自由空间，为此，要求用蓬松的秸秆材料与鹅粪混合，并在发酵过程中经常翻动发酵物；适当的碳氮比，一般要求该比例为 30∶1，可通过加入秸秆来调节；湿度控制在 40%～50%；温度保持在 60～70℃，这是检测堆肥发酵过程正常进行的重要指标。在其他条件均适当的情况下，好氧微生物迅速增殖活动，代谢过程产生的热量使发酵物内部温度上升。在此温度条件下，可以基本杀灭有害病原体。好氧型堆肥常见的是高 1.5～2 米、宽 2.5～4 米的长条形粪堆，顶部形成 30°坡顶，多雨气候下应成半圆顶或加顶棚防雨。每 2～3 天翻动一次，以充入空气，保证好氧性细菌的活动。可用手工或机械操作，用机械时，堆积和翻动可用装载机或专用的刮粪机。新型的堆肥方法是采用强制通气的方法来输入氧气，这样可大大缩短好氧堆肥的时间。强制通气方法有底部通气式和封闭容器通气两种。

(2)厌氧型堆肥　厌氧型堆肥常堆成高 2～3 米、宽 5～6 米、长达 50 米的粪堆，不进行翻动，所以设备简单。厌氧型堆肥的堆内温度较低，堆肥时间需 4～6 个月，堆肥过程中散发臭味，最终产品含水率较大。为了减少厌氧堆肥中的含水率，可在鹅粪内加入 30%的锯木屑或秸秆粉，或加入 10%～15%的过磷酸钙，堆积时间也为 6 个月，这样可以改善鹅粪厌氧堆肥的肥料质量。

现代的堆肥一般都为好氧型，堆肥的优点是能生产出已消灭虫卵和草籽的肥料和土壤改良剂，节省水和占地面积；缺点是消耗劳动力多。

3. 化学处理

即在鹅粪中按比例加入化学物质，常用的化学物质有福尔马林、丙酸、乙酸、氢氧化钠、过磷酸钙、磷酸、尿素-甲醛聚合物等。化学处理法可使鹅粪中的养分损失明显减少，而消化系数明显提高(提高最明显的是碳水化合物、半纤维素和细胞壁)，增加动物对粪便饲料的进食量。化学处理杀灭鹅粪中病原体极为有效。

三、鹅场污水及其他废弃物的处理

(一)鹅场污水的处理

鹅场所排放的污水，主要来自清粪和冲洗鹅舍后排放的粪水。

污水排放必须经过无害化处理，未经消毒或处理的污水，不准任意排放。为了防止传染病菌对人体的危害，严禁使用未经无害化处理的污水浇灌生吃的蔬菜和瓜果。污水用于农业灌溉或养鱼，水质应符合国家规定的各项指标。污水处理的方法有：

1. 氧化塘处理

氧化塘可以由自然形成或人工挖成。粪水在其中停留的时间较长，通过微生物的净化活动而得到处理。氧化塘又名稳定塘。氧化塘按分解形式可分好氧型、兼性型和厌氧型，按充气形式又可分自然充气式和机械充气式。

(1)自然充气好氧塘　塘内全部环境皆处于充氧状态，由好氧细菌进行有机物的分解。塘表面生长藻类植物，塘内氧气主要由水藻类植物的光合作用提供。由于阳光的透射深度只有50厘米，所以，自然充气好氧塘深度不能太大，一般为0.5～1.2米。为了使阳光能透射，粪水的混浊度不能太高，所以，要求粪水的固体含量低，含水率应高达99.5%以上。由于水藻的供氧量较低，且受温度等环境因素的影响，所以，自然充气好氧塘的加载率很低。

(2)自然充气兼性塘　其特点是深度较大，一般为1.5～2.5米。它的上部能透入阳光，通过藻类植物光合作用产生氧，形成充氧层，其作用与好氧塘相同；下部阳光不能透入，粪水内的固态物包括老化的藻类沉入底层，进行厌氧分解，因此，其排出液内水藻和细菌的细胞含量较少。自然充气兼性塘的加载率也随气候不同而不同。

(3)曝气好氧塘和曝气兼性塘　曝气好氧塘深度2～5米，常见的为3～4米。在塘内水面上安装浮动式曝气机，输入氧气，使塘内液体充分得到混合，因此，塘内以好氧细菌分解为主。粪液的适宜悬浮固体含量(TSS)为0.3%～1.0%。粪水在塘内的滞留时间为10～30天，冬季不结冻的地区取小值，冬季有冰覆盖的地区取大值，其生化需氧量(BOD)去除率可达90%以上。曝气机有鼓风式和机械式两种。

机械式曝气的能量消耗小于鼓风式曝气，在粪水处理中较为常见。常用的曝气机有平板叶轮、伞形叶轮和泵型叶轮等三种，前两者在曝气塘内转动时，叶轮剧烈地翻动水面，使空气中的氧溶入水中；后者的叶轮类似于水泵叶轮，垂直安装在液体表面，叶轮旋转时将液体从吸水口吸入，并扬向四周。曝气兼性塘和曝气好氧塘的结构类似，区别在于前者采用较小的曝气装置，所选的曝气装置不足以使所有微生物充分混合，而是有一部分沉淀在底部。塘内形成两层，上层为好氧层，进行好氧分解；下层为厌氧层，进行厌氧分解。曝气兼性塘的深度一般在4米以上，液体停留时间为20～30天，温暖季节采用较短的停留时间，寒冷季节应采用较长时间。

(4)厌氧塘　厌氧塘内有机物分解是在无氧的情况下进行的，第一阶段是产酸细菌将有机物分解成有机酸，第二阶段是产沼气细菌进一步将其分解成沼气和二氧化碳。在温度为15℃以下时这两个阶段的分解都进行很慢，15℃以上时分解速度逐渐增加。厌氧塘的深度一般为3～6米，可以有较大的固体含量(可达1.5%)。当温度为15℃以上时，污水在塘内停留时间常取30～60天。厌氧塘的优点是不需要动力，可很少管理而节省劳动力。缺点是处理时间长，要求容量大，对温度敏感，寒冷时分解作用差，有臭味，厌氧塘处理后的水不能排入水体，一般用来施入农田或放入排水沟。当需要排入水体时，厌氧塘可作为多级处理中的第一级处理。

2.氧化沟处理

氧化沟处理来源于城市污水的活性污泥处理法。活性污泥含水率为98%～99%，它有很强的吸附和氧化分解有机物的能力。其主要构筑物为曝气池和沉淀池。开始运行时，应在曝气池内引满污水，进行曝气，培养出含有各种活性微生物的絮状泥粒，然后连续运行，曝气池内

活性污泥和废水的混合液排出进入沉淀池，沉淀的活性污泥一部分再回流入曝气池，用来分解氧化废水中的有机物。在处理过程中活性污泥会不断增加，一部分过剩污泥应予以排除。沉淀池的上层清液作为处理后排出液排出，BOD 去除率可达 90％以上。氧化沟处理法是活性污泥法的变型，用于小流量污水处理，它是一个长的环形沟，沟的端部安有卧式曝气机。曝气机是一带横轴的旋转滚筒，滚筒浸入液面7～10厘米，滚筒旋转时不断打击液面，使空气充入污水内，同时带动污水，使其以 0.4 米/秒左右的速度沿环状沟运动，使固体部分悬浮和混合，加速了好氧性细菌的分解作用。氧化沟工作时消耗劳动力少，无臭味，要求沟的容量小，但需消耗动力和能量。

(二)病死鹅的处理

1.深坑掩埋

病死鹅不能直接埋入土壤中，因为这样容易造成土壤和地下水被污染。作深埋时，应当建立用水泥板或砖块砌成的专用深坑。深坑长 2.5～3.6 米、宽 1.2～1.8 米。一般 1 万只肉鹅的饲养量需配备 2.7～3 米的深坑。深坑建好后，要用土在其上方堆出一个 0.6～1 米高的小坡，使雨水向四周流走，并防止重压。地表最好种上草。深坑盖可用加压水泥板，板上留有 2 个圆孔，套上 PVC 管，使坑内部与外界相连。管道的作用是作为向坑内扔死鹅的通道，因此，平时必须将管口用牢固、不透水、可揭开的顶帽盖住，在向坑里扔死鹅时，再把顶帽打开。此法简单可行，但要注意以下几点：深度不少于 2 米，以便使死鹅充分腐烂变成腐殖质。在死鹅与土坑上面及周围撒消毒药，如生石灰等。要谨防野兽(犬)及不法之人将死鹅扒走食用或贩卖，以免造成公害。坑必须远离居民区及鹅场。

2.焚烧处理

对病死鹅进行焚烧处理是一种常用的方法。以煤或油为燃料，在高温焚烧炉内将死鹅烧成灰烬，可以避免地下水及土壤的污染问题。但这种方法常常会产生较多的臭气，而且处理成本较高。因此，应注意其燃烧的效率，最好有二次燃烧装置，以清除臭气。此法的优点是能彻底消灭死鹅及其所携带的病原体，是一种彻底的处理方法。它适用于发生急性传染病而大批死亡的死鹅，以便迅速控制疫情，减少传染源，避免对社会带来污染和公害。焚烧炉建造的地点应远离生活区及鹅场，并在其下风向；同时焚烧炉必须装有较高的烟囱，以免污染环境。

3. 堆肥处理

通过堆肥发酵处理，可以消灭病菌和寄生虫。在作死鹅与鹅粪的混合堆肥发酵处理时，一般按 1 份（重量）死鹅配 2 份鹅粪和 0.1 份秸秆的比例进行，这些成分分层堆积。在发酵室的水泥地面上，首先铺上 30 厘米厚的一层鹅粪；然后加一层厚约 20 厘米的秸秆，以加强透水性，并提供碳源。在这两层之上，按上述比例逐层放上死鹅、鹅粪和秸秆，在死鹅层还要适量加水。以这三种物质（三层）为一组，可以按顺序放入多组混合发酵物。将最后一组放完后，顶部加上双层鹅粪。目前采用的堆肥发酵方法主要是二阶段发酵法。第一阶段发酵在主发酵室进行，约 10 天后转入辅发酵室。发酵物在辅发酵室内继续处理 1 个月左右，即可完成整个发酵过程，转化成为有机腐殖质肥。

（三）孵化废弃物的处理

在鹅的孵化过程中，也有大量的废弃物产生。第一次照蛋时，可挑出部分未受精蛋（俗称白蛋）和少量早死胚胎（俗称血蛋）。我国传统上，白蛋主要用于食用，但售价较普通商品蛋低。白蛋和血蛋也可与其他孵化废弃物混合处理。出雏扫盘之后的残留物以蛋壳为主，有部分中后期死亡的胚胎（俗称毛蛋）。我国不少地方有食用毛蛋的习惯，认为毛蛋是营养丰富的食品，但一定要注意卫生，避免腐败物质及细菌造成的中毒。

思考题

1. 鹅场常用的环境消毒剂、种鹅蛋的常用消毒方法试举3种。
2. 怎样判断鹅群出现应激综合征？如何预防？
3. 鹅病临床剖检的诊断要点有哪些？
4. 营养性胚胎病和传染性胚胎病最常见的区别有哪些？
5. 接种疫苗时的注意事项都有哪些？

参 考 文 献

[1] 王述柏. 无公害鹅生产技术. 北京:中国农业出版社,2008.
[2] 张海彬. 绿色养鹅新技术. 北京:中国农业出版社,2007.
[3] 李昂. 实用养鹅大全. 北京:中国农业出版社,2003.
[4] 焦库华,陈国宏. 科学养鹅与疾病防治. 北京:中国农业出版社,2001.
[5] 尹兆正. 肉鹅. 北京:中国农业大学出版社,2007.
[6] 尹兆正. 养鹅手册. 北京:中国农业大学出版社,2005.
[7] 陈伯伦,陈伟斌. 鹅病诊断与策略防治. 北京:中国农业出版社,2004.
[8] 张帆,廉爱玲. 肉鹅生产技术指南. 北京:中国农业大学出版社,2003.
[9] 王恬. 鹅饲料配制及饲料配方. 北京:中国农业出版社,2006.